ÉTUDES
DE LA NATURE.

ÉDITION EN CINQ VOLUMES.

TOME II.

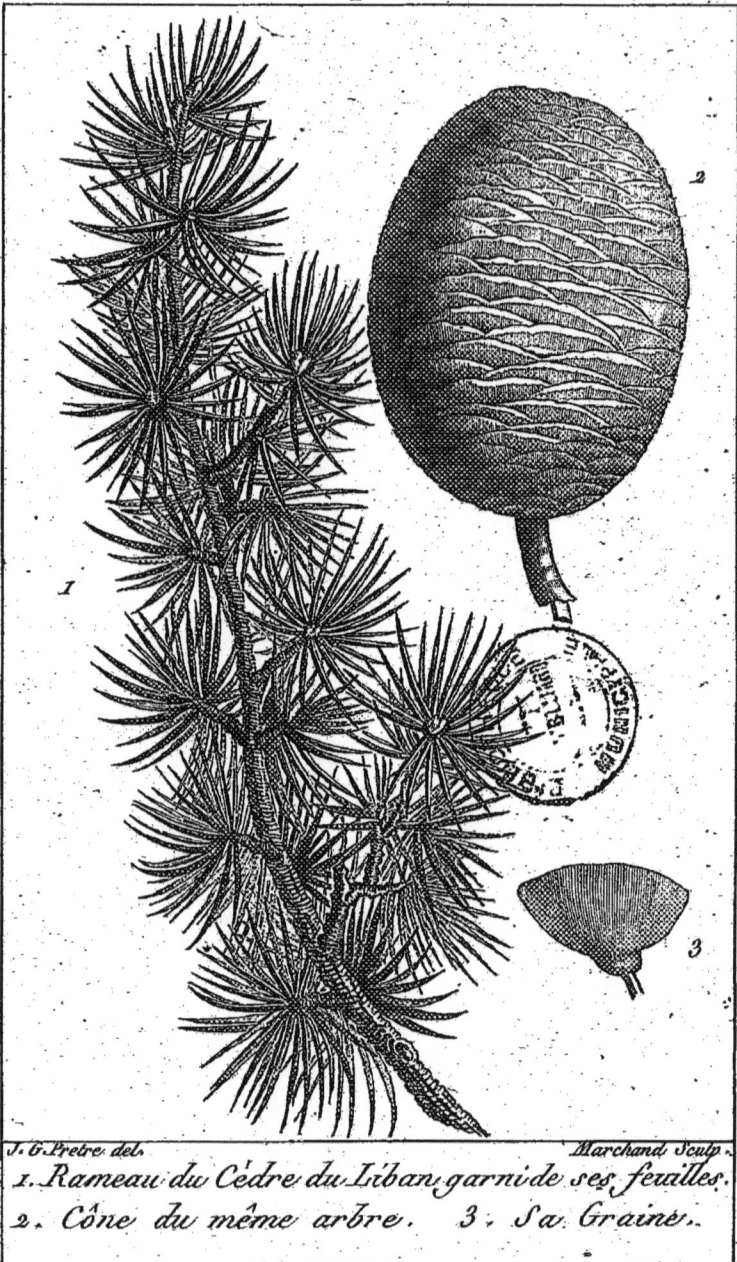

J. G. Pretre del. Marchand Sculp.

1. *Rameau du Cédre du Liban garni de ses feuilles.*
2. *Cône du même arbre.* 3. *Sa Graine.*

Tom. 2. pag. 412. Placer cette pl. vis-à-vis du frontispice.

ÉTUDES
DE LA NATURE.

NOUVELLE ÉDITION,
revue et corrigée,

PAR JACQUES-BERNARDIN-HENRI
DE SAINT-PIERRE.

AVEC DIX PLANCHES EN TAILLE-DOUCE.

...... *Miseris succurrere disco.* Æn. lib. I.

TOME II.

DE L'IMPRIMERIE DE CRAPELET.

A PARIS,

Chez Deterville, Libraire, rue du Battoir, n° 16;
quartier Saint-André-des-Arcs.

AN XII — 1804.

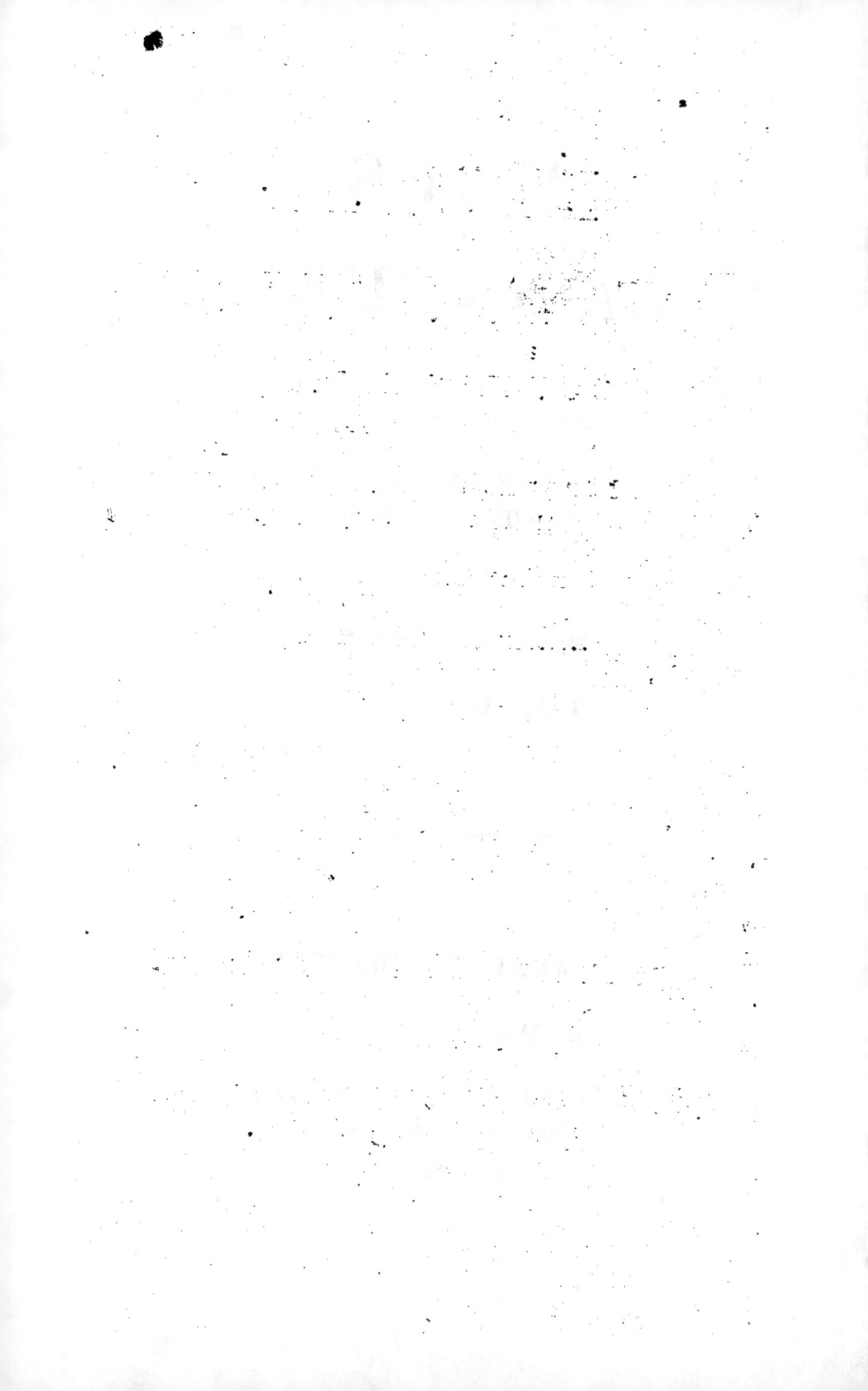

ÉTUDES

DE LA NATURE.

SUITE DE L'ÉTUDE VII.

Quoi qu'on ait dit de l'ambition de l'église romaine, elle est venue souvent au secours des peuples malheureux. En voici un exemple pris au hasard, et que je soumets au jugement du lecteur. C'est au sujet du commerce des esclaves d'Afrique, embrassé sans scrupule par toutes les puissances chrétiennes et maritimes de l'Europe, et blâmé par la cour de Rome. « Dans la seconde année de sa mission,
» Mérolla se trouva seul à Sogno, par la mort du
» supérieur général, dont le père Joseph Busseto
» alla remplir la place au couvent d'Agola. Vers le
» même temps, les missionnaires capucins reçurent
» une lettre du cardinal Cibo, au nom du sacré
» collége. Elle contenoit des plaintes amères sur la
» continuation de la vente des esclaves, et des ins-
» tances pour faire cesser enfin cet odieux usage.
» Mais ils virent peu d'apparence de pouvoir exécu-

A

» ter les ordres du saint Siége, parce que le com-
» merce du pays consiste uniquement en ivoire et
» dans la traite des esclaves (1) ». Tous les efforts
des missionnaires n'aboutirent qu'à exclure les
Anglais de ce commerce.

La terre seroit un paradis, si la religion chrétienne
y étoit observée. C'est elle qui a aboli l'esclavage
dans la plus grande partie de l'Europe. Elle tira,
en France, de grandes possessions des mains des
Iarles et des Barons, et elle y détruisit une partie
de leurs droits inhumains par les terreurs d'une autre
vie. Mais le peuple opposa encore un autre boule-
vard à ses tyrans, ce fut le pouvoir des femmes.

Nos historiens remarquent bien l'influence que
quelques femmes ont eue sous certains règnes, et
jamais celle du sexe en général. Ils n'écrivent point
l'histoire de la nation, mais celle des princes. Les
femmes ne sont rien pour eux, si elles ne sont qua-
lifiées. Ce fut cependant de cette foible portion de
la société que la Providence fit sortir de temps en
temps, ses principaux défenseurs. Je ne parle pas de
celles qui ont repoussé même par les armes, les
ennemis du dehors, telle qu'une Jeanne d'Arc, à
qui Rome et la Grèce eussent élevé des autels ; je
parle de celles qui ont défendu la nation des enne-

(1) Extrait de l'Histoire générale des Voyages, par l'abbé
Prévost, liv. 12, pag. 186 ; Mérolla, année 1633.

mis du dedans encore plus redoutables que ceux du dehors ; de celles qui sont fortes de leur foiblesse, et qui n'ont rien à craindre, parce qu'elles n'ont rien à espérer. Depuis le trône jusqu'à la houlette, il n'y a peut-être point de pays en Europe où les femmes soient aussi maltraitées par les loix qu'en France, et il n'y en a point où elles aient plus de pouvoir. Je crois que c'est le seul royaume de l'Europe où elles ne peuvent jamais régner. Dans mon pays, un père peut marier ses filles sans leur donner d'autre dot qu'un chapeau de roses : à sa mort, elles n'ont toutes ensemble qu'une portion de cadet. Ce droit injuste est commun au paysan comme au gentilhomme. Dans le reste du royaume, si elles sont plus riches, elles ne sont pas plus heureuses. Elles sont vendues plutôt que données en mariage. De cent filles qui s'y marient, il n'y en a pas une qui y épouse son amant. Leur sort y étoit encore plus malheureux autrefois. César dit dans ses Commentaires (1) : « Que le mari avoit puissance de vie et de » mort sur sa femme, ainsi que sur ses enfans ; que » lorsqu'un noble mouroit, ses parens s'assem- » bloient : s'il y avoit quelque soupçon contre sa » femme, on la mettoit à la torture comme une » esclave ; et si on la trouvoit criminelle, on la brû-

---

(1) Guerre des Gaules, liv. 6, page 168, traduction de d'Ablancourt.

» loit, après lui avoir fait souffrir de cruels sup-
» plices ». Ce qu'il y a d'étrange, c'est que dès ce
temps-là, et même auparavant, elles jouissoient du
plus grand pouvoir. Voici ce qu'en dit le bon Plutarque dans le style du bon Amyot. « Avant que les
» Gaulois passassent les montagnes des Alpes, qu'ils
» eussent occupé cette partie de l'Italie où ils habi-
» tent maintenant, une grande et violente sédition
» s'émeut entre eux, qui passa jusqu'à une guerre
» civile : mais leurs femmes, ainsi que les deux
» armées furent prêtes à s'entre-choquer, se jetè-
» rent au milieu des armes, et, prenant leurs diffé-
» rends en mains, les accordèrent, et jugèrent avec
» si grande équité, et si au contentement de toutes les
» deux parties, qu'il s'en engendra une amitié et
» bienveillance très-grande réciproquement entre
» eux tous, non-seulement de ville à ville, mais
» aussi de maison à maison : tellement que depuis ce
» temps-là ils ont toujours continué de consulter
» des affaires, tant de la guerre que de la paix,
» avec leurs femmes, et de pacifier les querelles et
» différends qu'ils avoient avec leurs voisins et alliés,
» par le moyen d'elles : et partant en la composition
» qu'ils firent avec Hannibal, quand il passa par les
» Gaules, entre autres articles, ils y mirent que s'il
» advenoit que les Gaulois prétendissent que les
» Carthaginois leur tinssent quelque tort, les capi-
» taines et gouverneurs carthaginois qui étoient en

» Espagne, en seroient les juges; et si au contraire
» les Carthaginois vouloient dire que les Gaulois leur
» eussent fait quelque tort, les femmes des Gaulois
» en jugeroient (1) ». Ces deux autorités paroîtront
difficiles à concilier, à qui ne fait pas attention à la
réaction des choses humaines. Le pouvoir des
femmes venoit de leur oppression. Le peuple, aussi
opprimé qu'elles, leur donna sa confiance, comme
elles l'avoient donnée au peuple. C'étoient deux
malheureux qui s'étoient rapprochés, et qui avoient
mis leur misère en commun. Elles jugeoient d'autant
mieux, qu'elles n'avoient rien à gagner ni à perdre.
C'est aux femmes qu'il faut attribuer l'esprit de galan-
terie, l'insouciance, la gaîté, et sur-tout le goût pour
la raillerie, qui ont, de tout temps, caractérisé notre
nation. Avec une simple chanson, elles ont fait trem-
bler plus d'une fois nos tyrans. Leurs vaudevilles y ont
mis bien des bannières en campagne, et encore plus
en déroute. C'est par elles que le ridicule a acquis tant
de force en France, qu'il y est devenu l'arme la
plus terrible qu'on y puisse employer, quoique ce
ne soit que l'arme des foibles; parce que les femmes
s'en saisissent d'abord, et que dans le préjugé national, leur estime étant le premier des biens, il s'en-

---

(1) Plutarque, tome 2, *in-folio*; les vertueux Faits des
Femmes, pages 233 et 234.

suit que leur mépris est le plus grand malheur du
monde (1).

Enfin, le cardinal de Richelieu ayant rendu aux rois
la puissance législative, il ôta bien par-là aux nobles
le pouvoir de se nuire par des guerres civiles; mais
il ne put abolir parmi eux la fureur des duels, parce
que la racine de ce préjugé est dans le peuple, et
que les édits ne peuvent rien sur ses opinions quand
il est opprimé. L'édit du prince défend à un gentilhomme d'aller sur le pré, et l'opinion de son valet
l'y contraint. Les nobles se sont arrogé tout l'honneur national, mais le peuple leur en détermine
l'objet, et leur en distribue la mesure. Louis xiv
cependant rendit au peuple une partie de sa liberté
naturelle par son despotisme même. Comme il ne
vit guère que lui dans le monde, tout le monde lui

---

(1) Une académie de province proposa, il y a quelques
années, pour sujet du prix de la Saint-Louis, cette question:
« Comment l'éducation des femmes pourroit contribuer à
» rendre les hommes meilleurs ». Je la traitai, et je fis deux
fautes par ignorance, sans compter les autres: la première,
d'entreprendre d'écrire sur un pareil sujet, après que Fénélon
avoit fait un fort bon livre sur l'éducation des filles; la
seconde, de débattre de la vérité dans une académie. Celle-ci
ne donna point de prix, et retira son sujet. Tout ce qu'on
peut dire sur cette question, c'est que par tout pays les
femmes n'ont dû leur empire qu'à leurs vertus, et qu'à
l'intérêt qu'elles ont pris pour les malheureux.

parut à-peu-près égal. Il voulut qu'il fût permis à tous ses sujets de travailler pour sa gloire , et il les récompensa à proportion que leurs travaux y avoient du rapport. Le desir de plaire au prince rapprocha les conditions. On vit alors une foule d'hommes célèbres se distinguer dans toutes les classes. Mais les malheurs de ce grand roi, et peut-être sa politique , l'ayant forcé de recourir à la vénalité des charges, dont le fatal exemple lui avoit été donné par ses prédécesseurs, et qui s'est étendue après lui jusqu'aux plus vils emplois, il acheva bien d'ôter par-là à la noblesse son ancienne prépondérance ; mais il fit naître dans la nation une puissance bien plus dangereuse : ce fut celle de l'or. Celle-là y a subjugué toutes les autres, même celle des femmes (1).

---

(1) Comme la plupart des hommes ne sont choqués des abus que dans le détail, parce que tout ce qui est grand leur impose du respect, je ne citerai ici que quelques effets de la vénalité dans la bourgeoisie. Tous les états subalternes, subordonnés aux autres de droit, en sont devenus les supérieurs de fait, par cela seulement qu'ils sont plus riches. Ainsi ce sont aujourd'hui les apothicaires qui emploient les médecins ; les procureurs, les avocats ; les marchands, les artistes ; les maîtres maçons, les architectes ; les libraires, les gens de lettres, même ceux de l'académie ; les loueuses de chaises dans les églises, les prédicateurs, &c.... Je n'en dirai pas davantage. On sent où cela mène. De cette vénalité

D'abord la noblesse ayant conservé une partie de ses priviléges dans les campagnes, les bourgeois qui ont quelque fortune ne veulent point y habiter, pour n'être point exposés, d'une part, à ses incartades, et pour n'être pas confondus, de l'autre, avec les paysans, en payant la taille et en tirant à la milice. Ils aiment mieux demeurer dans les petites villes, où une multitude de charges et de rentes financières les font subsister dans l'oisiveté et dans l'ennui, que de vivifier des terres qui avilissent leurs cultivateurs. Il arrive de là que les petites propriétés rurales ont peu de valeur, et que chaque année elles s'agrégent aux grandes. Les riches qui en font l'acquisition parent aux inconvéniens qui les accompagnent, ou par leur noblesse personnelle, ou en en acquérant les priviléges pour de l'argent. Je sais bien qu'un parti fameux, il y a quelques années, a beaucoup vanté les grands propriétaires, parce que, disoit-il, ils labourent à meilleur marché que les petits ; mais sans considérer s'ils en vendent le blé moins cher, et toutes les autres conséquences du PRODUIT NET, dont on a voulu faire l'unique objet de l'agriculture, et même de la morale, il est certain que si un certain nombre de familles riches acquéroit chaque

---

seule doit s'ensuivre la décadence de tous les talens. Elle est en effet bien sensible, quand on compare ceux de ce siècle à ceux du siècle de Louis XIV.

année les terres qui sont à sa bienséance, cette marche économique deviendroit bientôt funeste à l'état. Je me suis étonné bien des fois qu'il n'y eût point en France de loi qui mît des bornes aux grandes propriétés. Les Romains avoient des censeurs qui fixèrent d'abord pour chaque particulier l'étendue de sa possession à sept arpens, comme suffisante pour la subsistance d'une famille. Ils entendoient par arpent ce qu'un joug de bœufs pouvoit labourer dans un jour. Dans le luxe de Rome on la régla à cinq cents; mais cette loi, malgré son indulgence, fut bientôt enfreinte, et son infraction entraîna la perte de la république. « Les grands parcs et les » grands domaines, dit Pline (1), ont ruiné notre » Italie et les provinces que les Romains ont con- » quises; car ce qui causa les victoires que Néron » (le consul) obtint en Afrique, vint de ce que » six hommes tenoient en propriété près de la moitié » de la Numidie, quand Néron les défit ». Plutarque disoit que de son temps, sous Trajan, on n'auroit pas levé trois mille soldats dans la Grèce, qui avoit fourni autrefois des armées si nombreuses, et qu'on y voyageoit quelquefois tout un jour sans rencon- trer d'autres personnes que quelques bergers le long des chemins. C'est que les terres de la Grèce étoient presque toutes tombées en partage à de

---

(1) Histoire naturelle, liv. 18, chap. 5 et 6.

grands propriétaires. Les conquérans ont toujours
trouvé une foible résistance dans les pays divisés
en grandes propriétés. Nous en avons des exemples
dans tous les siècles, depuis l'invasion du Bas-
Empire, faite par les Turcs, jusqu'à celle de la
Pologne, arrivée de nos jours. Les grandes propriétés ôtent à la fois le patriotisme à ceux qui ont
tout et à ceux qui n'ont rien. « Les gerbes, disoit
» Xénophon, donnent à ceux qui les font croître
» le courage de les défendre. Elles sont dans les
» champs comme un prix au milieu d'un jeu pour
» le vainqueur ».

Tel est le danger auquel des possessions trop
inégales exposent un état au-dehors; voyons le mal
qu'elles font au-dedans. J'ai ouï raconter à une personne très-digne de foi, qu'un ancien contrôleur
général s'étant retiré dans la province où il étoit né,
y acheta une terre considérable. Il y avoit aux environs une cinquantaine de fiefs qui pouvoient rapporter depuis quinze cents livres jusqu'à deux mille
livres de rente. Leurs possesseurs étoient de bons
gentilshommes qui donnoient de père en fils à la
patrie de braves officiers et des mères de famille
respectables. Le contrôleur général desirant d'agran-
dir sa terre, les invita dans son château, les traita
splendidement, leur fit goûter le luxe de Paris, et
finit par leur offrir le double de la valeur de leurs
fonds, s'ils vouloient s'en défaire. Tous acceptèrent

son offre, croyant doubler leurs revenus, et dans l'espérance non moins trompeuse pour un gentilhomme campagnard, de s'acquérir un protecteur puissant à la cour; mais la difficulté de placer convenablement leur argent, le goût de la dépense inspiré par des sommes qu'ils n'avoient jamais vues rassemblées dans leurs coffres; enfin, les voyages à Paris réduisirent bientôt à rien le prix de leurs patrimoines. Toutes ces familles honorables disparurent d'abord du pays; et trente ans après, un de leurs descendans, qui comptoit dans ses ancêtres une longue suite de capitaines de cavalerie et de chevaliers de Saint-Louis, parcouroit à pied leurs anciens domaines, sollicitant pour vivre une place de garde de sel.

Voilà le mal que les grandes propriétés font aux citoyens : celui qu'elles font à la terre n'est pas moindre. J'étois il y a quelques années en Normandie chez un gentilhomme aisé, qui fait valoir lui-même un grand pâturage situé à mi-côte sur un assez mauvais fonds. Il me promena tout autour de son vaste enclos, jusqu'à un espace considérable qui n'étoit couvert que de mousses, de prêles et de chardons. On n'y voyoit pas un brin de bonne herbe. A la vérité ce terrein étoit à la fois ferrugineux et marécageux. On l'avoit coupé de plusieurs tranchées pour en faire écouler les eaux; mais c'étoit en vain, rien n'y pouvoit croître. Immédiatement au-dessous il y avoit une suite de petites métairies, dont le fonds étoit couvert de gazons frais, planté de pommiers chargés et entouré de grands aunes. Quelques vaches paissoient sous ces vergers, tandis que des paysannes filoient en chantant à la porte de leurs maisons. Ces voix champêtres, qui se répétoient de distance en distance sous ces bocages, donnoient à ce petit hameau un air vivant, qui augmentoit encore la nudité et la triste solitude de la lande où nous étions. Je demandai à son possesseur pourquoi des terreins si voisins étoient de rapports si différens. « Ils sont de même nature, me dit-il, et il y » avoit autrefois sur le lieu où nous sommes de » petites maisons semblables à celles que vous voyez » là. J'en ai fait l'acquisition, mais à ma perte. Leurs » habitans ayant du loisir et peu de terre à soigner, » l'émoussoient, l'échardonnoient, le fumoient ; » l'herbe y venoit. Vouloient-ils y planter ? ils y » creusoient des trous ; ils en ôtoient les pierres, et » ils les remplissoient de bonne terre qu'ils alloient » chercher au fond des fossés et le long des che- » mins. Leurs arbres prenoient racine et prospé- » roient. Mais tous ces soins me coûteroient beau- » coup de temps et de dépenses. Je n'en tirerois » jamais l'intérêt de mon argent. ». Il faut remar- quer que ce mauvais économe, mais bon gentil- homme dans toute la force du terme, faisoit l'au- mône à la plupart de ces anciens métayers, qui n'avoient plus de quoi vivre. Ainsi voilà encore du terrein et des hommes rendus inutiles par les grandes propriétés. Ce n'est point dans les grands domaines, mais dans les bras des cultivateurs, que le père des hommes verse les fruits de la terre.

Il me seroit possible de démontrer que les grandes propriétés sont les causes principales de la multitude de pauvres qu'il y a dans le royaume, par la raison même qui leur a mérité tant d'éloges de plusieurs de nos écrivains, qui est, qu'elles épargnent aux hommes les travaux de l'agriculture. Il y a beaucoup d'endroits où on n'a aucun ouvrage à donner aux paysans pendant une grande partie de l'année ; mais je ne m'arrêterai qu'à leur misère, qui semble croître avec la richesse de chaque canton.

Le pays de Caux est le pays le plus fertile que je connoisse au monde. Ce qu'on appelle la grande agriculture, y est portée à sa perfection. L'épaisseur de son humus qui a en quelques endroits cinq à six pieds de profondeur, les engrais que lui fournissent le fonds de marne sur lequel il est élevé, et celui des plantes marines de ses rivages qu'on répand à sa surface, concourent à le couvrir de superbes végétaux. Les blés, les arbres, les bestiaux, les femmes et les hommes y sont plus beaux et plus robustes que par-tout ailleurs : mais comme les loix y ont donné dans toutes les familles, les deux tiers des biens de campagne aux aînés, on y

voit d'un côté la plus grande abondance, et de
l'autre une indigence extrême. Je traversois un jour
ce pays; j'admirois ses campagnes si bien labourées,
et si vastes que la vue n'en atteint pas le terme.
Leurs longs sillons de blés qui suivent les ondulations de la plaine, et qui ne se terminent qu'aux
villages et aux châteaux entourés d'arbres de haute
futaie, me les faisoient paroître semblables à une
mer de verdure, d'où s'élevoient çà et là quelques
îles à l'horizon. C'étoit au mois de mars, au petit
point du jour. Il souffloit un vent de nord-est très-
froid. J'aperçus quelque chose de rouge qui cou-
roit au loin à travers les champs, et qui se dirigeoit vers
la grande route, environ un quart de lieue devant moi.
Je hâtai mon pas, et j'arrivai assez à temps pour voir
que c'étoient deux petites filles en corsets rouges et en
sabots, qui traversoient, avec bien de la peine, le
fossé du grand chemin. La plus grande, qui pouvoit avoir six à sept ans, pleuroit amèrement. Mon
enfant, lui dis-je, pourquoi pleurez-vous, et où
allez-vous si matin? « Monsieur, me répondit-elle,
» ma mère est malade. Il n'y a point de bouillon
» dans notre paroisse. Nous allons à ce clocher tout
» là-bas chez un autre curé pour lui en demander.
» Je pleure parce que ma petite sœur ne peut plus
» marcher ». En disant ces mots, elle s'essuyoit les
yeux avec un morceau de serpillière qui lui servoit
de jupon. Pendant qu'elle levoit cette guenille jus-

qu'à son visage, j'aperçus qu'elle n'avoit pas même de chemise. La misère de ces enfans si pauvres au milieu de ces campagnes si riches, me pénétra de douleur. Mais je ne pouvois leur donner qu'un bien foible secours. J'allois voir moi-même une autre espèce de misérables.

Le nombre en est si grand dans les meilleurs cantons de cette province, qu'il y égale le quart et même le tiers des habitans dans chaque paroisse. Il y augmente tous les ans. Je tiens ces observations de mon expérience, et du témoignage de plusieurs curés dignes de foi. Quelques seigneurs y font distribuer du pain toutes les semaines à la plupart de leurs paysans, pour les aider à vivre. Economistes, songez que la Normandie est la plus riche de nos provinces, et étendez vos calculs et vos proportions au reste du royaume ! Substituez la morale financière à celle de l'évangile : pour moi, je ne veux pas d'autre preuve de la supériorité de la religion sur les raisonnemens de la philosophie, et de la bonté du cœur national sur les grandes vues de notre politique ; c'est que, malgré la défectuosité de nos loix et de nos erreurs en tout genre, l'état se soutient encore, parce que la charité et l'humanité y viennent presque par-tout au secours du gouvernement.

La Picardie, la Bretagne et d'autres provinces sont incomparablement plus à plaindre que la Normandie.

S'il y a vingt-un millions d'hommes en France, comme on le prétend, il y a donc au moins sept millions de pauvres. Cette proportion ne diminue pas dans les villes, comme on peut le voir par le nombre des enfans-trouvés à Paris, qui monte, année commune, à six ou sept mille, tandis que celui des autres enfans qui n'ont pas été abandonnés par leurs parens, n'y va pas à plus de quatorze ou quinze mille. On peut bien juger que dans ces derniers, il y en a encore beaucoup qui appartiennent à des familles indigentes. Les autres, à la vérité, sont en partie les fruits du libertinage ; mais le désordre des mœurs prouve également la misère du peuple, et même plus fortement, puisqu'elle le contraint de renoncer à la fois et à la vertu, et aux premiers sentimens de la nature.

L'esprit de finance a occasionné ces maux dans le peuple, en lui enlevant la plupart des moyens de subsister ; mais ce qu'il y a de pis, c'est qu'il a corrompu sa morale. Il n'estime et il ne loue plus que ceux qui font fortune. S'il porte encore quelque respect aux talens et aux vertus, c'est qu'il les regarde comme des moyens de s'enrichir. Ce qu'on appelle même la bonne compagnie, ne pense guère autrement. Mais je voudrois bien savoir s'il y a quelque moyen honnête de faire fortune, pour un homme sans argent, dans un pays où tout est vénal. Il faut au moins intriguer, plaire à un parti, se faire des protecteurs et des prôneurs ; et , pour cela, il faut être de mauvaise foi, corrompre, flatter, tromper, épouser les passions d'autrui , bonnes ou mauvaises, se dévoyer enfin par quelque endroit. J'ai vu des gens parvenir dans toutes sortes d'états ; mais, j'ose le dire publiquement, quelques louanges qu'on ait données à leur mérite, et quoique plusieurs d'entre eux en eussent en effet, je n'ai vu les plus honnêtes s'élever et se maintenir qu'aux dépens de quelque vertu.

Voyons maintenant les réactions de ces maux. Le peuple balance à l'ordinaire les vices de ses oppresseurs par les siens. Il oppose corruption à corruption. Il fait sortir de son sein une multitude prodigieuse de farceurs, de comédiens, d'ouvriers de luxe, de gens de lettres même, qui, pour flatter les riches et échapper à l'indigence, étendent le désordre des mœurs et des opinions jusqu'aux extrémités de l'Europe. C'est sur-tout dans la classe de ses célibataires qu'il leur oppose sa plus forte digue. Comme ceux-ci sont très-nombreux, et qu'ils comprennent non-seulement la jeunesse des deux sexes qui chez nous se marie tard, mais encore une infinité d'hommes qui, par état ou par défaut de fortune, sont privés, comme elle, des honneurs de la société et des premiers plaisirs de la nature, ils forment un corps redoutable qui dispose de toutes les réputations, et qui trouble la paix de tous les mariages.

II.   B

Ce sont eux qui, pour prix d'un dîner, distribuent cette foule d'anecdotes en bien ou en mal, qui déterminent en tout genre l'opinion publique. Il ne dépend pas d'un homme riche d'avoir une jolie femme et d'en jouir en paix; ils l'obligent, sous peine du ridicule, c'est-à-dire, sous la plus grande des peines pour un Français, d'en faire le centre de toutes les sociétés, de la promener à tous les spectacles, et d'adopter les mœurs qui leur conviennent, quelque contraires qu'elles soient à la nature et au bonheur conjugal. Pendant qu'en corps d'armée ils disposent de la réputation et des plaisirs des riches, deux de leurs colonnes attaquent de front leur fortune par deux chemins différens. L'une s'occupe à les effrayer, et l'autre à les séduire.

Je n'arrêterai pas ici mes réflexions sur le pouvoir et les richesses qu'ont acquis peu à peu plusieurs ordres religieux, mais sur leur nombre en général. Il y a des politiques qui prétendent que la France seroit trop peuplée s'il n'y avoit pas de couvens. La Hollande et l'Angleterre qui n'en ont point, sont-elles trop peuplées ? C'est connoître d'ailleurs bien peu les ressources de la nature. Plus la terre a d'habitans, plus elle rapporte. La France nourriroit peut-être quatre fois plus de peuple qu'elle n'en contient, si elle étoit, comme la Chine, divisée en un grand nombre de petites propriétés. Il ne faut pas juger de sa fertilité par ses grands domaines.

Ces vastes terres désertes, ne rapportent que de deux ans l'un, ou tout au plus deux sur trois. Mais de combien de récoltes et d'hommes se couvrent les petites cultures ! Voyez aux environs de Paris, le Pré de Saint-Gervais. Le fond en général en est médiocre; et cependant il n'y a aucune espèce de végétal de nos climats, que l'industrie de ses cultivateurs ne lui fasse produire. On y voit à la fois des pièces de blés, des prairies, des légumes, des carrés de fleurs, des arbres à fruits et de haute-futaie. J'y ai vu, dans le même champ, des cerisiers au milieu des pommes de terre, des vignes qui grimpoient sur les cerisiers, et de grands noyers qui s'élevoient au-dessus des vignes; quatre récoltes l'une sur l'autre, dans la terre, sur la terre et dans l'air. On n'y voit point de haies qui y partagent les possessions, non plus que si c'étoit au temps de l'âge d'or. Souvent un jeune paysan avec un panier et une échelle, monté sur un arbre fruitier, vous représente l'image de Vertumne; tandis qu'une jeune fille qui chante dans quelque détour de vallon, pour en être aperçue, vous rappelle celle de Pomone. Si des préjugés cruels ont frappé de stérilité et de solitude une grande partie de la France, et ne la réservent désormais qu'à un petit nombre de propriétaires, pourquoi, au lieu de fondateurs d'ordres, ne s'élève-t-il pas parmi nous des fondateurs de colonies, comme chez les Egyptiens et chez les

Grecs? La France n'aura-t-elle jamais ses Inachus et ses Danaüs? Pourquoi forçons-nous les peuples de l'Afrique de cultiver nos terres en Amérique, tandis que nos paysans manquent chez nous de travail? Que n'y transportons-nous nos familles les plus misérables toutes entières, enfans, vieillards, amans, cousines, les cloches même et les saints de chaque village, afin qu'elles retrouvent dans ces terres lointaines les amours et les illusions de la patrie? Ah! si dans ces pays, où les cultures sont si faciles, on avoit appelé la liberté et l'égalité, les cabanes du Nouveau-Monde seroient aujourd'hui préférables aux palais de l'Ancien. Ne reparoîtra-t-il jamais dans quelque coin de la terre, une nouvelle Arcadie? Lorsque je me suis cru quelque crédit auprès des hommes puissans, j'ai tenté de l'employer à des projets de cette nature; mais je n'en ai pas rencontré un seul qui s'occupât fortement du bonheur des hommes. J'ai essayé d'en tracer au moins le plan pour le laisser à d'autres; mais les nuages du malheur ont obscurci ma propre vie, et je n'ai pu être heureux même en songe.

Des politiques ont regardé la guerre même comme nécessaire à un état, parce qu'elle y détruit, disent-ils, la surabondance des hommes. En général ils connoissent fort peu la nature. Indépendamment des ressources des petites propriétés qui multiplient par-tout les fruits de la terre, on peut assurer qu'il

n'y a aucun pays qui n'ait à sa portée des moyens
d'émigration, sur-tout depuis la découverte du
Nouveau-Monde. De plus, il n'y a pas un seul état,
même parmi les plus peuplés, qui n'ait quantité de
terres incultes dans son territoire. La Chine et le
Bengale sont, je pense, les pays du monde où il y
a le plus d'habitans : cependant la Chine a quantité
de déserts au milieu de ses provinces, parce que
l'avarice porte leurs cultivateurs dans le voisinage
des grands fleuves et dans les villes pour s'y livrer
au commerce. Plusieurs voyageurs éclairés en ont
fait l'observation. Voici ce que dit des déserts du
Bengale, le bon Hollandais Gautier Schouten : « Du
» côté du Sud, le long des côtes de la mer, à l'em-
» bouchure du Gange, il y a une assez grande partie
» qui est inculte et déserte par la paresse et l'oisi-
» veté des habitans, et aussi par la crainte qu'ils ont
» des courses de ceux d'Arracan, et des crocodiles
» et autres monstres qui dévorent les hommes, et
» qui se tiennent dans les déserts, le long des ruis-
» seaux, des rivières, des marais, et dans les caver-
» nes (1) ». Bien foibles obstacles, sans doute, pour
une nation dont les pères vendent quelquefois leurs
enfans, faute de moyens pour les nourrir ! Le médecin Bernier remarque aussi dans son Voyage du

(1) Gautier Schouten, Voyage aux Indes orientales,
pag. 154, tom. 2.

Mogol, qu'il trouva quantité d'îles très-fertiles et
désertes à l'embouchure du Gange.

C'est en général, au grand nombre d'hommes
célibataires qu'il faut attribuer celui des filles du
monde, qui par tout pays leur est proportionné.
Ce mal est encore l'effet d'une réaction naturelle.
Les deux sexes naissent et meurent en nombre égal,
chaque homme vient au monde et en part avec sa
femme. Tout homme donc qui se voue au célibat,
y voue nécessairement une fille. L'ordre ecclésiastique enlève aux femmes la plupart de leurs maris,
et l'ordre social les moyens de subsister. Nos ma-
nufactures et nos machines si industrieuses, leur
ont ôté presque tous les arts qui les faisoient vivre.
Je ne parle pas de celles qui fabrique les bas, les
tapisseries, les étoffes, &c. qui occupoient autrefois tant de mères de famille, et qui n'emploient
plus aujourd'hui que des gens de métier; mais il y a
des tailleurs, des cordonniers et des coiffeurs pour
femmes. Il y a des hommes qui sont marchands de
modes, de linge, de gaze, de mousseline, de
fleurs artificielles. Les hommes ne rougissent pas de
prendre pour eux les métiers commodes, et de
laisser les plus rudes aux femmes. Parmi celles-ci,
on trouve des marchandes de bœufs et de porcs qui
courent les foires à cheval : il y en a qui vendent de la
brique et qui naviguent dans des bateaux, toutes
brûlées du soleil; d'autres qui travaillent dans les

carrières. On en voit des multitudes dans Paris porter
d'énormes paquets de linge sur le dos, des porteu-
ses d'eau, des décroteuses sur les quais, d'autres
qui sont attelées comme des chevaux à de petites
charrettes. Ainsi les sexes se dénaturent, les hommes
s'efféminent et les femmes s'hommassent. A la vérité
le plus grand nombre d'entre elles trouve plus aisé
de tirer parti de ses charmes que de ses forces. Mais
que de désordres les filles du monde occasionnent
chaque jour! Combien d'infidélités dans les mariages, de vols dans les familles, de querelles, de
batteries, de duels, dont elles sont la cause! A
peine la nuit paroît, qu'elles inondent toutes les
rues ; elles parcourent toutes les promenades, et
elles se portent à tous les carrefours. D'autres, connues sous le nom, déjà considéré dans le peuple,
de « filles entretenues », roulent aux spectacles en
superbes équipages. Elles président aux bals et aux
fêtes de la moyenne bourgeoisie. C'est en partie
pour elles qu'on élève dans les faubourgs, au milieu
des jardins anglais, une multitude de palais voûtés
à l'égyptienne. Il n'en est point qui ne s'occupe à
détruire quelque fortune. Ainsi Dieu punit les oppresseurs d'un peuple par les mains des opprimés.
Pendant que les riches croient partager en paix sa
subsistance, des hommes sortis de son sein les dé-
pouillent à leur tour, par les inquiétudes de l'opinion : s'ils leur échappent, les filles du monde s'en

emparent ; et au défaut des pères, elles sont bien sûres au moins de se dédommager sur les enfans.

On a essayé depuis quelques années d'encourager à la vertu, par des fêtes appelées ROSIÈRES, les pauvres filles de nos campagnes ; car pour celles qui sont riches, et pour les bourgeoises, le respect qu'elles doivent à leur fortune, ne leur permet pas de se mettre sur la ligne des paysannes, au pied même des autels. Mais vous qui donnez des couronnes à la vertu, ne craignez-vous pas de la flétrir ? Savez-vous bien que chez les peuples qui l'ont honorée véritablement, il n'y avoit que le prince ou la patrie qui osât la couronner ? Le proconsul Apronius refusa de donner la couronne civique à un soldat qui l'avoit méritée ; il regardoit ce privilége comme n'appartenant qu'à l'empereur. Tibère la lui donna, et il se plaignit qu'Apronius ne l'eût pas fait en qualité de proconsul (1). Savez-vous bien comment les Romains honoroient la virginité ? Ils faisoient porter devant les vestales les masses des préteurs. Nous avons vu ailleurs que leur seule présence délivroit le criminel qu'on menoit au supplice, pourvu toutefois qu'elles affirmassent qu'elles ne s'étoient pas trouvées sur son chemin de propos délibéré. Elles avoient un banc particulier dans les fêtes publiques : et plusieurs impératrices demandèrent, comme le

_____

(1) Annales de Tacite, liv. iij, année 6.

comble de l'honneur, le privilége d'y être assises. Et des bourgeois de Paris couronnent nos vestales champêtres (1)! Grand et généreux effort! ils donnent, à la campagne, des roses à la vertu indigente, et ils couvrent à la ville le vice de diamans.

D'un autre côté, les punitions du crime ne me paroissent pas mieux ordonnées que les récompenses de la vertu. On n'entend crier dans nos carrefours que ces mots terribles : ARRÊT QUI CONDAMNE, et jamais ARRÊT QUI RÉCOMPENSE. On réprime le crime par des punitions infâmes. Une de leurs simples flétrissures empire un coupable au lieu de le corriger, et détermine souvent toute sa famille au vice. Où voulez-vous d'abord que se réfugie un homme fouetté, marqué et banni? La nécessité en a fait un voleur, la rage en fera un assassin. Ses parens déshonorés abandonnent le pays, et deviennent vagabonds. Ses sœurs se livrent à la prostitution. On regarde ces effets de la crainte, que le bourreau inspire au peuple, comme des préjugés qui lui sont salutaires. Mais ils produisent, à mon avis, un bien grand mal. Le peuple les étend aux actions les plus indifférentes, et en augmente le poids de sa misère. J'en ai vu un exemple sur

---

(1) *Ils daignent* aussi les faire manger avec eux ce jour-là. *Voyez* les journaux du temps, qui se sont extasiés à cette occasion.

un vaisseau où j'étois passager : c'étoit en revenant
de l'île de France. Je remarquai qu'aucun des matelots ne vouloit manger avec le cuisinier du vaisseau ;
ils daignoient même à peine lui parler. J'en demandai la raison au capitaine ; il me dit qu'étant au
Pégu , il y avoit environ six mois, il y avoit laissé
cet homme à terre pour y garder un magasin que les
gens du pays lui avoient prêté. Ces gens , à l'entrée
de la nuit , en fermèrent la porte à la clef, et l'em-
portèrent chez eux. Le gardien qui étoit dedans ne
pouvant sortir pour satisfaire à ses besoins naturels,
fut obligé de se soulager dans un coin. Par malheur
ce magasin étoit un temple. Le matin venu, les gens
du pays lui en ouvrirent la porte ; mais s'apercevant
que ce lieu étoit souillé , ils se jetèrent à grands cris
sur le malheureux gardien , le lièrent et le mirent
entre les mains des bourreaux qui l'alloient pendre,
si lui , capitaine du vaisseau , secondé d'un évêque
portugais et du frère du roi, n'y fussent accourus
pour le tirer de leurs mains. Depuis ce moment les
matelots regardoient leur compatriote comme désho-
noré , pour avoir , disoient-ils, passé par les mains
du bourreau. Ce préjugé ne fut ni chez les Grecs ,
ni chez les Romains. Il ne se trouve point chez les
Turcs , les Russes et les Chinois. Il ne vient point
du sentiment de l'honneur, ni même de la honte du
crime ; il ne tient qu'au genre du supplice. Une tête
tranchée pour crime de trahison et de perfidie , ou

une tête cassée pour crime de désertion, ne déshonore point la famille d'un coupable. Le peuple avili ne méprise que ce qui lui est propre, et il est sans pitié dans ses jugemens parce qu'il est malheureux.

Ainsi la misère du peuple est la principale source de nos maladies physiques et morales. Il y en a une autre qui n'est pas moins féconde en maux : c'est l'éducation des enfans. Cette partie de la politique a fixé dans l'antiquité l'attention des plus grands législateurs. Les Perses, les Egyptiens et les Chinois en firent la base de leurs gouvernemens. Ce fut sur elle que Lycurgue posa les fondemens de sa république. On peut même dire que là où il n'y a point d'éducation nationale, il n'y a point de législation durable. Chez nous l'éducation n'a aucun rapport avec la constitution de l'état. Nos écrivains les plus célèbres, tels que Montaigne, Fénélon, J. J. Rousseau, ont bien senti les défauts de notre police à cet égard; mais désespérant peut-être de les réformer, ils ont mieux aimé proposer des plans d'éducation particulière et domestique, que de réparer l'ancien et de l'assortir à toutes les inconséquences de notre société. Pour moi, qui ne remonte à l'origine de nos maux qu'afin d'en disculper la nature, et que quelque heureux génie puisse y apporter un jour quelque remède, je me trouve encore engagé à examiner l'influence de l'éducation sur notre bonheur particulier et sur celui de la patrie en général.

L'homme est le seul être sensible qui forme sa
raison d'observations continuelles. Son éducation
commence avec sa vie, et ne finit qu'à sa mort. Ses
jours s'écouleroient dans une perpétuelle incertitude, si la nouveauté des objets et la flexibilité de
son cerveau dans l'enfance ne donnoient aux im-
pressions du premier âge un caractère ineffaçable;
c'est alors que se forment les goûts et les observations qui dirigent toute notre vie. Nos premières
affections sont encore les dernières. Elles nous
accompagnent au milieu des événemens dont nos
jours sont mêlés : elles reparoissent dans la vieillesse,
et nous rappellent alors les époques de l'enfance
avec encore plus de force que celles de l'âge viril.
Les premières habitudes influent même sur les animaux, jusqu'à détruire en eux l'instinct naturel.
Lycurgue en montra un exemple frappant aux Lacédémoniens dans deux chiens de chasse, pris de la
même litée, dans l'un desquels l'éducation avoit
tout-à-fait triomphé de la nature. Mais j'en connois
de plus forts parmi les hommes, en ce que les
premières habitudes y triomphent quelquefois de
l'ambition. Il y a plusieurs de ces exemples dans
l'histoire; cependant j'en choisirai un qui n'y est
pas, et qui est en apparence peu important, mais
qui m'intéresse, parce qu'il rappelle à mon souvenir
des hommes qui m'ont été chers.

Lorsque j'étois au service de Russie, j'allois sou-

vent dîner chez son excellence M. de Villebois (1),
grand-maître de l'artillerie, et général du corps du
génie où je servois. J'avois remarqué qu'on lui présentoit toujours sur une assiette je ne sais quoi de
gris, et de semblable, pour la forme, à de petits
caillous. Il mangeoit de ce mets avec fort bon appétit, et il n'en offroit à personne ; quoique sa table
fût honorablement servie, et qu'il n'y eût pas un
seul plat qui n'y fût présenté au moindre convive.
Il s'aperçut un jour que je regardois son assiette
favorite avec attention. Il me demanda, en riant,
si j'en voulois goûter : j'acceptai son offre, et je

---

(1) Nicolas de Villebois étoit né en Livonie, d'une famille
française originaire de Bretagne. Il décida, à la bataille de
Francfort, la victoire pour les Russes, en chargeant les
Prussiens à la tête d'un régiment de fusiliers de l'artillerie
dont il étoit alors colonel. Cette action, jointe à son mérite
personnel, lui valut le cordon bleu de Saint-André, et
bientôt après la place de grand-maître de l'artillerie, dont il
étoit revêtu quand j'arrivai en Russie. Quoique son crédit
s'affoiblît alors, ce fut lui qui m'admit au service de sa majesté
Catherine ii, et qui me fit l'honneur de me présenter à elle
comme un des officiers de son corps du génie. Il m'y prépa-
roit de l'avancement, conjointement avec le général Daniel
du Bosquet, chef du corps des ingénieurs ; ils firent l'un et
l'autre tout ce qu'ils purent pour me retenir au service, en
me le rendant agréable de toutes les manières, et en me pro-
posant des établissemens honorables et avantageux. Mais
l'amour de ma patrie, que j'avois servie précédemment, et

trouvai que c'étoient de petits blocs de lait caillé,
salés et parsemés de grains d'anis; mais si durs et
si coriaces, que j'avois toutes les peines du monde
à y mordre, et qu'il me fut impossible d'en avaler.
« Ce sont, me dit le grand-maître, des fromages de
» mon pays. C'est un goût de l'enfance. J'ai été
» élevé parmi nos paysans à manger de ces gros lai-
» tages. Quand je voyage, et que je suis loin des
» villes, aux approches d'un village, je fais aller
» devant moi mes gens et mon équipage; et mon
» plaisir alors est d'entrer tout seul, bien enveloppé
» dans mon manteau, chez le premier paysan, et

le desir de la servir encore, que des hommes à grand caractère nourrissoient de vaines espérances, me firent persister
à demander mon congé, que j'obtins en 1763, avec le grade
de capitaine. Au partir de Russie, je fis à mes frais une
tentative pour le service de France en Pologne, en me jetant
dans le parti qu'elle protégeoit : j'y courus de grands
risques, puisque j'y fus fait prisonnier par le parti polonais-
russe. De retour à Paris, j'ai donné des Mémoires sur le
Nord aux affaires étrangères, où je présageois le partage
futur de la Pologne par les puissances limitrophes. Ce partage s'est effectué quelques années après. Depuis j'ai cherché
à bien mériter de ma patrie par mes services, tant militaires
aux îles, où j'étois capitaine-ingénieur du roi, que littéraires en France, et j'ose dire aussi par ma conduite; mais
je n'ai pas encore eu le bonheur d'éprouver, dans ma fortune, qu'elle eût agréé les sacrifices en tout genre que je lui
avois faits.

» d'y manger une terrine de lait caillé avec du pain
» bis. A ma dernière tournée en Livonie il m'arriva
» à cette occasion une aventure qui m'amusa beau-
» coup. Pendant que je déjeûnois ainsi, je vis entrer
» dans la maison un homme qui chantoit, et qui por-
» toit un paquet sur son épaule. Il s'assit auprès de
» moi, et dit à l'hôte de lui donner un déjeûné sem-
» blable au mien. Je demandai à ce voyageur, si gai,
» d'où il venoit et où il alloit. Il me dit : Je suis
» matelot, je viens des grandes Indes. J'ai débarqué
» à Riga, et je m'en retourne à Herland, mon pays,
» d'où il y a trois ans que je suis parti. J'y resterai
» jusqu'à ce que j'aie mangé les cent écus que voilà,
» me dit-il, en me montrant un sac de cuir qu'il
» faisoit sonner. Je le questionnai sur les pays qu'il
» avoit vus, et il me répondit avec beaucoup de
» bon sens. Mais, lui dis-je, quand vous aurez
» mangé vos cent écus, que ferez-vous? Je m'en
» retournerai, répondit-il, en Hollande, me rem-
» barquer pour les grandes Indes, afin d'en gagner
» d'autres, et revenir me divertir à Herland, mon
» pays, en Franconie. La bonne humeur et l'in-
» souciance de cet homme me plurent tout-à-fait,
» continua le grand-maître. En vérité j'enviois son
» sort ».

La sage nature, en donnant tant de force aux
habitudes du premier âge, a voulu faire dépendre
notre bonheur de ceux à qui il importe le plus de

le faire, c'est-à-dire de nos parens, puisque c'est des
affections qu'ils nous inspirent alors que dépend
celle que nous leur porterons un jour. Mais parmi
nous, dès qu'un enfant est né, on le livre à une nourrice mercenaire. Le premier lien qui devoit l'atta-
cher à ses parens est rompu avant d'être formé. Un
jour viendra, peut-être, où il verra sortir leur pompe
funèbre de la maison paternelle, avec la même indif-
férence qu'ils en ont vu sortir son berceau. On l'y
rappelle, à la vérité, dans l'âge où les graces, l'innocence et le besoin d'aimer devroient l'y fixer pour
toujours ; mais on ne lui en fait goûter les dou-
ceurs que pour lui en faire sentir aussi-tôt la privation. On l'envoie aux écoles ; on l'éloigne dans des
pensions. C'est-là qu'il répandra des larmes que
n'essuiera plus une main maternelle. C'est-là qu'il
formera des amitiés étrangères, pleines de regrets
ou de repentirs, et qu'il éteindra les affections naturelles de frère, de sœur, de père, de mère, qui sont
les plus fortes et les plus douces chaînes dont la
nature nous attache à la patrie.

Après avoir fait cette première violence à son
jeune cœur, on en fait éprouver d'autres à sa raison. On charge sa tendre mémoire d'ablatifs, de
conjonctifs, de conjugaisons. On sacrifie la fleur de
la vie humaine à la métaphysique d'une langue
morte. Quel est le Français qui pourroit supporter
le tourment d'apprendre ainsi la sienne ? et s'il s'en

est trouvé qui en aient eu la laborieuse patience, l'ont-ils parlée mieux que leurs compatriotes? Qui écrit le mieux, d'une femme de la cour ou d'un grammairien? Montaigne, si plein des beautés antiques de la langue latine, et qui a donné tant d'énergie à la nôtre, se félicite « de n'avoir jamais su ce que » c'étoit que des vocatifs ». Apprendre à parler par les règles de la grammaire, c'est apprendre à marcher par les lois de l'équilibre. C'est l'usage qui enseigne la grammaire d'une langue, et ce sont les passions qui en apprennent la rhétorique. Ce n'est que dans l'âge et dans les lieux où elles se développent, qu'on sent les beautés de Virgile et d'Horace, que nos plus fameux traducteurs de collége n'ont jamais soupçonnées. Je me rappelle qu'étant écolier, je fus long-temps étourdi, comme les autres enfans, par un chaos de termes barbares, et que, quand je venois à entrevoir dans mes auteurs quelque trait d'esprit qui éclairoit ma raison, ou quelque sentiment qui alloit à mon cœur, j'en baisois mon livre de joie. Je m'étonnois de trouver le sens commun dans les anciens. Je pensois qu'il y avoit autant de différence de leur raison à la mienne, qu'il y en avoit dans la construction de nos deux langages. J'ai vu plusieurs de mes camarades si rebutés des auteurs latins par ces explications de collége, que long-temps après en être sortis, ils ne pouvoient en entendre parler. Mais quand ils ont été formés par l'expérience du monde et des passions, ils en ont senti alors les beautés, et en ont fait leurs délices. C'est ainsi qu'on abrutit parmi nous les enfans, qu'on contraint leur âge plein de feu et de mouvement par une vie triste, sédentaire et spéculative, qui influe sur leur tempérament par une infinité de maladies. Mais tout ceci n'est encore que de l'ennui et des maux physiques. On leur inspire des vices, on leur donne de l'ambition sous le nom d'émulation.

Des deux passions qui meuvent le cœur humain, qui sont l'amour et l'ambition, l'ambition est la plus durable et la plus dangereuse. Elle meurt la dernière dans les vieillards, et on lui donne l'essor la première dans les enfans. Il vaudroit beaucoup mieux leur apprendre à diriger leur amour vers quelque objet digne d'être aimé. La plupart d'entre eux sont destinés à éprouver un jour cette douce passion. La nature d'ailleurs en a fait le plus puissant lien des sociétés. Si leur âge, ou plutôt si nos mœurs financières s'y opposent, on devroit la détourner vers l'amitié, et former parmi eux, comme Platon dans sa république, ou Pélopidas à Thèbes, des bataillons d'amis toujours prêts à se dévouer pour la patrie (1). Mais l'ambition ne s'élève qu'aux

---

(1) *Divide et impera*, a dit, je crois, Machiavel. Jugez de la bonté de cette maxime, par le misérable état des pays où elle est née, et où on l'a mise en pratique.

dépens d'autrui. Quelque beau nom qu'on lui donne,
elle est l'ennemie de toute vertu. Elle est la source
des vices les plus dangereux, de la jalousie, de la
haine, de l'intolérance et de la cruauté; car chacun
cherche à la satisfaire à sa manière. Elle est inter-
dite à tous les hommes par la nature et par la religion, et à la plupart des sujets par le gouvernement.
Dans nos colléges, on élève à l'empire un écolier qui
sera destiné toute sa vie à vendre du poivre. On y
exerce au moins pendant sept ans les jeunes gens,
qui sont les espérances d'une nation, à faire des
vers, à être les premiers en amplification; les premiers en babil. Pour un qui réussit dans cette futile
occupation, que de milliers y perdent leur santé et
leur latin !

Les enfans n'apprenoient à Sparte qu'à obéir, à aimer la
vertu, la patrie, et à vivre dans la plus intime union, jusque-là qu'ils étoient divisés dans leurs écoles en deux classes
d'amans et d'aimés. Chez les autres peuples de la Grèce,
l'éducation étoit arbitraire; il y avoit beaucoup d'exercices
d'éloquence, de lutte, de courses; des prix pythiens, olym-
piques, isthmiques, &c. Ces frivolités les remplirent de
partialités. Lacédémone leur donna à tous la loi; et pendant
qu'il falloit aux premiers, lorsqu'ils alloient combattre pour
leur patrie, une paie, des harangues, des trompettes et des
fifres, pour exciter leur courage, il falloit au contraire
retenir celui des Lacédémoniens. Ils alloient au combat sans
appointemens, sans discours, au son des flûtes, et en chantant tous ensemble l'hymne des deux frères jumeaux, Castor
et Pollux.

C'est l'émulation qui donne les talens , dit-on.
Il seroit aisé de prouver que les écrivains les plus
célèbres dans tous les genres n'ont jamais été élevés
dans les collèges , depuis Homère , qui ne savoit que
sa langue , jusqu'à J. J. Rousseau, qui savoit à peine
le latin. Que d'écoliers ont brillé dans la routine
des classes , et se sont éclipsés dans la vaste sphère
des lettres ! L'Italie est pleine de collèges et d'aca-
démies : s'y trouve-t-il aujourd'hui quelque homme
bien fameux ? N'y voit-on pas , au contraire , les
talens , distraits par les sociétés inégales , les jalousies , les brigues , les tracasseries , et par toutes les
inquiétudes de l'ambition , s'y affoiblir et s'y corrompre? Je crois y entrevoir encore une autre raison de leur décadence ; c'est qu'on n'y étudie que
des méthodes , ce que les peintres appellent des
manières. Cette étude , en nous fixant sur les pas
d'un maître , nous éloigne de la nature , qui est la
source de tous les talens. Considérez quels sont en
France les arts qui y excellent, vous verrez que ce
sont ceux pour lesquels il n'y a ni école publique, ni
prix, ni académie ; tels que les marchandes de modes,
les bijoutiers , les perruquiers , les cuisiniers , &c.
Nous avons , à la vérité , des hommes célèbres dans
les arts libéraux et dans les sciences ; mais ces hommes
avoient acquis leurs talens avant d'entrer aux aca-
démies. D'ailleurs , peut-on dire qu'ils égalent ceux
des siècles précédens , qui ont paru ayant qu'elles

existassent? Après tout, quand les talens se forme-
roient dans les colléges, ils n'en seroient pas moins
nuisibles à la nation ; car il vaut mieux qu'elle ait
des vertus que des talens, et des hommes heureux
que des hommes célèbres. Un éclat trompeur couvre
les vices de ceux qui réussissent dans nos écoles.
Mais dans la multitude qui ne réussit jamais, les
jalousies secrètes, les médisances sourdes, les basses
flatteries, et tous les vices d'une ambition négative
fermentent déjà, et sont tout prêts à se répandre
avec elle dans le monde.

Pendant qu'on déprave le cœur des enfans, on
altère leur raison. Ces deux désordres vont toujours
de concert. D'abord, on les rend inconséquens. Le
régent leur apprend que Jupiter, Minerve et Apollon sont des dieux ; le prêtre de la paroisse, que ce
sont des démons (1). L'un, que Virgile, qui a si
bien parlé de la Providence, est au moins dans les
champs Elysées, et qu'il jouit dans ce monde de
l'estime de tous les gens de bien ; l'autre, qu'il est
païen, et qu'il est damné. L'Evangile leur tient
encore un autre langage ; il leur apprend à être les
derniers, et le collége à être les premiers ; la vertu,

---

(1) Passe pour le dieu trompeur du babil, du commerce et
des filous ; mais pour la sage Minerve ! Cette considération
m'a engagé à substituer le nom sans reproche de Minerve à
celui de Mercure, qui est dans l'édition précédente.

à descendre, et les talens à monter. Ce qu'il y a
d'étrange, c'est que ces contradictions, sur-tout
dans les provinces, sortent souvent de la même
bouche, et que le même ecclésiastique fait la classe
le matin, et le catéchisme le soir. Je sais bien comment elles s'arrangent dans la tête du régent; mais
elles doivent bouleverser celles des disciples qui ne
sont pas payés pour les entendre, comme l'autre
pour les débiter. C'est bien pis, lorsqu'ils viennent
à prendre des sujets de frayeur, là où ils n'en devoient
trouver que de consolation; lorsqu'on leur applique,
dans l'âge de l'innocence, les malédictions pro-
noncées par Jésus-Christ contre les pharisiens, les
docteurs et les autres tyrans du peuple Juif; ou
qu'on effraye leurs tendres organes par quelques
images monstrueuses si communes dans nos églises.
J'ai connu un jeune homme qui, dans son enfance,
fut si effrayé du dragon de sainte Marguerite, dont
son précepteur l'avoit menacé dans l'église de son
village, qu'il en tomba malade de peur, et qu'il
croyoit toujours le voir sur le chevet de son lit prêt
à le dévorer. Il fallut que son père, pour le rassurer,
mît l'épée à la main, et feignît de l'avoir tué. On
chassa, à notre manière, son erreur par une autre.
Quand il fut grand, le premier usage qu'il fit de sa
raison, fut de penser que ceux qui étoient destinés
à la former, l'avoient égarée deux fois.

Après avoir élevé un enfant au-dessus de ses égaux

par le titre d'empereur, et même au-dessus de tout
le genre humain par celui d'enfant de l'église, on
l'avilit par des punitions cruelles et honteuses.
« Entr'autres choses, dit Montaigne (1), cette police
» de la plupart de nos colléges m'a toujours desplu.
» On eût failli, à l'adventure, moins dommageable-
» ment, s'inclinant vers l'indulgence. C'est une vraie
» géole de jeunesse captive. On la rend desbau-
» chée, l'en punissant avant qu'elle le soit. Arri-
» vez-y sur le point de leur office, vous n'oyez que
» cris, et d'enfans suppliciés, et de maîtres enivrés
» en leur colère. Quelle manière, pour éveiller.
» l'appétit envers leur leçon, à ces tendres ames et
» craintives, de les guider d'une trogne effroyable,
» les mains armées de fouets ? Inique et pernicieuse
» forme ! Joint à ce que Quintilian en a très-bien
» remarqué, que cette impérieuse autorité tire des
» suites périlleuses, et nommément à notre façon
» de châtiment. Combien leurs classes seroient plus
» décemment jonchées de fleurs et de feuillées, que
» de tronçons d'osiers sanglans ! J'y ferois pour-
» traire la Joie, l'Allégresse, et Flora et les Graces,
» comme fit en son école le philosophe Speusyppus.
» Où est leur profit, que là aussi fût leur ébat (2) ».

(1) Essais, liv. 1, chap. 25.

(2) Michel Montaigne est encore un de ces hommes qui
n'ont point été élevés dans les colléges : il n'y fut du moins

J'en ai vu au collége, demi-pâmés de douleur, recevoir dans leurs petites mains jusqu'à douze férules.
J'ai vu , par ce supplice, la peau se détacher du bout
de leurs doigts , et laisser voir la chair toute vive.
Que dire de ces punitions infâmes, qui influent à la
fois sur les mœurs des écoliers et sur celles des
régens, comme il y en a mille exemples? On ne peut
entrer à ce sujet dans aucun détail, sans blesser la
pudeur. Cependant des prêtres les emploient. On
s'appuie sur un passage de Salomon, où il est dit :
« N'épargnez pas la verge à l'enfant ». Mais que sait-
on si les Juifs même usoient de ce châtiment à notre
manière ? Les Turcs, qui ont conservé une grande
partie de leurs usages , regardent celui-ci comme
abominable. Il ne s'est répandu en Europe que par
la corruption des Grecs du Bas-Empire , et ce fut
les moines qui l'y introduisirent. Si en effet les
Juifs l'ont employé, que sait-on si leur férocité ne
venoit pas de cette partie de leur éducation? D'ailleurs
il y a dans l'Ancien-Testament quantité de conseils
qui ne sont pas pour nous. On y trouve des passages
difficiles à expliquer, des exemples dangereux, et

---

que bien peu de temps. Il fut instruit sans châtimens cor-
porels et sans émulation dans la maison paternelle, par le
plus doux des pères, et par des précepteurs dont il a conservé précieusement la mémoire dans ses écrits. Il est devenu,
par une éducation si opposée à la nôtre, un des meilleurs et
des plus savans hommes de la nation.

des loix impraticables. Par exemple, dans le Lévitique, il est défendu de manger de la chair de porc. C'est un crime digne de mort de travailler le jour du sabbat ; c'en est un autre de tuer un bœuf hors du camp, &c. Saint Paul, dans son Epître aux Galates, dit positivement que la loi de Moïse est une loi de servitude ; il la compare à l'esclave Agar, répudiée par Abraham. Quelque respect que nous devions aux écrits de Salomon et aux loix de Moïse, nous ne sommes point leurs disciples ; mais nous le sommes de celui qui vouloit qu'on laissât les enfans s'approcher de lui, qui les bénissoit, et qui a dit que pour entrer au ciel, il falloit leur devenir semblable.

Nos enfans, bouleversés par les vices de notre institution, deviennent inconséquens, fourbes, hypocrites, envieux, laids et méchans. A mesure qu'ils croissent en âge, ils croissent aussi en malignité et en contradiction. Il n'y a pas un seul écolier qui sache seulement ce que c'est que les loix de son pays ; mais il y en a quelques-uns qui ont entendu parler de celles des douze Tables. Aucun d'eux ne sait comment se conduisent nos guerres ; mais il y en a qui vous raconteront quelques traits de celles des Grecs et des Romains. Il n'y en a pas un qui ne sache que les combats singuliers sont défendus, et beaucoup d'entre eux vont dans les salles d'armes, où l'on n'apprend qu'à se battre en duel. C'est, dit-on, pour apprendre à se tenir de bonne grace et à marcher ; comme si on marchoit de tierce et de quarte, et que l'attitude d'un citoyen dût être celle d'un gladiateur ! D'autres, destinés à des fonctions plus paisibles, vont dans des écoles s'exercer à disputer. La vérité, dit-on, naît du choc des opinions. C'est une phrase de bel-esprit. Pour moi, je méconnoîtrois la vérité, si je la rencontrois dans une dispute. Je me croirois ébloui par ma passion, ou par celle d'autrui. Ce sont des disputes que sont nés les sophismes, les hérésies, les paradoxes et les erreurs en tout genre. La vérité ne se montre point devant les tyrans ; et tout homme qui dispute, cherche à le devenir. La lumière de la vérité ne ressemble point à la lueur funeste des tonnerres qui naît du choc des élémens, mais à celle du soleil, qui n'est pure que quand le ciel est sans nuage.

Je ne suivrai point notre jeunesse dans le monde, où le plus grand mérite de l'antiquité ne peut lui servir à rien. Que fera-t-elle de ses grands sentimens de républicain dans une monarchie, et de ceux de désintéressement dans un pays où tout est à vendre ? A quoi lui serviroit même l'impassible philosophie de Diogène dans des villes où l'on arrête les mendians ? Elle seroit assez malheureuse, quand elle n'auroit conservé que cette crainte du blâme, et cet amour de la louange dont on a guidé ses études. Conduite sans cesse par l'opinion d'autrui, et n'ayant en elle aucun principe stable, la moindre femme la mènera avec plus d'empire qu'un régent. Mais, quoi qu'on en dise, on aura beau crier, les colléges seront toujours pleins. Je desirerois au moins qu'on délivrât les enfans de ces longues misères qui les dépravent dans l'âge le plus heureux et le plus aimable de la vie, et qui ont ensuite tant d'influence sur leurs caractères. L'homme naît bon. C'est la société qui fait les méchans, et c'est notre éducation qui les prépare.

Comme mon témoignage ne suffit pas dans une assertion aussi grave, j'en citerai plusieurs qui ne sont pas suspects, et que je prends au hasard chez des écrivains ecclésiastiques, non pas d'après leurs opinions qui sont décidées par leur état, mais d'après leur propre expérience qui dérange absolument à cet égard toute leur théorie. En voici un du père Claude d'Abbeville, missionnaire capucin, au sujet des enfans des habitans de l'île de Maragnan sur la côte du Brésil, où nous avions jeté les fondemens d'une colonie qui a eu le sort de tant d'autres que nous avons perdues par notre inconstance et par nos divisions, qui sont les suites ordinaires de notre éducation. « Davantage, je ne sais si c'est pour le grand amour » que les pères et les mères portent à leurs enfans, » que jamais ils ne leur disent mot qui les puisse » offenser, ainsi les laissent en liberté de faire ce » que bon leur semble, et leur permettent tout ce

» qu'il leur plaît, sans les reprendre aucunement :
» aussi est-ce une chose admirable, et de quoi plu-
» sieurs se sont étonnés (non sans sujet), que les
» enfans ordinairement ne font rien qui puisse
» mécontenter leurs parens; au contraire, ils s'effor-
» cent de faire tout ce qu'ils savent et connoissent
» devoir leur être agréable (1) ». Il fait le portrait le
plus avantageux de leurs qualités physiques et morales. Son témoignage est confirmé par Jean de Léry,
à l'égard des Brésiliens, qui ont les mêmes mœurs,
et qui sont dans le voisinage de cette île. En voici
un autre d'Antoine Biet, supérieur des prêtres missionnaires, qui passèrent en l'an 1652 à Cayenne,
autre colonie que nous avons perdue par les mêmes
causes, et depuis mal rétablie. C'est au sujet des
enfans des sauvages Galibis (2). « La mère a grand
» soin de nourrir son enfant. Ils ne savent ce que
» c'est, parmi eux, de donner leurs enfans à nourrir
» à une autre. Elles sont folles de leurs enfans, tant
» elles les aiment. Elles les lavent tous les jours dans
» une fontaine ou rivière. Elles ne les emmaillottent
» point; mais elles les couchent dans un petit lit de
» coton qu'elles font exprès pour eux. Elles les
» laissent toujours nus : c'est une merveille de voir

---

(1) Histoire de la Mission des pères Capucins dans l'île de
Maragnan, chap. 47.

(2) Voyage de la Terre équinoxiale, l. 3, p. 390.

» comme ils profitent; quelques-uns à neuf ou dix
» mois marchent tout seuls. Quand ils croissent,
» s'ils ne peuvent marcher, ils se traînent sur leurs
» pieds et sur leurs mains. Ces gens aiment extrê-
» mement leurs enfans. Ils ne les frappent jamais
» et ne les corrigent point, les laissant vivre dans
» une grande liberté, sans qu'ils fassent rien qui
» fâche leurs parens. Ils s'étonnent quand ils voient
» que quelqu'un des nôtres châtie ses enfans ». En
voici un troisième d'un Jésuite : c'est du père Charlevoix, homme rempli de toutes sortes de connoissances. Il est tiré de son voyage à la Nouvelle-
Orléans, autre colonie que nous avons laissé dépérir
par nos divisions, suites de notre constitution morale
et de notre éducation. Il parle en général des enfans
des Sauvages de l'Amérique septentrionale. « Quel-
» quefois (1), pour les corriger de leurs défauts,
» on emploie les prières et les larmes, mais jamais
» les menaces...Une mère qui voit sa fille se compor-
» ter mal, se met à pleurer : celle-ci lui en demande
» le sujet, et elle se contente de lui dire : Tu me
» déshonores. Il est rare que cette manière de
» reprendre ne soit pas efficace. Cependant depuis
» qu'ils ont eu plus de commerce avec les Français,
» quelques-uns commencent à châtier leurs enfans,

---

(1) Journal historique de l'Amérique septentrionale,
lettre 23, août 1721.

» mais ce n'est guère que parmi ceux qui sont chré-
» tiens, ou qui sont fixés dans la colonie. Ordinai-
» rement la plus grande punition que les Sauvages
» emploient pour corriger leurs enfans, c'est de leur
» jeter un peu d'eau au visage.... On a vu des filles
» s'étrangler pour avoir reçu une réprimande assez
» légère de leurs mères, ou quelques gouttes d'eau
» au visage; et les avertir, en disant : Tu n'auras
» plus de fille ». Ce qu'il y a d'étrange, c'est de voir
l'embarras où est l'auteur de concilier ses préjugés
d'Européen, avec ses observations de voyageur,
ce qui produit des contradictions perpétuelles dans
le cours de son ouvrage. Il semble, dit-il, qu'une
enfance si mal disciplinée, doive être suivie d'une
jeunesse bien turbulente et bien corrompue. Il convient que la raison les guide de meilleure heure que
les autres hommes, mais il en attribue la cause à leur
tempérament, qui est, dit-il, plus tranquille. Il ne
se rappelle pas qu'il a fait lui-même des tableaux
pathétiques des scènes que leurs passions présentent lorsqu'elles s'exaltent au milieu de la paix, dans
les assemblées des nations, où leurs harangues l'emportent par la justesse et la sublimité des images
sur celles de nos orateurs; et dans les fureurs de
la guerre, où ils bravent au milieu des bûchers,
toute la rage de leurs ennemis. Il ne veut pas voir
que c'est notre éducation européenne qui corrompt
notre naturel, puisqu'il avoue ailleurs que ces

mêmes Sauvages, élevés à notre manière, deviennent plus méchans que les autres. Il y a des endroits où il fait de leur morale, de leurs excellentes qualités et de leur vie heureuse, l'éloge le plus touchant. Il semble envier leur sort. Le temps ne me permet pas de rapporter ces différens morceaux qu'on peut lire dans l'ouvrage que j'ai cité, ni une multitude d'autres témoignages sur les différens peuples de l'Asie, où l'on voit la douceur de l'éducation influer sensiblement sur la beauté physique et morale des hommes, et être dans chaque constitution politique le plus puissant lien qui en réunisse les membres. Je terminerai ces autorités étrangères par un trait qu'on n'eût pas laissé passer impunément à J. J. Rousseau, et qui est tiré mot à mot de l'ouvrage d'un dominicain. C'est de l'agréable histoire des Antilles, par le P. du Tertre, homme plein de goût, de sens et d'humanité. Voici ce qu'il dit des Caraïbes, dont l'éducation ressemble à celle des peuples dont j'ai parlé (1). « A ce seul mot de Sauvage, dit-il, la » plupart du monde se figure dans leurs esprits une » sorte d'hommes barbares, cruels, inhumains, » sans raison, contrefaits, grands comme des géans, » velus comme des ours; enfin, plutôt des monstres » que des hommes raisonnables : quoique, en vérité, » nos Sauvages ne soient sauvages que de nom,

---

(1) Hist. naturelle des Antilles, t. 2, traité 7, ch. 1, §. 1.

» ainsi que les plantes et les fruits que la nature
» produit sans aucune culture dans les forêts et les
» déserts, lesquels, quoique nous les appellions
» sauvages, possèdent pourtant les vraies vertus et
» les propriétés dans leur force et leur entière vi-
» gueur, que bien souvent nous corrompons par nos
» artifices, et altérons beaucoup lorsque nous les
» plantons dans nos jardins....... Il est à propos,
» ajoute-t-il ensuite, de faire voir dans ce Traité,
» que les Sauvages de ces îles sont les plus contens,
» les plus heureux, *les moins vicieux*, les plus so-
» ciables, les moins contrefaits et les moins tour-
» mentés de maladies de toutes les nations du
» monde ».

Si on examinoit parmi nous la vie d'un scélérat,
on verroit que son enfance a été très-malheureuse.
Par-tout où j'ai vu les enfans misérables, je les ai
vus laids et méchans; par-tout où je les ai vus heureux, je les ai vus beaux et bons. En Hollande et
en Flandre, où ils sont élevés avec la plus grande
douceur, leur beauté est singulièrement remarquable. C'est parmi eux que François Flamand, ce
fameux sculteur, a pris ses charmans modèles d'enfans, et Rubens la fraîcheur de coloris dont il a peint
ceux de ses tableaux. Vous ne les entendez point,
comme dans nos villes, jeter des cris perçans, encore
moins leurs mères et leurs bonnes les menacer de les
fouetter, comme chez nous.

Ils ne sont point gais, mais ils sont contens. Il y a sur leur visage un air de paix et de béatitude qui enchante, et qui est plus intéressant que la joie bruyante des nôtres, lorsqu'ils ne sont pas sous les yeux de leurs précepteurs et de leurs pères. Ce calme se répand sur toutes leurs actions, et est la source du flegme heureux qui les caractérise dans la suite de leur vie. Je n'ai point vu de pays où les parens aient autant de tendresse pour leurs enfans. Ceux-ci à leur tour leur rendent dans la vieillesse l'indulgence qu'ils ont eue pour eux dans la foiblesse du premier âge. C'est par ces doux liens que ces peuples tiennent si fortement à leur patrie, qu'on en voit bien peu s'établir chez les étrangers. Chez nous au contraire les pères aiment mieux voir leurs enfans spirituels que bons, parce que, dans une constitution de société ambitieuse, l'esprit fait des chefs de secte, et la bonté des dupes. Ils ont des recueils d'épigrammes de leurs enfans; mais l'esprit n'étant que la perception des rapports de la société, les enfans n'ont presque jamais que celui d'autrui. L'esprit même est souvent en eux la preuve d'une existence malheureuse, comme on le remarque dans les écoliers de nos villes, qui ont pour l'ordinaire plus d'esprit que les enfans des paysans, et dans ceux qui ont quelque défaut naturel, comme les boiteux, les bossus, qui, sur ce point, sont encore plus prématurés que les autres. Mais en général ils

sont tous très-précoces en sentiment; èt c'est çe qui
rend bien coupables ceux qui les avilissent dans un
âge où ils sentent souvent plus délicatement que les
hommes. J'en citerai quelques traits qui nous prou-
veront que, malgré les erreurs de nos constitutions
politiques, il y a encore dans quelques familles de
bonnes qualités naturelles ou des vertus éclairées,
qui laissent aux affections heureuses de l'enfance la
liberté de se développer.

J'étois en 1765 à Dresde, au spectacle de la cour:
c'étoit au *Père de famille*. J'y vis arriver madame
l'Electrice avec une de ses filles, qui pouvoit avoir
cinq ou six ans. Un officier des gardes saxones,
avec lequel j'étois venu au spectacle, me dit : « Cette
» enfant vous intéressera autant que la pièce ». En
effet, dès qu'elle fut assise, elle posa ses deux mains
sur les bords de sa loge, fixa les yeux sur le théâtre,
et resta la bouche ouverte, tout attentive au jeu des
acteurs. C'étoit une chose vraiment touchante de
voir leurs différentes passions se peindre sur son
visage comme dans un miroir. On y voyoit paroître
successivement l'inquiétude, la surprise, la mélancolie, la tristesse; enfin, l'intérêt croissant à chaque
scène, vinrent les larmes qui couloient en abondance le long de ses petites joues; puis les anxiétés,
les soupirs, les gros sanglots : on fut obligé à la fin
de l'emporter de la loge, de peur qu'elle n'étouffât.
Mon voisin me dit que toutes les fois que cette jeune

princesse se trouvoit à une pièce pathétique, elle étoit contrainte de sortir avant le dénouement.

J'ai vu des exemples de sensibilité, encore plus touchans dans des enfans du peuple, parce qu'ils n'étoient produits par aucun effet théâtral. Me promenant il y a quelques années au Pré Saint-Gervais, à l'entrée de l'hiver, je vis une pauvre femme couchée sur la terre, occupée à sarcler un carré d'oseille; près d'elle étoit une petite fille de six ans au plus, debout, immobile, et toute violette de froid. Je m'adressai à cette femme, qui paroissoit malade, et je lui demandai quelle étoit la nature de son mal. « Monsieur, me dit-elle, j'ai depuis trois » mois un rhumatisme qui me fait bien souffrir; mais » mon mal me fait moins de peine que cette enfant : » elle ne veut jamais me quitter. Si je lui dis : Te » voilà toute transie, va te chauffer à la maison; » elle me répond : Hélas! ma mère, si je vous quitte, » vous n'avez qu'à vous trouver mal »!

Une autre fois étant à Marly, je fus voir dans les bosquets de ce magnifique parc, ce charmant groupe d'enfans qui donnent à manger des pampres et des raisins à une chèvre, qui semble se jouer avec eux. Près de là est un cabinet couvert, où Louis xv, dans les beaux jours, alloit quelquefois faire collation. Comme c'étoit dans un temps de giboulées, j'y entrai un moment pour m'y mettre à l'abri. J'y trouvai trois enfans bien plus intéressans que des

enfans de marbre. C'étoient deux petites filles, fort
jolies, qui s'occupoient avec beaucoup d'activité
à ramasser, autour du berceau, des buchettes de
bois sec, qu'elles arrangeoient dans une hotte placée
sur la table du roi, tandis qu'un petit garçon, mal
vêtu et fort maigre, dévoroit dans un coin un morceau de pain. Je demandai à la plus grande, qui
avoit huit à neuf ans, ce qu'elle prétendoit faire
de ce bois qu'elle ramassoit avec tant d'empresse-
ment. Elle me répondit : « Vous voyez bien, Mon-
» sieur, ce petit garçon-là : il est fort misérable ! Il
» a une belle-mère qui l'envoie tout le long du jour
» chercher du bois ; quand il n'en apporte pas à la
» maison, il est battu ; quand il en emporte, le suisse
» le lui ôte à l'entrée du parc, et le prend pour lui.
» Il meurt de faim, nous lui avons donné notre
» déjeuné ». Après avoir dit ces mots, elle acheva
avec sa compagne de remplir la petite hotte ; elles la
chargèrent sur le dos de leur malheureux ami, et
elles coururent devant lui à la porte du parc pour
voir s'il pouvoit y passer en sûreté.

Instituteurs insensés ! la nature humaine est corrompue, dites-vous ; mais c'est vous qui la corrom-
pez par des contradictions, de vaines études, de
dangereuses ambitions, de honteux châtimens ; mais
par une réaction équitable de la justice divine, cette
foible et infortunée génération rendra un jour à
celle qui l'opprime, en jalousies, en disputes, en

apathies, et en oppositions de goûts, de modes et,
d'opinions, tout le mal qu'elle en a reçu.

J'ai exposé de mon mieux les causes et les réactions de nos maux, pour en justifier la nature. Je
me propose, à la fin de cet ouvrage, d'y présenter
des remèdes et des palliatifs. Ce seront sans doute
de vaines spéculations; mais si quelque ministre ose
entreprendre un jour de rendre la nation heureuse
au-dedans et puissante au-dehors, je peux lui pré-
dire que ce ne sera ni par des plans d'économie,
ni par des alliances politiques, mais en réformant ses
mœurs et son éducation. Il ne viendra pas à bout
de cette révolution par des punitions et des récompenses, mais en imitant les procédés de la nature,
qui n'agit que par des réactions. Ce n'est point au
mal apparent qu'il faut porter le remède, c'est à sa
cause. La cause du pouvoir moral de l'or est dans
la vénalité des charges; celle de la surabondance
excessive des bourgeois oisifs de nos villes, dans la
taille qui avilit les habitans de la campagne; celle de
la mendicité des pauvres dans les grandes propriétés
des riches; du concubinage des filles dans le célibat
des hommes; des préjugés des nobles dans les res-
sentimens des roturiers; et de tous les maux de la
société dans les tourmens des enfans.

Pour moi j'ai dit; et si j'eusse parlé à la nation
assemblée, de quelque point de l'horizon d'où l'on
découvrît Paris, je lui eusse montré d'une part,

les monumens des riches, des milliers de palais volup-
tueux dans les faubourgs, onze salles de spectacles,
les clochers de cent trente-quatre couvens, parmi
lesquels s'élèvent onze abbayes opulentes ; ceux de
cent soixante autres églises, dont il y a vingt riches
chapitres : et de l'autre part, je lui eusse fait voir
les monumens des misérables, cinquante-sept colléges, seize plaidoieries, quatorze cazernes, trente
corps-de-garde, vingt-six hôpitaux, douze prisons
ou maisons de force. Je lui eusse fait remarquer la
grandeur des jardins, des cours, des préaux, des
enclos et des dépendances de tous ces vastes édifices, dans un terrein qui n'a pas une lieue et demie
de diamètre. Je lui eusse demandé si le reste du
royaume est distribué dans la même proportion que
la capitale, où sont les propriétés de ceux qui la
nourrissent, la vêtent, la logent, la défendent ; et
qu'est-ce qui reste enfin à la multitude, pour entretenir des citoyens, des pères de famille et des
hommes heureux ? O puissances politiques et morales ! après vous avoir montré les causes et les effets
de nos maux, je me fusse prosterné devant vous, et
j'eusse attendu, pour prix de la vérité, la même
récompense qu'attendoit des puissances insatiables
de Rome, le paysan du Danube (1).

---

(1) On pourra lire à la suite de cette Etude, celle qui termine le troisième volume de cet ouvrage.

ÉTUDE VIII.

Réponse aux Objections contre la Providence divine et les espérances d'une autre vie, tirées de la nature incompréhensible de DIEU, et des misères de ce monde.

« QUE m'importe, dira-t-on, que mes tyrans
» soient punis, si j'en suis la victime? Ces compen-
» sations peuvent-elles être l'ouvrage d'un Dieu?
» De grands philosophes qui ont étudié la nature
» toute leur vie, en ont méconnu l'Auteur. Qui
» est-ce qui a vu Dieu? qui est-ce qui a fait Dieu?
» Mais je suppose qu'une intelligence ordonne les
» choses de cet univers, certainement elle a aban-
» donné l'homme à lui-même: sa carrière n'est point
» tracée; il semble qu'il y ait pour lui deux dieux,
» l'un qui l'invite aux jouissances, et l'autre qui
» l'oblige aux privations; un Dieu de la nature, et
» un Dieu de la religion. Il ne sait auquel des deux
» il doit plaire; et, quelque parti qu'il embrasse, il
» ignore s'il est digne d'amour ou de haine. Sa vertu
» même le remplit de scrupules et de doutes; elle
» le rend misérable au-dedans et au-dehors; elle le
» met dans une guerre perpétuelle avec lui-même

» et avec ce monde, aux intérêts duquel il se sacrifie.
» S'il est chaste, c'est, dit le monde, parce qu'il
» est impuissant ; s'il est religieux, c'est qu'il est
» imbécille ; s'il est bon avec ses citoyens, c'est
» qu'il n'a pas de courage ; s'il se dévoue pour sa
» patrie, c'est un fanatique ; s'il est simple, il est
» trompé ; s'il est modeste, il est supplanté : par-
» tout il est moqué, trahi, méprisé par les philo-
» sophes même, et par les dévots. Sur quoi fonde-
» t-il la récompense de tant de combats ? Sur une
» autre vie ? Quelle certitude a-t-il de son existence ?
» en a-t-il vu revenir quelqu'un ? Qu'est-ce que son
» ame ? où étoit-elle il y a cent ans ? où sera-t-elle
» dans un siècle ? Elle se développe avec les sens
» et meurt avec eux. Que devient-elle dans le som-
» meil et dans la léthargie ? C'est l'orgueil qui lui
» persuade qu'elle est immortelle : par-tout la nature
» lui montre la mort, dans ses monumens, dans ses
» goûts, dans ses amours, dans ses amitiés ; par-
» tout l'homme est obligé de se dissimuler cette
» idée. Pour vivre moins misérable, il faut qu'il se
» *divertisse*, c'est-à-dire par le sens même de cette
» expression, il faut qu'il se *détourne* de cette per-
» spective de maux que la nature lui présente de
» toutes parts. A quels travaux n'a-t-elle pas assu-
» jetti sa misérable vie ! Les animaux sont mille fois
» plus heureux ; vêtus, logés, nourris par la nature,
» ils se livrent sans inquiétude à leurs passions, et

» ils finissent leur carrière sans prévoir la mort et
» sans craindre les enfers.

» Si un Dieu a présidé à leurs destins, il est con-
» traire à ceux du genre humain. A quoi me sert-il
» que la terre soit couverte de végétaux, si je ne
» peux disposer de l'ombre d'un seul arbre? Que
» m'importent les loix de l'harmonie et de l'amour
» qui régissent la nature, si je ne vois autour de
» moi que des objets infidèles, ou si ma fortune,
» mon état, ma religion, me forcent au célibat! Le
» bonheur général répandu sur la terre, ne fait que
» redoubler mon malheur particulier. Quel intérêt
» puis-je prendre à la sagesse d'un ordre qui renou-
» velle toutes choses, quand, par une suite même
» de cet ordre, je me sens défaillir et détruire pour
» jamais? Un seul malheureux pourroit accuser la
» Providence, et lui dire, comme l'arabe Job (1):
» Pourquoi la lumière a-t-elle été donnée à un misé-
» rable, et la vie à ceux qui sont dans l'amertume
» du cœur? Ah! les apparences du bonheur n'ont
» été montrées à l'homme que pour lui donner le
» désespoir d'y atteindre. Si un Dieu intelligent et
» bon gouverne la nature, des esprits diaboliques
» bouleversent le genre humain ».

Je répondrai d'abord aux principales autorités
dont on appuie quelques-unes de ces objections.

(1) Job, chap. 5, v. 20.

Elles sont tirées en partie d'un poète fameux et d'un savant philosophe, de Lucrèce et de Pline.

Lucrèce a mis en très-beaux vers la philosophie d'Empedocle et d'Epicure. Il enchante par ses images ; mais cette philosophie d'atomes qui s'accrochent au hasard est si absurde, qu'elle détruit, par-tout où elle paroît, la beauté de sa poésie. Je m'en rapporte au jugement même de ses partisans. Elle ne parle ni au cœur, ni à l'esprit. Elle pèche également par ses principes et par ses conséquences. A qui, peut-on lui dire, ces premiers atomes dont vous construisez les élémens de la nature, doivent-ils leur existence ? Qui leur a communiqué le premier mouvement ? Comment-ont-ils pu donner à l'agrégation d'un grand nombre de corps, un esprit de vie, un sentiment et une volonté qu'ils n'avoient pas eux-mêmes ? Si vous croyez, comme Leibnitz, que *ces monades*, ou unités, ont en effet des perceptions qui leur sont propres, vous renoncez aux loix du hasard, et vous êtes forcé de donner aux élémens de la nature l'intelligence que vous refusez à son auteur. A la vérité, Descartes a soumis ces principes impalpables, et, si je puis dire, cette poussière métaphysique, aux loix d'une géométrie ingénieuse ; et après lui, la foule des philosophes, séduite par la facilité de bâtir toutes sortes de systêmes avec les mêmes matériaux, leur ont appliqué tour à tour les loix de l'attraction, de la fermentation, de la cristallisation, enfin toutes les opérations de la chimie et toutes les subtilités de la dialectique ; mais tous, avec aussi peu de succès les uns que les autres. Nous ferons voir, dans l'article qui suivra celui-ci, lorsque nous parlerons de la foiblesse de notre raison, que la méthode établie dans nos écoles, de remonter aux causes premières, est la source perpétuelle des erreurs de notre philosophie, au physique comme au moral. Les vérités fondamentales ressemblent aux astres, et notre raison au graphomètre. Si cet instrument, avec lequel nous les observons, a été tant soit peu faussé, si au point de départ nous nous trompons du plus petit angle, l'erreur, à l'extrémité des rayons visuels, devient incommensurable.

Il y a quelque chose encore de plus étrange dans le procédé de Lucrèce ; c'est que, dans un ouvrage où il prétend matérialiser la divinité, il commence par diviniser la matière. En cela, il a cédé lui-même à un principe universel que nous tâcherons de développer, lorsque nous parlerons des preuves de la divinité par sentiment ; c'est qu'il est impossible d'intéresser fortement les hommes, dans quelque genre que ce soit, si on ne leur présente quelques-uns des attributs de la divinité. Avant donc d'éblouir leur esprit, comme philosophe, il commence par

échauffer leur cœur, comme poète. Voici une partie
de son début :

> . . . . .Hominum divûmque voluptas,
> Alma Vénus, cœli subter labentia signa,
> Quæ mare navigerum, quæ terras frugiferentes
> Concelebras, per te quoniam genus omne animantûm
> Concipitur, visitque exortum lumina solis;
> Te, Dea, te fugiunt venti, te nubila cœli,
> Adventuque tuo tibi suaves Dædala tellus
> Submittit flores, tibi rident æquora ponti,
> Placatumque nitet diffuso lumine cœlum.
>
> . . . .
> Quæ quoniam rerum naturam sola gubernas,
> Nec, sine te, quidquam dias in luminis oras
> Exoritur, neque fit lætum, neque amabile quidquam,
> Te sociam studeo scribendis versibus esse,
> Quos ego de rerum naturâ pangere conor.
>
> . . . .
> Quo magis æternum, da dictis, Diva, leporem.
>   Effice ut intereà fera munera militiaï
> Per maria ac terras omnes sopita quiescant;
> Nam tu sola potes tranquillâ pace juvare
> Mortales, quoniam belli fera munera Mavors
> Armipotens regit, in gremium qui sæpe tuum se
> Rejicit, æterno devictus vulnere amoris.
>
> . . . .
> Hunc tu, Diva, tuo recubantem corpore sancto
> Circumfusa super, suaves ex ore loquelas
> Funde, petens placidam Romanis, inclita, pacem :
> Nam neque nos agere, hoc patriaï tempore iniquo,
> Possumus æquo animo.
>   *De Rerum Naturâ, lib. 1.*

Je tâcherai de rendre de mon mieux le sens de
ces beaux vers.

« Volupté des hommes et des dieux, douce Vénus,
» qui faites lever sur la mer les constellations qui la
» rendent navigable, et qui couvrez la terre de
» fruits ; c'est par vous que tout ce qui respire est
» engendré, et vient à la lumière du soleil. O déesse !
» dès que vous paroissez sur les flots, les noirs
» orages et les vents impétueux prennent la fuite.
» L'île de Crète se couvre pour vous de fleurs odoran-
» tes, l'Océan calmé vous sourit, et le ciel sans
» nuages brille d'une lumière plus douce......
» Comme vous seule donnez des loix à la nature,
» et que sans vous, rien d'heureux et rien d'aima-
» ble ne paroît sur les rivages célestes du jour,
» soyez ma compagne dans les vers que j'essaie de
» chanter sur la nature des choses.... Déesse,
» donnez à mes chants une grace immortelle; faites
» que les cruelles fureurs de la guerre s'assoupissent
» sur la terre et sur l'onde. Vous seule pouvez
» donner des jours tranquilles aux malheureux
» humains, parce que le redoutable Mars gouverne
» l'empire des armes, et que, blessé à son tour par
» les traits d'un amour éternel, il vient souvent se
» réfugier dans votre sein..... O déesse ! lorsqu'il
» reposera sur votre corps céleste, retenez-le dans
» vos bras; que votre bouche lui adresse des paroles
» divines; demandez-lui une paix profonde pour

» les Romains : car de quel ordre sommes-nous capa-
» bles, dans un temps où un désordre général règne
» dans la patrie ? »

A la vérité Lucrèce dans la suite de son ouvrage,
est forcé de convenir que cette déesse si bienfaisante, entraîne la ruine de la santé, de la fortune,
de l'esprit, et tôt ou tard celle de la réputation ;
que du sein même de ses voluptés, il sort je ne
sais quoi d'amer qui nous tourmente et nous rend
malheureux. L'infortuné en fut lui-même la victime ;
car il mourut dans la force de son âge ou de ses
excès, selon quelques-uns, ou empoisonné, selon
d'autres, par un breuvage amoureux que lui donna
une femme. Ici, il attribue à Vénus la création du
monde ; il lui adresse des prières ; il donne à son
corps l'épithète de saint, il lui suppose un caractère
de bonté, de justice, d'intelligence et de puissance,
qui n'appartient qu'à Dieu ; enfin, ce sont si bien
les mêmes attributs, que si vous ôtez le mot de
Vénus de l'exorde de son poëme, vous pouvez l'appliquer presque tout entier à la sagesse divine. Il y
a même des traits de convenance si ressemblans à
ceux du portrait qu'en fait l'Ecclésiastique, que je
les rapporterai ici, afin qu'on puisse les comparer.

Cap. 24, Ego ex ore Altissimi prodivi primogenita ante
vers. 5.   omnem creaturam.

    6. Ego feci in cœlis ut oriretur lumen indeficiens,
        et sicut nebula texi omnem terram.

7. Ego in altissimis habitavi, et thronus meus in co-
lumnâ nubis.

8. Gyrum cœli circuivi sola, et profundum abyssi
penetravi; in fluctibus ambulavi;

9. Et in omni terrâ steti et in omni populo;

10. Et in omni populo primatum habui.

11. Et omnium excellentium et humilium corda virtute
calcavi, et in his omnibus requiem quæsivi, et in
hæreditate Domini morabor.

. . . .

17. Quasi cedrus exaltata sum in Libano, et quasi cy-
pressus in monte Sion.

18. Quasi palma exaltata sum in Cades, et quasi plan-
tatio rosæ in Jericho.

19. Quasi oliva speciosa in campis, et quasi platanus
exaltata sum juxta aquam in plateis.

. . . .

22. Ego quasi terebinthus extendi ramos meos, et rami
mei honoris et gratiæ.

23. Ego quasi vitis fructificavi suavitatem odoris, et
flores mei fructus honoris et honestatis.

24. Ego mater pulchræ dilectionis, et timoris, et agni-
tionis, et sanctæ spei.

25. In me gratia omnis viæ et veritatis, in me omnis
spes vitæ et virtutis.

26. Transite ad me, omnes qui concupiscitis me, et
generationibus meis implemini.

27. Spiritus enim meus super mel dulcis, et hæreditas
mea super mel et favum.

« Je suis sortie de la bouche du Tout-Puissant.

» J'étois née avant la naissance d'aucune créature.
» C'est moi qui ai fait paroître dans les cieux une
» lumière qui ne s'éteindra jamais. J'ai couvert toute
» la terre comme d'un nuage. J'ai habité dans les
» lieux les plus élevés, et mon trône est dans une
» colonne de nuées. Seule, j'ai parcouru l'éten-
» due des cieux, j'ai descendu dans le fond des
» abîmes, et je me suis promenée sous les flots de
» la mer. Je me suis arrêtée sur toutes les terres et
» parmi tous les peuples, et par-tout où j'ai paru les
» peuples m'ont donné l'empire. J'ai foulé aux pieds
» par ma puissance, les cœurs des grands et des
» petits. J'ai cherché parmi eux mon repos; mais
» je ne ferai ma demeure que dans l'héritage du
» Seigneur.... Je me suis élevée comme un cèdre
» sur le Liban, et comme le cyprès sur la montagne
» de Sion. J'ai porté mes branches vers les cieux,
» comme les palmiers de Cadès, et comme les plants
» de rose autour de Jéricho. Je suis aussi belle que
» l'olivier au milieu des champs, et aussi majes-
» tueuse que le platane dans une place publique sur
» le bord des eaux.... J'ai étendu mes rameaux
» comme le térébinthe. Mes branches sont des
» rameaux d'honneur et de grâce. J'ai poussé comme
» la vigne, des fleurs du parfum le plus doux; et
» mes fleurs ont produit des fruits de gloire et d'abon-
» dance. Je suis la mère de l'amour pur, de la crainte,
» de la science, et des espérances saintes. C'est dans

» moi seule qu'on trouve un chemin facile et des
» vérités qui plaisent; c'est dans moi que repose
» tout l'espoir de la vie et de la vertu. Venez à moi,
» vous tous qui brûlez d'amour pour moi, et mes
» générations sans nombre vous rempliront de ravis-
» sement; car mon esprit est plus doux que le miel,
» et le partage que j'en fais est bien au-dessus de
» celui de ses rayons ».

Cette foible traduction est celle d'une prose latine
qui a été traduite elle-même du grec, comme le grec
l'a été lui-même de l'hébreu. On doit donc présumer que les graces de l'original en ont disparu en
partie. Mais telle qu'elle est, elle l'emporte encore,
par l'agrément et la sublimité des images, sur les
vers de Lucrèce, qui paroît en avoir emprunté ses
principales beautés. Je n'en dirai pas davantage sur
ce poète, l'exorde de son poëme en est la réfu-
tation.

Pline prend une route tout opposée. Il dit, dès
le commencement de son histoire naturelle, qu'il
n'y a pas de Dieu, et il l'emploie toute entière à
prouver qu'il y en a un. Son autorité ne laisse pas
d'être considérable, parce que ce n'est pas celle d'un
poète à qui toute opinion est indifférente, pourvu
qu'il fasse de grands tableaux; ni celle d'un secta-
teur qui veuille soutenir un parti contre le témoignage de sa conscience; ni enfin celle d'un flatteur
qui cherche à plaire à de mauvais princes. Pline

écrivoit sous le vertueux Titus, et il lui a dédié son ouvrage. Il porte l'amour de la vérité, et le mépris de la gloire de son siècle, jusqu'à blâmer les victoires de César, dans Rome, et en parlant à un empereur romain. Il est rempli d'humanité et de vertu. Tantôt il blâme la cruauté des maîtres envers leurs esclaves, le luxe des grands, les dissolutions même de plusieurs impératrices ; tantôt il fait l'éloge des gens de bien, et il élève au-dessus même des inventeurs des arts, ceux qui ont été illustres par leur continence, leur modestie et leur piété. Son ouvrage, d'ailleurs, étincelle de lumières. C'est une véritable encyclopédie qui renferme, comme il convenoit, l'histoire des connoissances et des erreurs de son temps. On lui a attribué quelquefois les dernières fort mal-à-propos, puisqu'il ne les allègue souvent que pour les réfuter. Mais il a été calomnié par les médecins et par les pharmaciens qui ont tiré de lui la plupart de leurs recettes, et qui en ont dit du mal, parce qu'il blâme leur art conjectural et leur esprit systématique. D'ailleurs, il est rempli de connoissances rares, de vues profondes, de traditions curieuses ; et, ce qui est sans prix, il s'exprime par-tout d'une manière pittoresque. Avec tant de goût, de jugement et de savoir, Pline est athée. La nature, au sein de laquelle il a puisé tant de lumières, peut lui dire, comme César à Brutus : « Et toi aussi, mon fils » !

J'aime et j'estime Pline ; et si j'ose dire, pour sa justification, ce que je pense de son immortel ouvrage, je le crois falsifié à l'endroit où on le fait raisonner en athée. Tous ses commentateurs conviennent que personne n'a été plus maltraité que lui par les copistes, jusque-là qu'on trouve des exemplaires de son histoire naturelle où il y a des chapitres entiers qui ne sont pas les mêmes. Voyez, entre autres, ce qu'en dit Mathiole dans ses commentaires sur Dioscoride. J'observerai ici, que les écrits des anciens ont passé, en venant à nous, par plus d'une langue infidèle ; et, ce qu'il y a de pis, par plus d'une main suspecte. Ils ont eu le sort de leurs monumens, parmi lesquels ce sont les temples qui ont été le plus dégradés ; leurs livres ont été mutilés de même aux endroits contraires ou favorables à la religion. C'est ce qu'on peut voir par le livre de Cicéron, *de la nature des dieux*, dont on a retranché les objections contre la providence. Montaigne reproche aux premiers chrétiens d'avoir, pour quatre ou cinq articles contraires à notre créance, supprimé une partie des ouvrages de Corneille-Tacite, » quoique, dit-il, l'empereur Tacite son parent, » en eût peuplé, par ordonnances expresses, toutes » les librairies du monde (1) ». De nos jours, ne voyons-nous pas comme chaque parti détruit la répu-

(1) Essais, liv. 2, chap. 19.

tation et les opinions du parti qui lui est opposé ? Le
genre humain est entre la religion et la philosophie ;
comme le vieillard de la fable entre deux maîtresses
de différens âges. Toutes deux vouloient le coiffer
à leur mode ; la plus jeune lui enlevoit les cheveux
blancs qui lui déplaisoient ; la vieille, par une raison
contraire, lui ôtoit les cheveux noirs : elles finirent
par lui peler la tête. Rien ne démontre mieux cette
infidélité ancienne des deux partis, que ce qu'on
lit dans l'historien Flavius-Joseph, contemporain de
Pline. On lui fait dire, en deux mots, que le Messie
vient de naître, et il continue sa narration sans rappeler une seule fois cet événement merveilleux dans
la suite de sa longue histoire. Comment Joseph qui
s'arrête à tant d'actions de détail et de peu d'importance, ne fût-il pas revenu mille fois sur une naissance si intéressante pour sa nation, puisque ses
destinées y étoient attachées, et que la destruction
même de Jérusalem n'étoit qu'une conséquence de
la mort de Jésus-Christ ? Il détourne au contraire le
sens des prophéties qui l'annonçoient, sur Vespa-
sien et sur Titus ; car il attendoit comme les autres
Juifs, un Messie triomphant. D'ailleurs, si Joseph
eût cru en Jésus-Christ, ne se fût-il pas fait chrétien ? Par une raison semblable, est-il croyable que
Pline commence son histoire naturelle par vous dire
qu'il n'y a pas de Dieu, et qu'il en emploie chaque
page à se récrier sur l'intelligence, la bonté, la pré-

voyance, la majesté de la nature, sur les présages
et les augures envoyés par les dieux, et sur les mira-
cles mêmes opérés divinement par les songes?

On cite encore des peuples sauvages qui sont
athées, et on va les chercher dans quelque coin
détourné du globe. Mais des peuples obscurs ne
sont pas plus faits pour servir d'exemple au genre
humain, que parmi nous des familles du peuple ne
seroient propres à servir de modèles à la nation, sur-
tout lorsqu'il s'agit d'appuyer d'autorités une opinion qui entraîne nécessairement la ruine de toute
société. D'ailleurs ces assertions sont fausses : j'ai
lu les voyageurs d'où on les a tirées. Ils avouent qu'ils
ont vu ces peuples en passant, et qu'ils ignoroient
leurs langues. Ils ont conclu qu'ils n'avoient pas de
religion, parce qu'ils ne leur ont pas vu de temples,
comme s'il falloit, pour croire en Dieu, un autre
temple que celui de la nature ! Ces mêmes voyageurs se contredisent encore ; car ils rapportent que
ces peuples, sans religion, saluent la lune lorsqu'elle
est pleine et nouvelle, en se prosternant à terre ou
en levant les mains au ciel ; qu'ils honorent la mémoire de leurs ancêtres, et qu'ils portent à manger
sur leurs tombeaux. L'immortalité de l'ame, de
quelque manière qu'on l'admette, suppose nécessairement l'existence de Dieu.

Mais si la première de toutes les vérités avoit
besoin du témoignage des hommes, nous pourrions

recueillir celui de tout le genre humain, depuis les
génies les plus célèbres, jusqu'aux peuples les plus
ignorans. Ce témoignage unanime est du plus grand
poids; car il ne peut y avoir sur la terre d'erreur
universelle.

Voici ce que le sage Socrate disoit à Euthydême,
qui cherchoit à s'assurer qu'il y eût des Dieux :

« Vous connoîtrez donc bien que je vous ai dit
» vrai (1), quand je vous ai dit qu'il y avoit des
» dieux, et qu'ils ont beaucoup de soin des hommes :
» mais n'attendez pas qu'ils vous apparoissent et
» qu'ils se présentent à vos yeux; qu'il vous suffise
» de voir leurs ouvrages et de les adorer; et pensez
» que c'est de cette façon qu'ils se manifestent aux
» hommes : car entre tous les dieux qui nous sont
» si libéraux, il n'y en a pas un qui se rende visible
» pour nous distribuer ses faveurs; et ce grand Dieu
» même, qui a bâti l'univers et qui soutient ce grand
» ouvrage, dont toutes les parties sont accomplies
» en bonté et en beauté; lui qui a fait qu'elles ne
» vieillissent point avec le temps, et qu'elles se con-
» servent toujours dans une immortelle vigueur (2);

(1) Xénophon, *des Choses mémorables de Socrate, liv. 4.*

(2) Socrate avoit fait une étude particulière de la nature;
et quoique son jugement sur la durée et la conservation de
ses ouvrages soit contraire à celui de notre philosophie, qui
regarde sur-tout le globe de la terre comme dans un état pro-

» qui fait encore qu'elles lui obéissent inviolable-
» ment et avec une promptitude qui surpasse notre
» imagination; celui-là, dis-je, est assez visible par
» tant de merveilles dont il est auteur. Mais que nos
» yeux pénètrent jusqu'à son trône pour le contem-
» pler dans ses grandes occupations, c'est en cela
» qu'il est toujours invisible. Considérez un peu que
» le soleil, qui semble être exposé à la vue de tout
» le monde, ne permet pourtant pas qu'on le regarde
» fixement; et si quelqu'un a la témérité de l'entre-

gressif de ruine, il est parfaitement d'accord avec celui de
l'Écriture Sainte, qui assure positivement que Dieu le ré-
pare, et avec l'expérience que nous en avons, comme je l'ai
déjà fait entrevoir. Il ne faut pas mépriser la physique des
anciens, si ce n'est celle qui n'étoit que systématique. Nous
devons nous rappeler qu'ils avoient fait la plupart des découvertes dont nous nous vantons aujourd'hui. Les philosophes
toscans savoient l'art de conjurer le tonnerre. Le bon roi
Numa en fit l'expérience. Tullus Hostilius voulut l'imiter,
mais il en fut la victime, pour ne s'y être pas pris convenablement. (Voyez Plutarque.) Philolaüs, pythagoricien, avoit
dit, avant Copernic, que le soleil étoit au centre du monde;
et avant Christophe Colomb, que la terre avoit deux continens, celui-ci et le continent opposé. Plusieurs philosophes
de l'antiquité avoient assuré que les comètes étoient des
astres qui avoient un cours régulier. Pline même dit qu'elles
se dirigent toutes vers le nord, ce qui est généralement vrai.
Cependant il n'y a pas deux cents ans qu'on croyoit en
Europe que c'étoient des feux qui s'enflammoient dans la

» prendre, il en est puni par un aveuglement sou-
» dain. Davantage, tout ce qui sert aux dieux est
» invisible. La foudre se lance d'en haut ; elle brise
» tout ce qu'elle rencontre : mais on ne la voit point
» tomber, on ne la voit point frapper, on ne la voit
» point retourner. Les vents sont invisibles, quoique
» nous voyions fort bien les ravages qu'ils font tous
» les jours, et que nous sentions aisément quand
» ils se lèvent. S'il y a quelque chose dans l'homme
» qui participe de la nature divine, c'est son ame.

---

moyenne région de l'air. On croyoit encore dans ce temps-là,
que c'étoit la mer qui fournissoit l'eau des fontaines et des
fleuves, en filtrant à travers les terres, quoiqu'il soit dit
dans cent endroits de l'Ecriture que ce sont les pluies qui en
entretiennent les sources. Nous en sommes convaincus aujourd'hui, par des observations savantes sur les évaporations des mers. Les monumens que les anciens nous ont
transmis dans l'architecture, la sculpture, la poésie, la tra-
gédie et l'histoire, nous serviront éternellement de modèles.
Nous leur devons encore l'invention de presque tous les
autres arts, et il est à présumer que ces arts avoient sur les
nôtres la même supériorité que leurs arts libéraux. Quant
aux sciences naturelles, ils ne nous ont laissé aucun objet
de comparaison ; d'ailleurs les prêtres, qui s'en occupoient
particulièrement, en cachoient la connoissance au peuple.
Nous ne saurions douter qu'ils n'aient eu à ce sujet des
lumières qui surpassoient les nôtres. *Voyez* ce que le judi-
cieux chevalier Temple dit de la magie des anciens Egyptiens.

» Il n'y a point de doute que c'est elle qui le con-
» duit et qui le gouverne ; néanmoins on ne peut la
» voir. De tout cela donc, apprenez à ne pas mépriser
» les choses invisibles : apprenez à reconnoître leur
» puissance par leurs effets, et à honorer la divinité ».

Newton, qui a pénétré si avant dans les loix de
la nature, ne prononçoit jamais le nom de Dieu
sans ôter son chapeau, et sans témoigner le plus
profond respect. Il aimoit à en rappeler l'idée
sublime au milieu de ses plaisirs, et il la regardoit
comme le lien naturel de toutes les nations. Le hollandais Corneille le Bruyn rapporte : « Qu'étant un
» jour à dîner chez lui avec plusieurs autres étran-
» gers, Newton, au dessert, porta la santé des
» hommes de tous les pays du monde qui croient
» en Dieu ». C'étoit boire à la santé du genre humain.
Tant de nations, de langues et de mœurs si différentes, et quelquefois d'une intelligence si bornée,
croiroient-elles en Dieu, si cette croyance étoit le
résultat de quelque tradition ou d'une métaphysique
profonde ? Elle naît du simple spectacle de la nature.
On demandoit un jour à un pauvre Arabe du Désert,
ignorant comme le sont la plupart des Arabes, comment il s'étoit assuré qu'il y avoit un Dieu. « De la
» même façon, répondit-il, que je connois, par les
» traces marquées sur le sable, s'il y a passé un
» homme ou une bête (1) ».

_____

(1) Voyage en Arabie, par M. d'Arvieux.

Il est impossible à l'homme, comme nous l'avons dit, d'imaginer aucune forme ou de produire aucune idée dont le modèle ne soit dans la nature. Il ne développe sa raison que sur les raisons naturelles. Il existeroit donc un Dieu, par cela seul que l'homme en a l'idée. Mais si nous faisons attention que tout ce qui est nécessaire à l'homme existe avec des convenances admirables avec ses besoins, à plus forte raison Dieu doit exister encore, lui qui est la convenance universelle de toutes les sociétés du genre humain.

Mais je voudrois bien savoir comment ceux qui doutent de son existence à la vue des ouvrages de la nature, desireroient s'en assurer. Voudroient-ils le voir sous la forme humaine, et qu'il leur apparût sous la figure d'un vieillard, comme on le peint dans nos églises ? Ils diroient : C'est un homme. S'il revêtoit quelque forme inconnue et céleste, pourrions-nous en supporter la vue dans un corps humain ? Le spectacle entier et plein d'un seul de ses ouvrages sur la terre, suffiroit pour bouleverser nos foibles organes. Par exemple, si la terre tourne sur elle-même, comme on le dit, il n'y a point d'homme qui, d'un point fixe dans le ciel, pût voir son mouvement sans frémir ; car il verroit passer les fleuves, les mers et les royaumes sous ses pieds, avec une vitesse presque triple d'un boulet de canon. Cependant cette vitesse journalière n'est encore rien ; car celle avec laquelle

elle décrit son cercle annuel, et nous emporte autour du soleil, est soixante-quinze fois plus grande que celle d'un boulet. Pourrions-nous voir seulement au travers de notre peau le mécanisme de notre propre corps, sans être saisis d'effroi? Oserions-nous faire un seul mouvement, si nous voyions notre sang qui circule, nos nerfs qui tirent, nos poumons qui soufflent, nos humeurs qui filtrent, et tout l'assemblage incompréhensible de cordages, de tuyaux, de pompes, de liqueurs et de pivots qui soutiennent notre vie si fragile et si ambitieuse?

Voudrions-nous, au contraire, que Dieu se manifestât d'une manière convenable à sa nature, par la communication directe de son intelligence, sans qu'il y eût aucun intermédiaire entre elle et nous?

Archimède, qui avoit la tête si forte, qu'elle ne fut pas distraite de ses méditations dans le sac de Syracuse où il périt, pensa la perdre par le simple sentiment d'une vérité géométrique qui s'offrit à lui tout-à-coup. Il s'occupoit, étant dans le bain, du moyen de découvrir la quantité d'alliage qu'un orfèvre infidèle avoit mêlée dans la couronne d'or du roi Hiéron; et l'ayant trouvée par l'analogie des différens poids de son corps hors de l'eau et dans l'eau, il sortit du bain tout nu, et courut ainsi dans les rues de Syracuse, en criant, hors de sens: «Je » l'ai trouvé! je l'ai trouvé »!

Quand quelque grande vérité ou quelque senti-

ment profond vient au théâtre à surprendre les spectateurs, vous voyez les uns verser des larmes, d'autres, oppressés, respirer à peine, d'autres hors d'eux-
mêmes, frapper des pieds et des mains; des femmes
s'évanouissent dans les loges. Si ces violentes com-
motions de l'ame alloient en progression seulement
pendant quelques minutes, ceux qui les éprouvent en
perdroient l'esprit, et peut-être la vie. Que seroit-ce
donc, si la source de toutes les vérités et de tous les
sentimens se communiquoit à nous dans un corps
mortel? Dieu nous a placés à une distance convenable de sa majesté infinie; assez près pour l'entrevoir, assez loin pour n'en être pas anéantis. Il nous
voile son intelligence sous les formes de la matière,
et il nous rassure sur les mouvemens de la matière
par le sentiment de son intelligence. Si quelquefois
il se communique à nous d'une manière plus intime,
ce n'est point par le canal de nos sciences orgueil-
leuses, mais par celui de nos vertus. Il se découvre
aux simples, et il se cache aux superbes.

« Mais qui a fait Dieu? dit-on; pourquoi y a-t-il un
» Dieu» ? Dois-je douter de son existence, parce
que je ne puis concevoir son origine? Ce même
raisonnement serviroit à nous faire conclure qu'il
n'y a pas d'hommes : car, qui a fait les hommes?
pourquoi y a-t-il des hommes? pourquoi suis-je au
monde dans le dix-huitième siècle? pourquoi n'y
suis-je pas venu dans les siècles qui l'ont précédé, et

pourquoi n'y serai-je pas dans ceux qui doivent le suivre ? L'existence de Dieu est nécessaire dans tous les temps, et celle de l'homme n'est que contingente. Il y a quelque chose de plus : c'est que l'existence de l'homme est la seule qui paroisse superflue dans l'ordre établi sur la terre. On a trouvé plusieurs îles sans habitans, qui offroient des séjours enchantés par la disposition des vallées, des eaux, des forêts et des animaux. L'homme seul dérange les plans de la nature; il détourne le cours des fontaines, il excave le flanc des collines, il incendie les forêts, il massacre tout ce qui respire; par-tout il dégrade la terre qui n'a pas besoin de lui. L'harmonie de ce globe se détruiroit en partie, et peut-être en entier, si on en supprimoit seulement le plus petit genre de plantes, car sa destruction laisseroit sans verdure un certain espace de terrein, et sans nourriture l'espèce d'insecte qui y trouve sa vie : l'anéantissement de celui-ci entraîneroit la perte de l'espèce d'oiseaux qui en nourrit ses petits; ainsi de suite à l'infini. La ruine totale des règnes pourroit naître de la destruction d'une mousse, comme on voit celle d'un édifice commencer par une lézarde. Mais si le genre humain n'existoit pas, on ne peut pas supposer qu'il y eût rien de dérangé : chaque ruisseau, chaque plante, chaque animal seroit toujours à sa place. Philosophe oisif et superbe qui demandez à la nature pourquoi il y a un Dieu, que ne lui demandez-vous plutôt pourquoi il y a des hommes ?

Tous ses ouvrages nous parlent de son auteur ;
la plaine qui échappe à ma vue, et le vaste ciel qui
la couronne, me donnent une idée de son immensité ; les fruits suspendus aux vergers, à la portée
de ma main, m'annoncent sa providence ; la voix
des tempêtes, son pouvoir ; le retour constant des
saisons, sa sagesse : la variété avec laquelle il pour-
voit dans chaque climat aux besoins de toutes les
créatures, le port majestueux des forêts, la douce
verdure des prairies, le groupé des plantes, le parfum et l'émail des fleurs, une multitude infinie d'harmonies connues et à connoître, sont des langages
magnifiques qui parlent de lui à tous les hommes,
dans mille et mille dialectes différens.

L'ordre de la nature est même superflu ; Dieu est
le seul être que le désordre appelle et que notre
foiblesse annonce. Pour connoître ses attributs, nous
n'avons besoin que du sentiment de nos imperfections. Oh ! qu'elle est sublime cette prière (1) naturelle au cœur humain, et usitée encore par des

_____

(1) *Voyez* Flacourt, *Histoire de l'île de Madagascar,*
chap. 44, page 182. Vous y trouverez cette prière embar-
rassée de beaucoup de circonlocutions, mais renfermant le
sens que je rapporte. Il est bien étrange que des Nègres aient
trouvé tous les attributs de Dieu dans les imperfections de
l'homme. C'est avec raison que la Sagesse Divine a dit elle-

peuples que nous appelons Sauvages : « O Eternel !
» ayez pitié de moi, parce que je suis passager ; ô
» infini ! parce que je ne suis qu'un point ; ô fort !
» parce que je suis foible ; ô source de la vie ! parce
» que je touche à la mort ; ô clairvoyant ! parce que
» je suis dans les ténèbres ; ô bienfaisant ! parce que
» je suis pauvre ; ô tout-puissant ! parce que je ne
» peux rien ».

L'homme ne s'est rien donné. Il a tout reçu ; et
celui qui a fait l'œil ne verra pas ! celui qui a fait
l'oreille n'entendra pas ! celui qui lui a donné l'intelligence pourroit en manquer ! Je croirois faire
tort à celle de mes lecteurs, et je dérangerois l'ordre
de ces écrits, si je m'arrêtois ici plus long-temps
sur les preuves de l'existence de Dieu. Il me reste
à répondre aux objections faites contre sa bonté.

Il faut, dit-on, qu'il y ait un Dieu de la nature et
un Dieu de la religion, puisqu'elles ont des loix qui
se contrarient. C'est comme si on disoit qu'il y a
un Dieu des métaux, un Dieu des plantes et un
Dieu des animaux, parce que tous ces êtres ont des

---

même qu'elle s'étoit reposée sur toutes les nations : *Et in
omni terra steti et in omni populo : et in omni populo primatum habui.* Ecclésiastiq. chap. XXIV, v. 9 et 10. Je crois
cependant que cette prière vient originairement des Arabes,
et appartient au mahométisme qu'ils ont introduit à Madagascar.

loix qui leur sont propres. Dans chaque régne même,
les genres et les espèces ont encore d'autres loix
qui leur sont particulières, et qui, souvent, sont
en opposition entre elles; mais ces différentes loix
font le bonheur de chaque espèce en particulier, et
elles concourent toutes ensemble d'une manière
admirable au bonheur général.

Les loix de l'homme sont tirées du même plan de
sagesse qui a dirigé l'univers. L'homme n'est pas
un être d'une nature simple. La vertu, qui doit être
son partage sur la terre, est un effort qu'il fait sur
lui-même pour le bien des hommes, dans l'intention
de plaire à Dieu seul. Elle lui propose d'une part
la sagesse divine pour modèle; et elle lui présente
de l'autre la voie la plus assurée de son bonheur.
Etudiez la nature, et vous verrez qu'il n'y a rien de
plus convenable au bonheur de l'homme, et que la
vertu porte avec elle sa récompense, dès ce monde
même. La continence et la tempérance de l'homme
assurent sa santé; le mépris des richesses et de la
gloire, son repos; et la confiance en Dieu, son courage. Qu'y a-t-il de plus convenable à un être aussi
misérable, que la modestie et l'humilité! Quelles que
soient les révolutions de la vie, il ne craint plus
de tomber lorsqu'il est assis à la dernière marche.

A la vue de l'abondance et de la considération
où vivent quelques méchans, ne nous plaignons pas
que Dieu ait fait aux hommes un partage injuste de

lieux. Ce qu'il y a sur la terre de plus utile, de plus beau et de meilleur en tout genre, est à la portée de chaque homme. L'obscurité vaut mieux que la gloire, et la vertu que les talens. Le soleil, un petit champ, une femme et des enfans, suffisent pour fournir constamment à ses plaisirs. Lui faut-il même du luxe? une fleur lui présente des couleurs plus aimables que la perle qui sort des abymes de l'Océan; et un charbon de feu dans son foyer est plus éclatant, et sans contredit plus utile que le fameux diamant qui brille sur la tête du Grand-Mogol.

Après tout, que devoit Dieu à chaque homme? l'eau des fontaines, quelques fruits, des laines pour le vêtir, autant de terre qu'il en peut cultiver de ses mains. Voilà pour les besoins de son corps. Quant à ceux de l'ame, il lui suffit dans l'enfance, de l'amour de ses parens; dans l'âge viril, de celui de sa femme; dans la vieillesse, de la reconnoissance de ses enfans; en tout temps, de la bienveillance de ses voisins, dont le nombre est fixé à quatre ou cinq par l'étendue et la forme de son domaine; de la connoissance du globe, ce qu'il peut en parcourir dans un demi-jour, afin de ne pas découcher de sa maison, ou tout au plus, ce qu'il en aperçoit jusqu'à l'horizon; du sentiment d'une providence, ce que la nature en donne à tous les hommes, et qui naîtra dans son cœur aussi bien après avoir fait le tour de son champ, qu'après avoir fait le tour du

monde. Avec ces biens et ces lumières, il doit être
content; tout ce qu'il desire au-delà, est au-dessus
de ses besoins et des répartitions de la nature. Il
n'acquerra le superflu qu'aux dépens du nécessaire; la considération publique, que par la perte
du bonheur domestique; et la science, que par
celle de son repos. D'ailleurs, ces honneurs, ces
serviteurs, ces richesses, ces cliens, que tant
d'hommes cherchent, sont desirés injustement; on
ne peut les obtenir que par le dépouillement et
l'asservissement de ses propres concitoyens. Leur
acquisition est pleine de travaux, leur jouissance
d'inquiétudes, et leur privation de regrets. C'est
par ces prétendus biens que la santé, la raison et
la conscience se dépravent. Ils sont aussi funestes
aux empires qu'aux familles : ce ne fut ni par le
travail, ni par l'indigence, ni par les guerres, que
périt l'empire romain, mais par les plaisirs, les
lumières et le luxe de toute la terre.

A la vérité, les gens vertueux sont quelquefois
privés, non-seulement des biens de la société,
mais de ceux de la nature. A cela je réponds que
leur malheur tourne souvent à leur profit. Lorsque
le monde les persécute, il les pousse ordinairement
dans quelque carrière illustre. Le malheur est le
chemin des grands talens, ou au moins celui des
grandes vertus qui leur sont bien préférables. « Tu
» ne peux, dit Marc-Aurèle, être physicien, poète,

» orateur, mathématicien, mais tu peux être ver-
» tueux, ce qui vaut beaucoup mieux ». J'ai remarqué encore qu'il ne s'élève aucune tyrannie, dans
quelque genre que ce soit, ou de fait, ou d'opinion,
qu'il ne s'en élève une autre contraire, qui la contre-
balance, en sorte que la vertu se trouve protégée par
les efforts même que les vices font pour l'abattre.
Il est vrai que l'homme de bien souffre, mais si la
Providence venoit à son secours dès qu'il a besoin
d'elle, elle seroit à ses ordres : l'homme alors com-
manderoit à Dieu. D'ailleurs, il resteroit sans mérite ;
mais il est bien rare que, tôt ou tard, il ne voie la
chute de ses tyrans. En supposant, au pis-aller,
qu'il en soit la victime, le terme de tous les maux est
la mort. Dieu ne nous devoit rien. Il nous a tirés du
néant : en nous rendant au néant, il nous remet où
il nous a pris ; nous n'avons pas à nous plaindre.

Une pleine résignation à la volonté de Dieu doit
calmer en tout temps notre cœur ; mais si les illusions
humaines viennent agiter notre esprit, voici un argument propre à nous tranquilliser. Quand quelque
chose nous trouble dans l'ordre de la nature, et
nous met en méfiance de son auteur, supposons
un ordre contraire à celui qui nous blesse ; nous
verrons alors sortir de notre hypothèse une foule
de conséquences qui entraîneroient des maux bien
plus grands que ceux dont nous nous plaignons.
Nous pouvons employer la méthode contraire, lors-

que quelque plan imaginaire de perfection humaine nous séduit. Nous n'avons qu'à supposer son existence, alors nous en verrons naître une multitude de conséquences absurdes. Cette double méthode, employée souvent par Socrate, l'a rendu victorieux de tous les sophistes de son siècle, et peut encore nous servir pour combattre ceux de celui-ci. C'est à la fois un rempart qui protège notre foible raison, et une batterie qui renverse toutes les opinions humaines. Pour vérifier l'ordre de la nature, il suffit de s'en écarter ; pour réfuter tous les systêmes humains, il suffit de les admettre.

Par exemple, les hommes se plaignent de la mort ; mais si les hommes ne mouroient point, que deviendroient leurs enfans ? Il y a long-temps qu'il n'y auroit plus de place pour eux sur la terre. La mort est donc un bien. Les hommes murmurent dans leurs travaux ; mais s'ils ne travailloient point, à quoi passeroient-ils le temps ? Les heureux du siècle qui n'ont rien à faire, ne savent à quoi l'employer. Le travail est donc un bien. Les hommes envient aux bêtes l'instinct qui les éclaire ; mais si, en naissant, ils savoient comme elles tout ce qu'ils doivent savoir, que feroient-ils dans le monde ? Ils y seroient sans intérêt et sans curiosité. L'ignorance est donc un bien. Les autres maux de la nature sont également nécessaires. La douleur du corps et les chagrins de l'ame, dont la route de la vie est traversée,

sont des barrières que la nature y a posées pour
nous empêcher de nous écarter de ses loix. Sans la
douleur, les corps se briseroient au moindre choc :
sans les chagrins si souvent compagnons de nos
jouissances, les ames se dépraveroient au moindre
desir. Les maladies sont des efforts du tempérament
pour chasser quelque humeur nuisible. La nature
n'envoie pas les maladies pour perdre les corps,
mais pour les sauver. Elles sont toujours la suite de
quelque infraction à ses loix, ou physiques, ou
morales. Souvent on y remédie en la laissant agir
seule. La diète des alimens nous rend la santé du
corps, et celle des hommes la tranquillité de l'ame.
Quelles que soient les opinions qui nous troublent
dans la société, elles se dissipent presque toujours
dans la solitude. Le simple sommeil même nous ôte
nos chagrins plus doucement et plus sûrement
qu'un livre de morale. Si nos maux sont constans,
et de l'espèce de ceux qui nous ôtent le repos, nous
les adoucirons en recourant à Dieu. C'est le terme
où aboutissent tous les chemins de la vie. La pros-
périté nous invite en tout temps à nous en approcher, mais l'adversité nous y force. Elle est le
moyen dont Dieu se sert pour nous obliger à recourir à lui seul. Sans cette voix qui s'adresse à chacun
de nous, nous l'aurions bientôt oublié, sur-tout
dans le tumulte des villes, où tant d'intérêts passa-

gers croisent l'intérêt éternel, et où tant de causes
secondes nous font oublier la première.

Quant aux maux de la société, ils ne sont pas du
plan de la nature ; mais ces maux même prouvent
qu'il existe un autre ordre de choses : car est-il
naturel de penser que l'Être bon et juste, qui a
tout disposé sur la terre pour le bonheur de l'homme,
permette qu'il en ait été privé impunément ? Ne
fera-t-il rien pour l'homme vertueux et infortuné
qui s'est efforcé de lui plaire, lorsqu'il a comblé
de biens tant de méchans qui en abusent ? Après avoir
eu une bonté gratuite, manquera-t-il d'une justice
nécessaire ? « Mais tout meurt avec nous, dit-on :
» nous en devons croire notre expérience ; nous
» n'étions rien avant de naître, nous ne serons rien
» après la mort ». J'adopte cette analogie ; mais si je
prends mon point de comparaison du moment où
je n'étois rien, et où je suis venu à l'existence, que
devient cet argument ? Une preuve positive n'est-
elle pas plus forte que toutes les preuves négatives ?
Vous concluez d'un passé inconnu à un avenir
inconnu, pour perpétuer le néant de l'homme ; et
moi je tire ma conséquence du présent que je connois, à l'avenir que je ne connois pas pour m'assurer
de son existence future. Je présume une bonté et une
justice à venir, par les exemples de bonté et de justice que je vois actuellement répandus dans l'univers.

D'ailleurs, si nous n'avons maintenant que des

desirs et des pressentimens d'une vie future, et si nul n'en est revenu, c'est que notre vie terrestre n'en comporte pas de preuve plus sensible. L'évidence sur ce point entraîneroit les mêmes inconvéniens que celle de l'existence de Dieu. Si nous étions assurés, par quelque témoignage évident, qu'il existât pour nous un monde à venir, je suis persuadé que dans l'instant toutes les occupations du monde présent finiroient. Cette perspective de félicité divine nous jetteroit ici-bas dans un ravissement léthargique. Je me rappelle que quand j'arrivai en France sur un vaisseau qui venoit des Indes, dès que les matelots eurent distingué parfaitement la terre de la patrie, ils devinrent pour la plupart incapables d'aucune manœuvre. Les uns la regardoient sans en pouvoir détourner les yeux ; d'autres mettoient leurs beaux habits, comme s'ils avoient été au moment d'y descendre ; il y en avoit qui parloient tout seuls, et d'autres qui pleuroient. A mesure que nous en approchions, le trouble de leur tête augmentoit. Comme ils en étoient absens depuis plusieurs années, ils ne pouvoient se lasser d'admirer la verdure des collines, les feuillages des arbres, et jusqu'aux rochers du rivage couverts d'algue et de mousses, comme si tous ces objets leur eussent été nouveaux. Les clochers des villages où ils étoient nés, qu'ils reconnoissoient au loin dans les campagnes, et qu'ils nommoient les uns après les autres, les remplissoient d'alégresse. Mais quand le vaisseau entra dans le port, et qu'ils virent sur les quais leurs amis, leurs pères, leurs mères, leurs femmes et leurs enfans qui leur tendoient les bras en pleurant, et qui les appeloient par leurs noms, il fut impossible d'en retenir un seul à bord; tous sautèrent à terre, et il fallut suppléer, suivant l'usage de ce port, aux besoins du vaisseau par un autre équipage.

Que seroit-ce donc si nous avions l'entrevue sensible de cette patrie céleste où habite ce que nous avons le plus aimé, et ce qui seul mérite de l'être ? Toutes les laborieuses et vaines inquiétudes de celle-ci finiroient. Le passage d'un monde à l'autre étant à la portée de chaque homme, il seroit bientôt franchi; mais la nature l'a couvert d'obscurité, et elle a mis pour gardiens au passage, le doute et l'épouvante.

Il semble, disent quelques-uns, que l'idée de l'immortalité de l'ame n'a dû naître que des spéculations des hommes de génie, qui, considérant l'ensemble de cet univers et les liaisons que les scènes présentes ont avec celles qui les ont précédées, en ont dû conclure des suites nécessaires avec l'avenir; ou bien que cette idée d'immortalité s'est introduite par les législateurs dans les sociétés policées, comme des espérances lointaines propres à consoler les hommes des injustices de leur politique. Mais si cela étoit ainsi, comment peut-elle se trouver au milieu des déserts dans la tête d'un Nègre, d'un Caraïbe, d'un Patagon, d'un Tartare? Comment s'est-elle répandue à la fois dans les îles de la mer du Sud et en Laponie, dans les voluptueuses contrées de l'Asie et dans les rudes climats de l'Amérique septentrionale, chez les habitans de Paris et chez ceux des nouvelles Hébrides? Comment tant de peuples séparés par de vastes mers, si différens de mœurs et de langages, ont-ils adopté une opinion si unanime, eux qui affectent souvent par des haines nationales, de s'écarter des moindres coutumes de leurs voisins? Tous croient l'ame immortelle. D'où peut leur venir une croyance si contredite par leur expérience journalière? Chaque jour ils voient mourir leurs amis; aucun jour ne les voit reparoître. En vain ils portent à manger sur leurs tombeaux, en vain ils suspendent, en pleurant, aux arbres voisins, les objets qui leur furent les plus chers; ni ces témoignages d'une amitié inconsolable, ni les sermens de la foi conjugale réclamés par leurs épouses éperdues, ni les cris de leurs chers enfans éplorés sur les tertres qui couvrent leurs cendres, ne les rappellent du séjour des ombres. Qu'attendent pour eux-mêmes d'une autre vie ceux qui leur adressent tant de regrets? Il n'y a point d'espérance si contraire aux intérêts de la plupart des hommes; car les uns ayant vécu par la violence ou par la ruse, doivent s'attendre à des punitions ; les autres ayant été opprimés , doivent craindre que la vie future ne coule encore sous les mêmes destinées que celle où ils ont vécu. Dira-t-on que c'est l'orgueil qui nourrit en eux cette opinion ? Est-ce l'orgueil qui engage un misérable Nègre à se pendre dans nos colonies , dans l'espoir de retourner dans son pays où il doit encore s'attendre à l'esclavage ? D'autres peuples, comme les insulaires de Taïti, restreignent l'espérance de cette immortalité , à renaître précisément dans les mêmes conditions où ils ont vécu. Ah ! les passions présentent à l'homme d'autres plans de félicité ; et il y a long-temps que les misères de son existence et les lumières de sa raison auroient détruit celui-ci, si l'espoir d'une vie future n'étoit pas en lui le résultat d'un sentiment naturel.

Mais pourquoi l'homme est-il le seul de tous les animaux qui éprouve d'autres maux que ceux de la nature ? Pourquoi a-t-il été livré à lui-même, puisqu'il étoit sujet à s'égarer ? Il est donc la victime de quelque être malfaisant !

C'est à la religion à nous prendre où nous laisse la philosophie. La nature de nos maux en décèle l'origine. Si l'homme se rend lui-même malheureux, c'est qu'il a voulu être lui-même l'arbitre de son bonheur. L'homme est un dieu exilé. Le règne de Saturne , le siècle de l'âge d'or, la boîte de Pandore d'où sortirent tous les maux , et au fond de

laquelle il ne resta que l'espérance, mille allégories semblables répandues chez toutes les nations,
attestent la félicité et la décadence d'un premier
homme.

Mais il n'est pas besoin de recourir à des témoignages étrangers ; nous en portons de plus sûrs
en nous-mêmes. Les beautés de la nature nous
attestent l'existence d'un Dieu, et les misères de
l'homme, les vérités de la religion. Il n'y a point
d'animal qui ne soit logé, vêtu, nourri par la nature,
sans souci et presque sans travail. L'homme seul
dès sa naissance est accablé de maux. D'abord, il
naît tout nu ; et il a si peu d'instinct, que si la mère
qui le met au monde ne l'élevoit pendant plusieurs
années, il périroit de faim, de chaud ou de froid.
Il ne connoît rien que par l'expérience de ses
parens. Il faut qu'ils le logent, lui filent des habits,
et lui préparent à manger au moins pendant huit ou
dix ans. Quelque éloge qu'on ait fait de certains
pays par leur fécondité et par la douceur de leur
climat, je n'en connois aucun où la subsistance la
plus simple ne coûte à l'homme de l'inquiétude et
du travail. Il faut se loger dans les Indes, pour y
être à l'abri de la chaleur, des pluies et des insectes ;
il faut y cultiver le riz, le sarcler, le battre, l'écorcer, le faire cuire. Le bananier, le plus utile de
tous les végétaux de ces pays, a besoin d'être arrosé,
et entouré de haies pour être garanti pendant la

nuit des attaques des bêtes sauvages. Il faut encore
des magasins pour y conserver des provisions pendant la saison où la terre ne produit rien. Quand
l'homme a ainsi rassemblé autour de lui ce qui lui
suffit pour vivre tranquille, l'ambition, la jalousie,
l'avarice, la gourmandise, l'incontinence, ou l'ennui, viennent s'emparer de son cœur. Il périt presque toujours la victime de ses propres passions.
Certainement, pour être tombé ainsi au-dessous des
bêtes, il faut qu'il ait voulu se mettre au niveau de
la Divinité.

Infortunés mortels, cherchez votre bonheur dans
la vertu, et vous n'aurez point à vous plaindre de
la nature. Méprisez ce vain savoir et ces préjugés
qui ont corrompu la terre, et que chaque siècle
renverse tour-à-tour. Aimez les loix éternelles. Vos
destinées ne sont point abandonnées au hasard, ni
à des génies malfaisans. Rappelez-vous ces temps
dont le souvenir est encore nouveau chez toutes
les nations : les animaux trouvoient par-tout à vivre :
l'homme seul n'avoit ni aliment, ni habit, ni instinct. La sagesse divine l'abandonna à lui-même,
pour le ramener à elle. Elle répandit ses biens sur
toute la terre, afin que, pour les recueillir, il en
parcourût les différentes régions, qu'il développât
sa raison par l'inspection de ses ouvrages, et qu'il
s'enflammât de son amour par le sentiment de ses
bienfaits. Elle mit entre elle et lui, les plaisirs inno-

cens, les découvertes ravissantes, les joies pures
et les espérances sans fin, pour le conduire à elle,
pas à pas, par la route de l'intelligence et du bonheur. Elle plaça sur les bords de son chemin, la
crainte, l'ennui, le remords, la douleur et tous
les maux de la vie, comme des bornes destinées à
l'empêcher d'aller au-delà, et de s'égarer. Ainsi,
une mère sème des fruits sur la terre pour apprendre
à marcher à son enfant ; elle s'en tient éloignée ;
elle lui sourit, elle l'appelle, elle lui tend les bras ;
mais s'il tombe, elle vole à son secours, elle essuie
ses larmes, et elle le console. Ainsi, la Providence
vient au secours de l'homme par mille moyens
extraordinaires qu'elle emploie pour subvenir à ses
besoins. Que seroit-il devenu dans les premiers
temps, si elle l'avoit abandonné à sa raison encore
dépourvue d'expérience ? Où trouva-t-il le blé dont
tant de peuples tirent leur nourriture aujourd'hui,
et que la terre, qui produit toutes sortes de plantes
sans être cultivée, ne montre nulle part ? Qui lui a
appris l'agriculture, cet art si simple que l'homme
le plus stupide en est capable, et si sublime que
les animaux les plus intelligens ne peuvent l'exercer ? Il n'est presque point d'animal qui ne soutienne
sa vie par les végétaux, qui n'ait l'expérience journalière de leur reproduction, et qui n'emploie pour
chercher ceux qui lui conviennent beaucoup plus
de combinaisons qu'il n'en faut pour les ressemer.

Mais de quoi l'homme lui-même a-t-il vécu avant
qu'un Isis ou une Cérès lui eût révélé ce bienfait
des cieux ? Qui lui montra, dans l'origine du monde,
les premiers fruits des vergers dispersés dans les
forêts, et les racines alimentaires cachées dans le
sein de la terre ? N'a-t-il pas dû mille fois mourir
de faim avant d'en avoir recueilli assez pour le nourrir, ou de poison avant d'en savoir faire le choix,
ou de fatigue et d'inquiétude avant d'en avoir formé
autour de son habitation des tapis et des berceaux ?
Cet art, image de la création, n'étoit réservé qu'à
l'être qui portoit l'empreinte de la Divinité. Si la
Providence l'eût abandonné à lui-même en sortant
de ses mains, que seroit-il devenu ? Auroit-il dit
aux campagnes : « Forêts inconnues, montrez-moi
» les fruits qui sont mon partage ! Terre, entr'ou-
» vrez-vous, et découvrez-moi dans vos racines
» mes alimens ! Plantes d'où dépend ma vie, mani-
» festez-vous à moi, et suppléez à l'instinct que
» m'a refusé la nature » ! Auroit-il eu recours, dans
sa détresse, à la pitié des bêtes, et dit à la vache
lorsqu'il mouroit de faim : « Prends-moi au nombre
» de tes enfans, et partage avec moi une de tes
» mamelles superflues » ? Quand le souffle de l'aquilon fit frissonner sa peau, la chèvre sauvage et la
brebis timide sont-elles accourues pour le réchauf-
fer de leurs toisons ? Lorsque errant sans défense
et sans asyle, il entendit la nuit les hurlemens des

bêtes féroces qui demandoient de la proie, a-t-il
supplié le chien généreux, en lui disant : « Sois
» mon défenseur, et tu seras mon esclave » ? Qui
auroit pu lui soumettre tant d'animaux qui n'avoient
pas besoin de lui, qui le surpassoient en ruses, en
légèreté, en force, si la main qui, malgré sa chute,
le destinoit encore à l'empire, n'avoit abaissé leurs
têtes à l'obéissance?

Comment, d'une raison moins sûre que leur instinct, a-t-il pu s'élever jusque dans les cieux, mesurer
le cours des astres, traverser les mers, conjurer le
tonnerre, imiter la plupart des ouvrages et des phénomènes de la nature? C'est ce qui nous étonne aujourd'hui; mais je m'étonne plutôt que le sentiment
de la Divinité eût parlé à son cœur bien avant que
l'intelligence des ouvrages de la nature eût perfec-
tionné sa raison. Voyez-le dans l'état sauvage en
guerre perpétuelle avec les élémens, avec les bêtes
féroces, avec ses semblables, avec lui-même, souvent réduit à des servitudes qu'aucun animal ne
voudroit supporter; et il est le seul être qui montre
jusque dans la misère, le caractère de l'infini et
l'inquiétude de l'immortalité. Il élève des trophées;
il grave ses exploits sur l'écorce des arbres; il prend
le soin de ses funérailles, et il révère les cendres
de ses ancêtres, dont il a reçu un héritage si funeste.
Il est sans cesse agité par les fureurs de l'amour ou
de la vengeance: quand il n'est pas la victime de ses

semblables, il en est le tyran, et seul il a connu que
la justice et la bonté gouvernoient le monde, et que
la vertu élevoit l'homme au ciel. Il ne reçoit à son
berceau aucun présent de la nature, ni douces toisons, ni plumage, ni défenses, ni outils pour une
vie si pénible et si laborieuse; et il est le seul être
qui invite des dieux à sa naissance, à son hymen
et à son tombeau. Quelque égaré qu'il soit par des
opinions insensées, lorsqu'il est frappé par les
secousses imprévues de la joie ou de la douleur,
son ame, d'un mouvement involontaire, se réfugie
dans le sein de la Divinité. Il s'écrie : « Ah mon
» Dieu » ! il tourne vers le ciel des mains suppliantes
et des yeux baignés de larmes pour y chercher un
père. Ah ! les besoins de l'homme attestent la providence d'un Être suprême. Il n'a fait l'homme foible
et ignorant, qu'afin qu'il s'appuyât de sa force, et
qu'il s'éclairât de sa lumière; et bien loin que le
hasard ou des génies malfaisans règnent sur une
terre où tout concouroit à détruire un être si misérable, sa conservation, ses jouissances et son empire
prouvent que dans tous les temps un Dieu bienfaisant a été l'ami et le protecteur de la vie humaine.

ÉTUDE IX.

Objections contre les méthodes de notre raison
et les principes de nos sciences.

J'AI exposé dès le commencement de cet ouvrage
l'immensité de l'étude de la nature. J'y ai proposé
de nouveaux plans pour nous former une idée de
l'ordre qu'elle a établi dans tous les règnes; mais
arrêté par mon insuffisance même, je n'ai pu me
promettre que de tracer une esquisse légère de celui
qui existe dans l'ordre végétal. Cependant avant
d'établir à cet égard de nouveaux principes, je me
suis cru obligé de détruire les préjugés que le monde
et nos sciences même pouvoient avoir répandus
sur la nature dans l'esprit de mes lecteurs. J'ai donc
exposé les bienfaits de la Providence envers notre
siècle, et les objections qu'on y a élevées contre
elle. J'ai répondu à ces objections dans le même
ordre que je les avois rapportées, en laissant entrevoir, chemin faisant, qu'il règne une grande harmonie dans la distribution du globe, que nous
croyons abandonné aux simples loix du mouvement
et du hasard. J'ai présenté de nouvelles causes du
cours des marées, du mouvement de la terre dans

l'écliptique, et du déluge universel. Maintenant
je vais attaquer à mon tour les méthodes de notre
raison et les élémens de nos sciences, avant de poser
quelques principes qui puissent nous indiquer une
route invariable vers la vérité.

Au reste, si j'ai combattu nos sciences naturelles
dans le cours de cet ouvrage, et particulièrement
dans cet article, ce n'est que du côté systématique;
je leur rends justice du côté de l'observation.
D'ailleurs je respecte ceux qui les cultivent. Je ne
connois rien de plus estimable dans le monde, après
l'homme vertueux, que l'homme savant, si toutefois
on peut séparer les sciences de la vertu. Que de
sacrifices et de privations n'exigent pas leurs études!
Tandis que la foule des hommes s'enrichit et s'illustre par l'agriculture, le commerce, la navigation
et les arts, bien souvent ceux qui en ont frayé les
routes ont vécu dans l'indigence et dans l'oubli de
leurs contemporains. Semblable au flambeau, le
savant éclaire ce qui l'environne, et reste lui-même
dans l'obscurité.

Je n'ai donc attaqué ni les savans, que je respecte, ni les sciences, qui ont fait la consolation
de ma vie; mais si le temps me l'eût permis, j'eusse
combattu pied à pied nos méthodes et nos systèmes.
Ils nous ont jetés, en tout genre, dans un si grand
nombre d'opinions absurdes, que je ne balance pas
de dire que nos bibliothèques renferment aujour-

d'hui plus d'erreurs que de lumières. Je suis même prêt à parier que si on met un Quinze-Vingt dans la Bibliothèque nationale, et qu'on lui laisse prendre un livre au hasard, la première page de ce livre où il mettra la main contiendra une erreur. Combien de probabilités n'aurois-je pas en ma faveur, dans les romanciers, les poètes, les mythologistes, les historiens, les panégyristes, les moralistes, les physiciens des siècles passés, et les métaphysiciens de tous les âges et de tous les pays! Il y a, à la vérité, un moyen bien simple d'arrêter le mal que leurs opinions peuvent produire, c'est de mettre tous les livres qui se contredisent à côté les uns des autres; comme ils sont dans chaque genre en nombre presque infini, le résultat des connoissances humaines s'y réduira à peu près à zéro.

Ce sont nos méthodes qui nous égarent. D'abord pour chercher la vérité il faut être libre de toutes passions, et on nous en inspire dès l'enfance, qui donnent la première entorse à notre raison. On y pose pour base fondamentale de nos actions et de nos opinions, cette maxime : FAITES FORTUNE. Il arrive de là que nous ne voyons plus rien que ce qui a quelque relation avec ce desir. Les vérités naturelles même disparoissent pour nous, parce que nous ne voyons plus la nature que dans des machines ou dans des livres. Pour croire en Dieu, il faut que quelqu'un de considérable nous assure qu'il y en a un. Si Fénélon nous le dit, nous y croyons, parce que Fénélon étoit précepteur du duc de Bourgogne, archevêque, homme de qualité, et qu'on l'appeloit Monseigneur. Nous sommes bien convaincus de l'existence de Dieu par les argumens de Fénélon, parce que son crédit nous en donne à nous-mêmes. Je ne dis pas cependant que sa vertu n'ajoute quelque degré d'autorité à ses preuves, mais c'est en tant qu'elle est liée avec sa réputation et sa fortune; car si nous rencontrons cette même vertu dans un porteur d'eau, elle devient nulle pour nous. Il aura beau nous fournir des preuves de l'existence de Dieu, plus fortes que toutes les spéculations de la philosophie, dans une vie méprisée, dure, pauvre, remplie de probité et de constance, et dans une résignation parfaite à la volonté suprême, ces témoignages si positifs sont de nulle considération pour nous; nous ne leur trouvons d'importance que quand ils acquièrent de la célébrité. Que quelque empereur s'avise d'embrasser la philosophie de cet homme obscur, ses maximes vont être louées dans tous les livres, et citées dans toutes les thèses; leur auteur sera gravé en estampes, et mis en petits bustes de plâtre sur toutes les cheminées; ce sera Epictète, Socrate ou J. J. Rousseau. Mais il arrive un siècle où s'élèvent des hommes avec autant de réputation que ceux-là, honorés par des princes puissans à qui il importe qu'il n'y ait pas de Dieu, et qui, pour

faire la cour à ces princes, nient son existence ;
par le même effet de notre éducation, qui nous
faisoit croire en Dieu sur la foi de Fénélon, d'Epictète, de Socrate et de J. J. Rousseau, nous n'y
croyons plus sur celle d'hommes aussi considérés,
et qui sont encore plus près de nous. Ainsi nous
mène notre éducation ; elle nous dispose également
à prêcher l'évangile ou l'alcoran, suivant l'intérêt que
nous y trouvons.

C'est de là qu'est née cette maxime si universelle
et si pernicieuse : *Primò vivere, deindè philosophari.*
« Premièrement vivre, chercher ensuite la sagesse ».
Tout homme qui n'est pas prêt à donner sa vie pour
la trouver, n'est pas digne de la connoître. C'est
avec bien plus de raison que Juvénal a dit :

> Summum crede nefas vitam præferre pudori,
> Et propter vitam, vivendi perdere causas.

« Croyez que le plus grand des crimes est de pré-
» férer la vie à l'honnête, et de perdre, pour
» l'amour de la vie, la seule raison que nous ayons
» de vivre ».

Je ne parle pas des autres préjugés qui s'opposent à la recherche de la vérité, tels que ceux de
l'ambition qui porte chacun de nous à se distinguer ;
ce qui ne peut guère se faire que de deux façons,
ou en renversant les maximes les plus vraies et les
mieux établies, pour y substituer les nôtres, ou en

cherchant à plaire à tous les partis, en réunissant
les opinions les plus contradictoires ; ce qui dans
les deux cas, multiplie les branches de l'erreur à
l'infini. La vérité éprouve encore une multitude
d'autres obstacles de la part des hommes puissans
à qui l'erreur est profitable. Je ne m'arrêterai qu'à
ceux qui tiennent à la foiblesse de notre raison, et
j'examinerai leur influence sur nos connoissances
naturelles.

Il est aisé d'apercevoir que la plupart des loix que
nous avons données à la nature, ont été tirées tantôt
de notre foiblesse et tantôt de notre orgueil. J'en
prendrai quelques-unes au hasard parmi celles que
nous regardons comme les plus certaines. Par exemple, nous avons jugé que le soleil devoit être au
centre des planètes pour en diriger le mouvement,
parce que nous sommes obligés de nous mettre au
centre de nos affaires pour y avoir l'œil. Mais si,
dans les sphères célestes, le centre appartient naturellement aux corps les plus considérables, comment se fait-il que Saturne et Jupiter, qui sont beaucoup plus gros que notre globe, soient à l'extrémité
de notre tourbillon ?

Comme la route la plus courte est celle qui nous
fatigue le moins, nous avions conclu de même que
ce devoit être celle de la nature. En conséquence,
pour épargner au soleil environ 90 millions de
lieues qu'il devroit parcourir chaque jour pour nous

éclairer, nous faisons tourner la terre sur son axe.
Cela peut être ainsi ; mais si la terre tourne sur elle-
même , il doit y avoir une grande différence dans
l'espace que parcourent deux boulets de canon tirés
en même temps , l'un vers l'orient et l'autre vers
l'occident ; car le premier va avec le mouvement de
la terre , et le second va en sens contraire. Pendant
qu'ils sont tous deux en l'air , et qu'ils s'éloignent
l'un de l'autre en parcourant chacun six mille
toises par minute , la terre pendant la même minute
devance le premier , et s'éloigne du second avec
une vîtesse qui lui fait parcourir seize mille toises ;
ce qui doit mettre le point de leur départ à vingt-
deux mille toises en arrière du boulet qui va à
l'occident , et à dix mille toises en avant de celui
qui va vers l'orient.

J'ai proposé cette objection à un habile astronome qui en fut presque scandalisé. Il me répondit , suivant la coutume de nos docteurs , qu'elle
avoit déjà été faite , et qu'on y avoit répondu. Enfin , comme je le priai d'avoir pitié de mon ignorance , et de me donner quelque solution , il me
cita l'expérience prétendue d'une balle qu'on laisse
tomber du haut du mât d'un vaisseau à la voile , et
qui retombe précisément au pied du mât, malgré
la course du vaisseau : « La terre, me dit-il, em-
» porte de même dans son mouvement de rotation
» les deux boulets. Si on les tiroit perpendiculai-

» rement, ils retomberoient précisément au point
» d'où ils sont partis ». Comme les axiômes ne coû-
tent rien, et qu'ils servent à trancher toutes sortes
de difficultés, il ajouta celui-ci : « Le mouvement
» d'un grand corps absorbe celui d'un petit ». Si
cet axiôme est véritable, lui répondis-je, la balle
tombée du haut du mât d'un vaisseau à la voile,
ne doit pas retomber au pied du mât ; son mouvement doit être absorbé, non par celui du vaisseau,
mais par celui de la terre, qui est un bien plus
grand corps : elle doit obéir uniquement à la direction de la pesanteur ; et, par la même raison, la
terre doit absorber le mouvement du boulet qui va
avec elle vers l'orient, et le faire rentrer dans le
canon d'où il est sorti.

Je ne voulus pas pousser plus loin cette difficulté ;
mais je restai, comme il m'est souvent arrivé après
les solutions les plus lumineuses de nos écoles,
encore plus *perplex* que je ne l'étois auparavant. Je
doutois non-seulement d'un système et d'une expérience, mais, qui pis est, d'un axiôme. Ce n'est pas
que je n'adopte notre système planétaire tel qu'on
nous le donne ; mais c'est par la raison qui l'a peut-
être fait imaginer : c'est parce qu'il est le plus convenable à la foiblesse de mon corps et de mon esprit.
Je trouve en effet que la rotation de la terre épargne
chaque jour bien du chemin au soleil : d'ailleurs je
ne crois pas du tout que ce système soit celui de la

nature , et qu'elle ait révélé les causes du mouvement des astres à des hommes qui ne savent pas
comment se remuent leurs doigts.

Voici encore quelques probabilités en faveur du
mouvement du soleil autour de la terre. « Les astro-
» nomes de Greenwich , ayant découvert qu'une
» étoile du Taurus a une déclinaison de deux minutes
» chaque 24 heures, que cette étoile n'étant point
» nébuleuse, et n'ayant point de chevelure, ne peut
» être regardée comme comète, ont communiqué
» leurs observations aux astronomes de Paris, qui les
» ont trouvées exactes. M. Messier doit en faire le
» rapport à l'Académie des Sciences à la première
» assemblée ». (Extrait du Courrier de l'Europe ,
vendredi 4 mai 1781.)

Si les étoiles sont des soleils , voilà donc un soleil
qui se meut ; et son mouvement doit être une présomption pour le mouvement du nôtre.

On peut, d'un autre côté, présumer la stabilité
de la terre, en ce que la distance entre les étoiles
ne change point par rapport à nous, ce qui devroit
arriver d'une manière sensible , si nous parcourions
dans un an , comme on le dit , un cercle de 64 millions de lieues de diamètre dans le ciel ; car , dans
un si long espace, nous nous approcherions des unes,
et nous nous éloignerions des autres.

Soixante-quatre millions de lieues ne sont, dit-on,
qu'un point dans le ciel, par rapport à la distance

qui est entre les étoiles. J'en doute. Le soleil qui
est un million de fois plus gros que la terre, n'a plus
qu'un demi-pied de diamètre apparent à 32 millions
de lieues de nous. Si cette distance réduit à un si
petit diamètre un si grand corps, il ne faut pas douter
que celle de 64 millions de lieues ne le diminuât
bien davantage, et ne le réduisît peut-être à la grandeur d'une étoile ; il y a grande apparence que si,
lorsqu'il seroit réduit à cette petitesse, nous nous
en éloignions encore de 64 millions de lieues, il dis-
paroîtroit tout-à-fait. Comment se fait-il donc que
lorsque la terre s'approche ou s'éloigne de cette distance, des étoiles du firmament, en parcourant son
cercle annuel, aucune de ces étoiles n'augmente ou
ne diminue de grandeur par rapport à nous ?

Voici de plus quelques observations qui prouve-
ront au moins que les étoiles ont des mouvemens
qui leur sont propres. Les anciens astronomes ont
observé dans le cou de la Baleine une étoile qui avoit
beaucoup de variété dans ses apparitions ; tantôt elle
paroissoit pendant trois mois, tantôt pendant un plus
long intervalle ; et on la voyoit tantôt plus petite
et tantôt plus grande. Le temps de ces apparitions
n'étoit point réglé. Les mêmes astronomes rapportent qu'ils ont vu une nouvelle étoile dans le cœur
du Cygne, qui disparoissoit de temps en temps.
En 1600 elle étoit égale à une étoile de la première
grandeur ; elle diminua peu à peu, et enfin elle

disparut. M. Cassini l'a aperçue en 1655. Elle aug-
menta successivement pendant cinq ans ; ensuite elle
diminua, et on ne la revit plus. En 1670 une nouvelle étoile se montra proche la tête du Cygne. Elle
fut observée par le Père Anselme, chartreux, et
par plusieurs astronomes. Elle disparut, et on la
revit en 1672. Depuis ce temps-là, on ne l'a plus
vue qu'en 1709, et en 1715 elle a tout-à-fait disparu. Ces exemples prouvent que non-seulement
les étoiles ont des mouvemens, mais qu'elles décrivent des courbes bien différentes des cercles et des
ellipses que nous avons assignés aux corps célestes.
Je suis persuadé qu'il y a entre ces mouvemens la
même variété qu'entre ceux de plusieurs corps sur
la terre ; et qu'il y a des étoiles qui décrivent des
cycloïdes, des spirales, et plusieurs autres courbes
dont nous n'avons pas même d'idée.

Je n'en dirai pas davantage, de peur de paroître
plus instruit des affaires du ciel que des nôtres. Je
n'ai voulu exposer ici que mes doutes et mon ignorance. Si les étoiles sont des soleils, il y a donc des
soleils qui sont en mouvement, et le nôtre pourroit
fort bien se mouvoir comme eux (1).

---

(1) Je laisse maintenant le lecteur réfléchir sur la disparition totale de ces astres. L'antiquité avoit observé sept
étoiles dans les Pléïades. On n'en voit plus que six aujour-
d'hui. La septième disparut au siége de Troie. Ovide dit

C'est ainsi que nos maximes générales deviennent
des sources d'erreurs ; car nous ne manquons pas
d'assigner le désordre, là où nous n'apercevons plus
notre ordre prétendu. Celle que j'ai citée précédemment, qui est, que la nature prend dans ses opérations la voie la plus courte, a rempli notre physique
d'une multitude de vues fausses. Il n'y en a pas
cependant de plus contredite par l'expérience. La
nature fait serpenter sur la terre l'eau des rivières,
au lieu de la faire couler en ligne droite ; elle fait
faire aux veines de grands détours dans le corps
humain, et elle a percé même exprès des os, afin
que quelques-unes des veines principales passassent
dans l'épaisseur des membres, et qu'elles ne fussent
pas exposées à être blessées par des chocs extérieurs.

---

qu'elle fut si touchée du sort de cette malheureuse ville,
que de douleur elle mit la main sur son visage. Je trouve
dans le livre de Job un verset curieux, qui semble présager
cette disparition, chap. 38, v. 31 : *Numquid conjungere
valebis micantes stellas Pleïadas, aut gyrum Arcturi pote-
ris dissipare ?* « Pourrez-vous joindre ensemble les étoiles
» brillantes des Pléïades, et détourner l'Ourse de son cours ? »
C'est ainsi que le traduit M. Lemaître de Saci. Cependant,
si j'ose dire ma pensée après ce savant homme, je donnerai
un autre sens à la fin de ce passage. *gyrum Arcturi dissipare,*
veut dire, selon moi, dissiper l'attraction du pôle arctique.
Je répéterai ici ce que j'ai déjà observé, que le livre de Job
est rempli des connoissances les plus profondes de la nature.

Enfin elle développe un champignon dans une nuit, et elle ne perfectionne un chêne que dans un siècle. La nature prend rarement la voie la plus courte, mais elle prend toujours la plus convenable.

Cette fureur de généraliser nous a fait produire, dans tous les genres, un nombre infini de maximes, de sentences et d'adages qui se contredisent sans cesse. Selon nous, un homme de génie voit tout d'un coup-d'œil, et exécute tout avec une seule loi. Pour moi, je pense que cette sublime manière de voir et d'exécuter, est encore une des plus grandes preuves de la foiblesse de l'esprit humain. Il ne peut marcher à son aise que par une seule route. Dès qu'il en voit plusieurs, il se trouble et se fourvoie, il ne sait quelle est celle qu'il doit choisir : pour ne pas s'égarer, il n'en admet qu'une, et quand une fois il y est engagé, l'orgueil le mène loin. L'Auteur de la nature, au contraire, embrassant dans son intelligence infinie toutes les sphères des êtres, procède à leur production par des loix aussi variées que ses vues inépuisables, pour arriver à un seul but, qui est leur bien général. Quelque mépris que les philosophes aient pour les causes finales, ce sont les seules qu'il nous donne à connoître. Il nous a caché tout le reste ; il est bien digne de remarque, que le seul but qu'il découvre à notre intelligence, soit encore le même que celui qu'il propose à nos vertus.

Une de nos méthodes les plus ordinaires, lorsque nous saisissons quelque effet dans la nature,
c'est de nous y arrêter d'abord par foiblesse, et
d'en tirer ensuite, par vanité, un principe universel. Si après cela on trouve le moyen qui n'est pas
difficile, de lui appliquer un théorême de géométrie, un triangle, une équation, seulement un $a + b$,
en voilà assez pour le rendre à jamais vénérable.
C'est ainsi que le siècle passé, on expliquoit tout
par la philosophie corpusculaire, parce qu'on s'étoit
aperçu que quelques corps se formoient par intus-
susception ou par agrégation de parties. Un peu
d'algèbre qu'on y avoit joint lui avoit donné d'autant
plus de dignité, que la plupart des raisonneurs de
ce temps là n'y entendoient rien du tout. Mais comme
elle étoit mal rentée, elle n'a pas subsisté. On ne
parle seulement pas aujourd'hui d'une foule de
savans et d'illustres que l'Europe combloit alors
d'éloges.

D'autres, ayant trouvé que l'air pesoit, se sont
mis à prouver, avec toutes sortes de machines,
que l'air avoit du poids. Nos livres ont rapporté
tout à la pesanteur de l'air, végétation, tempérament de l'homme, digestion, circulation du sang,
phénomènes, ascension des fluides. Il est vrai qu'on
s'est trouvé un peu embarrassé par les tuyaux
capillaires, où l'eau monte indépendamment de
l'action de l'air. Mais tout cela s'explique aussi; et

malheur, comme disent quelques écrivains, à ceux qui ne les entendent pas! D'autres se sont occupés de son élasticité, et ont expliqué également bien, par son ressort, toutes les opérations de la nature. Chacun s'est écrié que son voile étoit levé, que nous l'avions prise sur le fait. Mais un sauvage qui marchoit contre le vent, ne savoit-il pas que l'air avoit du poids et du ressort? N'employoit-il pas ces deux qualités, lorsqu'il voguoit à la voile dans sa pirogue? A la bonne heure si nous appliquions les effets naturels, bien calculés et bien vérifiés, aux besoins de notre vie; mais pour l'ordinaire, c'est à régler les opérations de la nature, et non les nôtres.

D'autres trouvent encore plus commode d'exposer le systéme du monde sans en tirer aucune conséquence. Ils lui supposent des loix qui ont tant de justesse et de précision, qu'ils ne laissent plus rien à faire à la Providence divine. Ils représentent Dieu comme un géomètre ou un machiniste qui s'amuse à faire des sphères pour le plaisir de les faire tourner. Ils n'ont aucun égard aux convenances et aux autres causes intelligentes. Quoique l'exactitude de leurs observations leur fasse honneur, leurs résultats ne satisfont point du tout. Leur manière de raisonner sur la nature, ressemble à celle d'un sauvage qui, considérant dans une de nos villes le mouvement de l'aiguille d'une horloge publique, et

voyant, à certains points qu'elle marque sur le
cadran, des cloches s'ébranler, des hommes sortir
de leurs maisons, et une partie de la société se
mettre en mouvement, supposeroit qu'une horloge
est le principe de toutes les occupations européen-
nes. C'est le défaut qu'on peut reprocher à la plupart des sciences, qui, sans consulter la fin des
opérations de la nature, n'en étudient que les
moyens. L'astronomie ne considère plus que le
cours des astres, sans faire attention aux rapports
qu'ils ont avec les saisons. La chimie ayant trouvé
dans l'agrégation des corps, des parties, comme les
sels qui s'assimiloient, ne voit plus que des sels
pour principe et pour fin. L'algèbre ayant été inven-
tée pour faciliter les calculs, est devenue une science
qui ne calcule que des grandeurs imaginaires, et
qui ne se propose que des théorêmes inapplicables
aux besoins de la vie.

Il est résulté de là une infinité de désordres plus
grands qu'on ne le peut dire. La vue de la nature,
qui rappelle aux peuples les plus sauvages, non-
seulement l'idée d'un Dieu, mais celle d'une infinité de dieux, nous présente à nous autres des
idées de fourneaux, de sphères, d'alambics et de
cristallisations. Au moins les Naïades, les Sylvains,
Apollon, Neptune, Jupiter, donnoient aux anciens
du respect pour les ouvrages de la création, et les
attachoient encore à la patrie par un sentiment reli-

gieux. Mais nos machines détruisent les harmonies
de la nature et de la société. La première n'est plus
pour nous qu'un triste théâtre composé de leviers,
de poulies, de poids et de ressorts, et la seconde,
qu'une école de disputes. Ces systêmes, dit-on,
exercent les esprits. Cela pourroit être, s'ils ne les
égaroient pas, mais ils n'en dépravent pas moins le
cœur. Pendant que l'esprit pose des principes, le
cœur tire des conséquences. Si tout est l'ouvrage de
puissances aveugles, d'attractions, de fermentations,
de jeux de fibres, de masses, il faut donc céder à
leurs loix, comme tous les autres corps. Des femmes
et des enfans en tirent ces conclusions. Que devient
alors la vertu? Il faut obéir, dit-on, aux loix de la
nature. Il faut donc obéir à la pesanteur, s'asseoir
et ne pas marcher. La nature nous parle par cent
mille voix. Quelle est celle qui s'adresse à nous?
Prendrons-nous pour régler notre vie, l'exemple
des poissons, des quadrupèdes, des plantes, ou
même des corps célestes?

Il y a des métaphysiciens, au contraire, qui,
sans avoir égard à aucune loi physique, vous expli-
quent tout le systême du monde avec des idées
abstraites. Mais une preuve que leur systême n'est
pas celui de la nature, c'est qu'avec leurs matériaux
et leur méthode, il est fort aisé de renverser leur
ordre, et d'en former un tout différent, pour peu
qu'on s'en veuille donner la peine. Il en naît même

une réflexion bien propre à humilier notre intelligence ; c'est que tous ces efforts du génie des hommes, loin de pouvoir bâtir un monde, n'y feroient pas seulement mouvoir un grain de sable.

Il y en a d'autres qui regardent l'état où nous vivons comme un état de ruine et de punition. Ils supposent, d'après des autorités sacrées, que cette terre a existé avec d'autres harmonies. J'admets ce que l'Écriture sainte nous dit à ce sujet, excepté les explications des commentateurs. Telle est la foiblesse de notre raison, que nous ne pouvons rien concevoir ni imaginer au-delà de ce que la nature nous montre actuellement. Ainsi ils se trompent beaucoup, par exemple, lorsqu'ils nous disent que lorsque la terre étoit dans un état de perfection, le soleil étoit constamment à l'équateur, qu'il y avoit égalité de jours et de nuits, un printemps perpétuel, des campagnes unies comme des plaines, &c. Si le soleil étoit constamment à l'équateur, je doute qu'il y eût un seul point sur la terre qui fût habitable. D'abord, la zône torride seroit brûlée de ses feux, comme nous l'avons démontré ; les deux zônes glaciales s'étendroient bien plus loin qu'elles ne le font ; les zônes tempérées seroient au moins aussi froides vers leur milieu qu'elles le sont à l'équinoxe de mars, et cette température ne permettroit pas à la plupart des fruits d'y venir en maturité. Je ne sais pas où seroit le printemps ; mais s'il étoit perpétuel quel-

que part, il n'y auroit jamais là d'automne. Ce seroit
encore pis, s'il n'y avoit ni rochers ni montagnes à
la surface du globe ; car aucun fleuve ni ruisseau ne
couleroit sur la terre. Il n'y auroit ni abri, ni reflet
au nord pour échauffer la germination des plantes,
et il n'y auroit point d'ombres ni d'humidité au
midi pour les préserver de la chaleur. Ces dispositions admirables existent actuellement en Finlande, en Suède, au Spitzberg, et sur toutes les
terres septentrionales, qui sont d'autant plus char-
gées de rochers qu'elles s'avancent vers le nord ;
et elles se retrouvent encore aux îles Antilles, à l'île
de France, et aux autres îles et terres comprises
entre les tropiques dont les campagnes sont parsemées de rochers, sur-tout vers la ligne, dans l'Ethiopie dont la nature a couvert le territoire de grands
et hauts rochers presque perpendiculaires, qui forment autour d'eux des vallées profondes pleines
d'ombres et de fraîcheur. Ainsi, comme nous l'avons
dit, pour réfuter nos prétendus plans de perfection,
il suffit de les admettre.

Il y a d'autres savans, au contraire, qui ne sortent
jamais de leur routine, et qui s'abstiennent de rien
voir au-delà, quoiqu'ils soient très-riches en faits :
tels sont les botanistes. Ils ont observé des parties
sexuelles dans les plantes, et ils sont uniquement
occupés à les recueillir et à les ranger, suivant le
nombre de ces parties, sans se soucier d'y connoître

autre chose. Quand ils les ont classées dans leurs têtes et dans leurs herbiers, en ombelles, en roses ou en tubulées, avec le nombre de leurs étamines ; si avec cela ils peuvent y joindre quelques noms grecs, ils possèdent, à ce qu'ils pensent, tout le système de la végétation.

D'autres, à la vérité, parmi eux vont plus loin. Ils en étudient les principes ; et pour en venir à bout, ils les pilent dans des mortiers, ou les décomposent dans leurs alambics. Quand leur opération est achevée, ils vous montrent des sels, des huiles, des terres, et vous disent : Voilà les principes de telle et telle plante. Pour moi, je ne crois pas plus qu'on puisse montrer les principes d'une plante dans une fiole, que ceux d'un loup ou d'un mouton dans une marmite. Je respecte les procédés mystérieux de la chimie ; mais lorsqu'elle agit sur les végétaux, elle les détruit. Voici le jugement qu'un habile médecin a porté de ses expériences. C'est le docteur J. B. Chomel, dans le discours préliminaire de son utile Abrégé de l'Histoire des Plantes usuelles (1). « Près de deux mille analyses de plantes » différentes, dit-il, faites par les chimistes de l'aca- » démie royale des sciences, ne nous ont appris » autre chose, sinon qu'on tire de tous les végétaux » une certaine quantité de liqueurs acides, plus ou » moins d'huile essentielle ou fétide, de sel fixe,

_____

(1) Tome 1, pag. 39.

» volatil ou concret, de phlegme insipide et de
» terre, et souvent presque les mêmes principes et
» en même quantité, de plantes dont les vertus
» sont très-différentes. Ainsi ce travail très-long et
» très-pénible, a été une tentative inutile pour la
» découverte des effets des plantes, et n'a servi qu'à
» nous détromper des préjugés qu'on pourroit avoir
» sur les avantages de ces analyses ». Il ajoute que
le fameux chimiste Homberg ayant semé les mêmes
plantes dans deux caisses remplies de terre dessalée
par une forte lessive, dont l'une ensuite fut arrosée
avec de l'eau commune, et l'autre avec de l'eau où
on avoit dissous du nitre, ces plantes rendirent à-
peu-près les mêmes principes. Ainsi voilà notre
science systématique tout-à-fait déroutée; car elle
ne peut découvrir les qualités essentielles des plantes,
ni par leur composition, ni par leur décomposition.

Il y a bien d'autres erreurs sur les loix de leur
développement et de leur fécondation. Les anciens
avoient reconnu dans plusieurs plantes des mâles
et des femelles, et une fécondation par des émanations de poussières séminales, telle que dans les
palmiers dattiers. Nous avons appliqué cette loi à
tout le règne végétal. Elle est en effet très-répandue;
mais combien de végétaux se propagent encore par
des rejetons, par des tronçons, par des traînasses,
par les extrémités de leurs branches! Voilà, dans le
même règne, bien des manières de se reproduire.

Cependant, quand nous n'apercevons plus dans la nature la loi que nous avons une fois adoptée dans nos livres, nous croyons qu'elle s'égare. Nous n'avons qu'un fil, et quand il se rompt, nous imaginons que c'en est fait du systême du monde. L'intelligence suprême disparoît pour nous, dès que la nôtre vient à se troubler. Je ne doute pas cependant que l'Auteur de la nature n'ait établi au sujet des plantes, que tant de gens étudient, des loix qui nous sont encore inconnues. Voici à ce sujet une observation que je livre à l'expérience de mes lecteurs.

Ayant transplanté, au mois de février de l'année 1785, des plantes de violette simple qui commençoient à pousser de petits boutons de fleurs, cette transplantation a arrêté leur développement d'une manière assez extraordinaire. Ces petits boutons n'ont point fleuri ; mais leur ovaire s'étant gonflé, est parvenu à sa grosseur ordinaire, et s'est changé en capsule remplie de graine, sans laisser apercevoir au-dehors ou au-dedans, ni pétale, ni anthère, ni stigmate, ni aucune partie quelconque de la floraison. Tous ces boutons ont présenté successivement le même phénomène dans les mois de mai, de juin et de juillet, sans qu'aucune de ces plantes de violettes ait produit la moindre fleur. J'ai aperçu seulement dans les boutons naissans que j'ai ouverts, les parties de la floraison flétries sous les calices. J'ai ressemé leur graine qui n'avoit point été fécondée ;

et jusqu'à présent elle n'a point levé. Cette expérience est favorable au systême de Linnæus ; mais
elle s'en écarte, en ce qu'elle fait voir qu'une plante
peut donner son fruit sans fleurir.

On peut remarquer ici, dès à présent, que les
loix physiques sont subordonnées à des loix de
convenance, c'est-à-dire, par exemple, les loix de
la végétation à la conservation des êtres sensibles
pour lesquels elles ont été faites. Ainsi, quoique
la floraison de ma violette ait été interrompue, cela
ne l'a pas empêchée de donner sa graine pour la
subsistance de quelque animal qui s'en nourrit. C'est
pour cette raison que les plantes les plus utiles,
comme les graminées, sont celles qui ont le plus
de différens moyens de se reproduire. Si la nature
à leur égard ne s'étoit réduite qu'à la loi de la floraison, elles ne se multiplieroient point lorsqu'elles
sont pâturées par les animaux, qui broutent sans
cesse leurs sommités. Il en est de même de celles
qui croissent le long des rivages, telles que les
roseaux et les arbres aquatiques, comme les saules,
les aunes, les peupliers, les osiers, les mangliers,
lorsque les eaux se débordent, et qu'elles les ensa-
blent ou les renversent, ce qui arrive fréquemment. Les rivages resteroient dépouillés de verdure,
si les végétaux qui y croissent, n'avoient la faculté
de se reproduire de leurs propres tronçons. Il n'en
est pas de même des arbres de montagne, comme

les palmiers, sapins, cèdres, mélèzes, pins, qui ne sont pas exposés aux mêmes événemens, et qu'on ne peut faire reprendre de bouture. Si on coupe même le sommet d'un palmier, il périt.

Nous retrouvons ces mêmes loix de convenance dans les générations des animaux, auxquelles nous attribuons de l'incertitude dès que nous y découvrons des variétés, ou que nous rapprochons du règne végétal par des relations imaginaires, lorsque nous apercevons des effets qui leur sont communs. Ainsi, par exemple, si les pucerons sont vivipares l'été, c'est que leurs petits trouvent dans cette saison la température et la nourriture qui leur conviennent dès qu'ils viennent au monde, et s'ils sont ovipares en automne, c'est que la postérité de ces insectes délicats n'auroit pu passer l'hiver, si elle n'avoit été renfermée dans des œufs. C'est par ces mêmes raisons que si on arrache une patte à un crabe ou à une écrevisse, il lui en repousse une autre, qui sort de son corps comme une branche sort d'un végétal. Ce n'est pas que cette reproduction animale soit l'effet de quelque analogie mécanique entre les deux règnes; mais ces animaux étant destinés à vivre sur les rivages, parmi les rochers, où ils sont exposés aux mouvemens des flots, la nature leur donne de reproduire les membres exposés à être retranchés, ou rompus par le roulement des cailloux, comme elle a donné aux végétaux qui croissent sur les rivages, de se reproduire de leurs tronçons, parce qu'ils sont exposés à être renversés par le débordement des eaux.

La médecine a tiré de ces analogies apparentes des règnes, une multitude d'erreurs. Il suffit d'examiner la marche de ses études, pour les regarder comme fort suspectes. Elle cherche les opérations de l'ame dans des cadavres, et les fonctions de la vie dans la léthargie de la mort. Aperçoit-elle quelque propriété dans un végétal, elle en fait un remède universel. Ecoutez ces adages. Les plantes sont utiles à la vie; elle en conclut qu'en se nourrissant de végétaux on doit vivre des siècles. Dieu sait que de livres, de discours et d'éloges ont été faits sur les vertus des plantes ! Cependant une multitude de malades meurent l'estomac plein de ces merveilleux simples. Ce n'est pas que je nie leurs qualités appliquées bien à propos, mais je rejette absolument les raisonnemens qui attachent à l'usage du régime végétal la durée de la vie humaine. La vie de l'homme est le résultat de toutes les convenances morales, et tient plus à la sobriété, à la tempérance et aux autres vertus, qu'à la nature des alimens. Les animaux qui ne vivent que de plantes parviennent-ils seulement à l'âge des hommes ? Les daims et les chamois qui paissent les admirables vulnéraires de la Suisse, ne devroient jamais mourir; cependant leur vie est courte. Les mouches qui

sucent le nectar de leurs fleurs, meurent aussi, et
plusieurs de leurs espèces, dans l'espace d'un an.
La vie a un terme fixé pour chaque genre d'animal,
et un régime qui lui est propre; celle de l'homme
seul s'étend à tout. Le Tartare vit de chair crue de
cheval, le Hollandais de poissons, un autre peuple
de racines, un autre de laitage, et par tout pays
on trouve des vieillards. Le vice seul et le chagrin
abrègent la vie; et je suis persuadé que les affections morales s'étendent si loin pour les hommes,
que je ne crois pas qu'il y ait une seule maladie qui
ne leur doive son origine.

Voici ce que pensoit Socrate de la philosophie
systématique de son siècle; car elle s'est livrée,
dans tous les âges, aux mêmes égaremens. « Il ne
» s'amusoit point, dit Xénophon, à traiter des
» secrets de la nature, ni à rechercher comment a
» été fait ce que les sophistes ont appelé le monde,
» ni quel puissant ressort gouverne toutes les choses
» célestes : au contraire, il montroit la folie de ceux
» qui s'adonnent à ces contemplations, et il deman-
» doit si c'étoit après avoir acquis une parfaite con-
» noissance des choses humaines qu'ils entrepre-
» noient la recherche des divines, ou s'ils croyoient
» être fort sages de négliger ce qui les touche, pour
» s'occuper à ce qui est au-dessus d'eux. Il s'éton-
» noit encore comment ils ne voient pas qu'il est
» impossible aux hommes de rien comprendre à

» toutes ces merveilles, puisque ceux qui ont la
» réputation d'y être les plus savans ont des opi-
» nions toutes contraires, et ne peuvent s'accorder
» non plus que des insensés : car, comme entre les
» insensés les uns n'ont point de peur des acci-
» dens les plus épouvantables, et les autres craignent
» ce qui n'est pas à craindre ; de même entre ces
» philosophes, les uns ont cru qu'il n'y a point
» d'action qui ne se puisse faire en public, ni de
» parole qu'on ne puisse dire librement devant tout
» le monde ; les autres au contraire ont pensé qu'il
» falloit fuir la conversation des hommes, et se tenir
» dans une perpétuelle solitude : les uns ont mé-
» prisé les temples et les autels, et ont enseigné de
» ne point honorer les dieux ; les autres ont été si
» superstitieux que d'adorer le bois, les pierres et
» les animaux irraisonnables. Et quant à la science
» des choses naturelles, les uns n'ont reconnu qu'un
» seul être, les autres en ont admis un nombre
» infini : les uns ont voulu que toutes choses fussent
» dans un mouvement perpétuel, les autres ont cru
» que rien ne se meut : les uns ont dit que le monde
» étoit plein de continuelles générations et corrup-
» tions, et les autres assurent que rien ne s'engendre
» ni ne se détruit. Il disoit encore qu'il eût bien
» voulu savoir de ces gens-là, s'ils avoient espé-
» rance de mettre quelque jour en pratique ce qu'ils
» apprennent ; comme ceux qui savent un art peuvent

» l'exercer quand il leur plaît, soit pour leur utilité
» particulière, soit pour le service de leurs amis ;
» et s'ils s'imaginoient aussi, après avoir trouvé les
» causes de tout ce qui se fait, pouvoir donner les
» vents et les pluies, et disposer les temps et les
» saisons selon leurs besoins, ou s'ils se conten-
» toient de leur simple connoissance, sans en attendre
» jamais d'autre utilité (1) ».

Ce n'est pas que Socrate n'eût très-bien étudié la
nature ; mais il n'avoit cessé d'en rechercher les
causes que pour en admirer le résultat. Personne
n'avoit plus recueilli d'observations à ce sujet que
lui. Il les employoit fréquemment dans ses conver-
sations sur la providence divine.

La nature ne nous présente de toutes parts que
des harmonies et des convenances avec nos besoins,
et nous nous obstinons à remonter aux causes qu'elle
emploie, comme si nous voulions lui enlever le
secret de sa puissance. Nous ne connoissons pas
seulement les principes les plus communs qu'elle a
mis dans nos mains et sous nos pieds. La terre, l'eau,
l'air et le feu, sont des élémens, disons-nous. Mais
sous quelle forme doit paroître la terre pour être
un élément ? Cette couche, appelée *humus*, qui la
couvre presque par-tout, et qui sert de base au
règne végétal, est un débris de toutes sortes de

(1) Xénophon, *des Choses mémorables de Socrate ; liv. t.*

matières, de marne, de sable, d'argile, de végétaux. Est-ce le sable qui est sa partie élémentaire ?
mais le sable paroît être un débris de rocher. Est-ce
le rocher qui est un élément ? mais il paroît à son
tour une agrégation de sable, comme nous le voyons
dans les masses de grès. Lequel des deux, du sable
ou du rocher, a été le principe de l'autre, et l'a
précédé dans la formation du globe ? Quand nous
serions instruits de cette époque, nous ne tiendrions
rien. Il y a des rochers formés de toutes sortes d'agrégations : le granit est composé de grains ; les marbres
et les pierres calcaires, de pâte de coquilles et de
madrépores. Il y a aussi des bancs de sable composés
des débris de toutes ces pierres : j'ai vu du sable de
cristal. Les poissons à coquilles, qui semblent nous
donner des lumières sur la nature de la pierre calcaire, ne nous indiquent point l'origine primitive
de cette matière, car ils forment eux-mêmes leurs
coquilles de ses débris qui nagent dans la mer. Les
difficultés augmentent quand on veut expliquer la
formation de tant de corps qui sortent et se nourrissent de la terre. On a beau appeler à son secours
les analogies, les assimilations, les homogénéités et
les hétérogénéités. N'est-il pas étrange que des
milliers d'espèces de végétaux résineux, huileux,
élastiques, mous et combustibles, diffèrent en tout
du sol dur et pierreux qui les produit ? Les philosophes siamois ne sont point embarrassés à ce sujet,

car ils admettent dans la nature un cinquième élément, qui est le bois. Mais ce supplément ne peut
pas les mener bien loin ; car il est encore plus étonnant que la matière animale se forme de la matière
végétale, que celle-ci de la fossile. Comment devient-
elle sensible, vivante et passionnée ? On y fait inter-
venir à la vérité l'action du soleil. Mais comment le
soleil pourroit-il être dans les animaux la cause de
quelque affection morale, ou, si l'on aime mieux, de
quelque passion, lorsqu'on ne voit pas qu'il agisse
comme ordonnateur sur les parties même des
plantes ? Par exemple, son effet général est de dessécher ce qui est humide. Comment arrive-t-il donc
que dans une pêche exposée à son action, la pulpe
soit fondante au-dehors, et le noyau, qui est caché
au-dedans, soit très-dur, tandis que le contraire
arrive dans le fruit du cocotier, qui est plein de
lait au-dedans, et revêtu en dehors d'une écale dure
comme une pierre ? Le soleil n'a pas plus d'influence
sur la construction mécanique des animaux : leurs
parties intérieures les plus abreuvées d'humeurs, de
sang et de moelle, sont souvent les plus dures,
comme les dents et les os ; et les parties les plus
exposées à l'action de sa chaleur sont souvent très-
molles, comme les poils, les plumes, les chairs et
les yeux. Comment se fait-il encore qu'il y ait si peu
d'analogies entre les plantes tendres, ligneuses,
sujettes à pourrir, et la terre qui les produit ; et

entre les coraux et les madrépores de pierre, qui
forment des bancs si étendus entre les tropiques,
et l'eau de la mer où ils sont formés? Il semble que
le contraire eût dû arriver : l'eau eût dû produire
des plantes molles, et la terre des plantes solides.
Si les choses existent ainsi, il y en a sans doute plus
d'une raison; mais j'en entrevois une qui me paroît
fort bonne : c'est que, si ces analogies avoient lieu,
les deux élémens seroient inhabitables en peu de
temps; ils seroient bientôt comblés par leur propre
végétation. La mer ne pourroit briser des madrépores ligneux, ni l'air dissoudre des forêts pierreuses.

On peut établir les mêmes doutes sur la nature
de l'eau. L'eau, disons-nous, est formée de petits
globules qui roulent les uns sur les autres : c'est à
la forme sphérique de ses élémens qu'il faut attribuer sa fluidité. Mais si ce sont des globules, il doit
y avoir entre eux des intervalles et des vides, sans
lesquels ils ne seroient pas susceptibles de mouvement. Pourquoi donc l'eau est-elle incompressible?
Si vous la comprimez fortement dans un tuyau, elle
passera au travers de ses pores s'il est d'or, et elle
le fera crever s'il est de fer. Quelque effort que
vous y employiez, vous ne pourrez jamais la réduire
à un plus petit volume. Mais loin de connoître la
forme de ses parties intégrantes, nous ignorons
quelle est celle de leur ensemble. Est-ce d'être

répandue en vapeurs invisibles dans l'air, comme la rosée, ou rassemblée en brouillards dans les nuages, ou consolidée en masse dans les glaces, ou fluide, enfin, comme dans les rivières? La fluidité, disons-nous, est un de ses principaux caractères. Oui, parce que nous la buvons dans cet état, et que c'est sous ce rapport-là qu'elle nous intéresse le plus. Nous déterminons ce caractère principal, comme celui de tous les objets de la nature, par la raison que j'ai déjà dite, par notre principal besoin; mais ce caractère même lui paroît étranger : elle ne doit sa fluidité qu'à l'action de la chaleur ; si vous l'en privez, elle se change en glace. Il séroit bien singulier que, malgré nos définitions fondamentales, l'état naturel de l'eau fût d'être solide, et que l'état naturel de la terre fût d'être fluide ; et c'est ce qui doit être, si l'eau ne doit sa fluidité qu'à la chaleur, et si la terre n'est qu'une agrégation de sables réunis par différens glutens, et rapprochés d'un centre commun par l'action générale de la pesanteur.

Les qualités élémentaires de l'air ne sont pas plus faciles à déterminer. L'air est, disons-nous, un corps élastique : lorsqu'il est renfermé dans les grains de la poudre à canon, l'action du feu le dilate au point de lui donner la puissance de chasser un boulet de fer à une distance prodigieuse. Mais comment, avec tant de ressort, pouvoit-il être comprimé dans des grains d'une poudre friable ? Si vous mettez même quelque matière liquide en fermentation dans un bocal, il en sortira mille fois plus d'air que vous ne pourriez y en renfermer sans le rompre. Comment cet air pouvoit-il être contenu dans une matière molle et fluide, sans se dégager de lui-même ? L'air chargé de vapeurs est réfrangible, disons-nous encore. Plus on avance dans le nord, plus on y voit le soleil élevé sur l'horizon au-dessus du lieu qu'il occupe dans le ciel. Les Hollandais, qui passèrent en 1597 l'hiver dans la nouvelle Zemble, après une nuit de plusieurs mois, virent reparoître le soleil quinze jours plutôt qu'ils ne s'y attendoient. Voilà qui va bien. Mais si les vapeurs rendent l'air réfrangible, pourquoi n'y a-t-il ni aurore, ni crépuscule, ni aucune réfraction durable de la lumière entre les tropiques, sur la mer même, où tant de vapeurs sont élevées par l'action constante du soleil, que l'horizon en est quelquefois tout embrumé ?

Ce ne sont pas les vapeurs qui réfractent la lumière, dit un autre philosophe, c'est le froid; car la réfraction de l'atmosphère n'est pas si grande à la fin de l'été qu'à la fin de l'hiver, à l'équinoxe d'automne qu'à celui du printemps.

Je tombe d'accord de cette observation; cependant, après des jours d'été très-chauds, il y a réfraction dans le nord ainsi que dans nos climats tempérés, et il n'y en a point entre les tropiques : ainsi,

le froid ne me paroît point être la cause mécanique
de la réfraction, mais il en est la cause finale. Cette
admirable multiplication de la lumière qui augmente
dans l'atmosphère à proportion de l'intensité du
froid, me paroît une suite de cette même loi, qui
fait passer la lune dans les signes septentrionaux
à mesure que le soleil les abandonne, et qui lui fait
éclairer les longues nuits de notre pôle, pendant
que le soleil est sous l'horizon ; car la lumière, de
quelque espèce qu'elle soit, est chaude. Ces harmonies merveilleuses ne sont point dans la nature
des élémens, mais dans la volonté de celui qui les
a ordonnés pour les besoins des êtres sensibles.

Le feu nous offre encore de plus incompréhen-
sibles phénomènes. Le feu d'abord est-il matière ?
La matière, suivant les définitions de la philosophie, est ce qui se divise en longueur, largeur et
profondeur. Le feu ne se divise que suivant sa longueur perpendiculaire. Vous ne partagerez jamais
une flamme ou un rayon de soleil dans sa largeur
horizontale. Voilà donc une matière qui n'est divi-
sible que dans deux dimensions. De plus, elle n'a
point de pesanteur ; car elle s'élève toujours ; ni de
légèreté, car elle descend et pénètre les corps les
plus bas. Le feu est, dit-on, renfermé dans tous
les corps. Mais puisqu'il est dévorant, comment ne
les consume-t-il pas ? comment peut-il rester dans
l'eau sans s'éteindre ? Ces difficultés et plusieurs

autres, ont porté Newton à croire que le feu n'étoit
pas un élément, mais une certaine matière subtile
mise en mouvement. À la vérité, les frottemens et
les chocs font paroître le feu dans plusieurs corps.
Mais pourquoi l'air et l'eau, quelque agités qu'ils
soient, ne s'enflamment-ils point? Pourquoi l'eau
même se refroidit-elle par le mouvement, elle qui
n'est fluide que parce qu'elle est imprégnée de feu?
Pourquoi, contre la nature de tous les mouvemens,
celui du feu va-t-il en se propageant au lieu de s'arrêter? Tous les corps perdent leur mouvement en
le communiquant. Si vous frappez plusieurs billes
avec une seule, le mouvement se communique
entre elles, se partage et se perd. Mais une étincelle de feu dégage d'une pièce de bois les particules de feu, ou de matière subtile si l'on veut, qui
y sont renfermées, et toutes ensemble accroissent
leur rapidité au point d'incendier une forêt. Nous
ne connoissons pas mieux ses qualités négatives. Le
froid, disons-nous, est produit par l'absence de la
chaleur; mais si le froid n'est qu'une qualité négative, pourquoi a-t-il des effets positifs? Si vous
mettez dans l'eau une bouteille de vin glacé, comme
je l'ai vu faire plus d'une fois en Russie, vous voyez
en peu de temps la glace couvrir d'un pouce d'épaisseur les parois externes de la bouteille. Un bloc de
glace refroidit l'atmosphère qui l'environne. Cependant les ténèbres, qui sont une négation de la

lumière, n'obscurcissent point le jour qui les avoisine. Si vous ouvrez, dans un jour d'été, une grotte
à la fois obscure et froide, la lumière environnante
ne sera point du tout obscurcie par les ténèbres qui
y étoient renfermées ; mais la chaleur de l'air voisin
sera sensiblement affoiblie par l'air froid qui y étoit
contenu. Je sais bien qu'on peut dire que s'il n'y a
point d'obscurcissement sensible dans le premier
cas, c'est à cause de l'extrême rapidité de la lumière
qui remplace les ténèbres ; mais ce seroit augmenter la difficulté, plutôt que la résoudre, et supposer que les ténèbres ont aussi des effets positifs que
nous n'avons pas le temps d'observer.

C'est cependant sur ces prétendues connoissances
fondamentales que nous avons élevé la plupart des
systêmes de notre physique. Si nous sommes dans
l'erreur ou dans l'ignorance au point du départ,
nous ne tarderons pas à nous égarer dans le chemin ;
aussi il est incroyable avec quelle facilité, après
avoir posé aussi légèrement nos principes, nous
nous payons, dans les conséquences, de mots
vagues et d'idées contradictoires.

J'ai vu, par exemple, la formation du tonnerre
expliquée dans des livres de physique fort estimés.
Les uns vous démontrent qu'il est produit par le
choc de deux nuées, comme si des nuées ou des
brouillards pouvoient jamais se choquer ! D'autres
vous disent que c'est l'effet de l'air dilaté par l'in-

flammation subite du soufre et du nitre qui nagent
dans l'air. Mais, pour qu'il pût produire ces terribles
détonations, il faudroit supposer que l'air fût renfermé dans un corps qui fît quelque résistance. Si
vous enflammez un grand volume de poudre à canon
à l'air libre, elle ne détonne point. Je sais bien
qu'on imite l'explosion du tonnerre dans l'expérience
de la poudre fulminante; mais les matières qu'on y
emploie ont une sorte de ténacité. Elles éprouvent
de la part de la cuiller de fer qui les contient, une
résistance contre laquelle elles réagissent quelquefois avec tant de force, qu'elles la percent. Après
tout, imiter un phénomène n'est pas l'expliquer.
Les raisons qu'on donne des autres effets du tonnerre, n'ont pas plus de vraisemblance. Comme l'air
se trouve rafraîchi après un orage, c'est, dit-on, le
nitre qui est répandu dans l'atmosphère qui en est la
cause; mais ce nitre n'y étoit-il pas avant la déto-
nation, pendant qu'on étouffoit de chaleur? Le
nitre ne rafraîchit-il que quand il est enflammé? A ce
compte, nos batteries de canon devroient devenir
des glacières au milieu d'un combat, car il s'y brûle
bien du nitre, cependant on est obligé d'en rafraîchir les canons avec du vinaigre; car, quand ils ont
tiré de suite une vingtaine de coups, on n'y peut
supporter la main : la flamme du nitre, quoique
instantanée, pénètre très-fortement le métal malgré son épaisseur. Il est vrai que leur chaleur peut

venir aussi de l'ébranlement intérieur de leurs parties. Quoi qu'il en soit, le refroidissement de l'air après un orage, provient, à mon avis, de cette couche d'air glacial qui nous environne à douze ou quinze cents toises d'élévation, et qui, étant divisée et dilatée à sa base par le feu des nuées orageuses, s'écoule subitement dans notre atmosphère. C'est son mouvement qui détermine le feu du tonnerre à se diriger, contre sa nature, vers la terre. Elle produit encore d'autres effets, que ni le temps, ni le lieu ne me permettent pas de développer.

Nous disions, le siècle dernier, que la terre étoit alongée sur ses pôles, et nous assurons aujourd'hui qu'elle y est aplatie. Je ne m'engagerai pas ici dans l'examen des principes d'où l'on a tiré cette dernière conséquence, et des observations dont on l'a appuyée. On fait dériver l'aplatissement de la terre aux pôles d'une force centrifuge, à laquelle on attribue son mouvement même dans les cieux, quoique cette prétendue force qui a donné plus de diamètre à l'équateur de la terre, n'ait pas la force d'y élever une paille en l'air. On a vérifié, dit-on, l'aplatissement des pôles, par les mesures de deux degrés terrestres, prises à grands frais, l'une au Pérou près de l'équateur, et l'autre en Laponie dans le voisinage des cercles polaires (1). Ces expériences ont

_____

(1) Il est évident qu'on doit conclure de ces mesures

sans doute été faites par des savans célèbres. Mais
des savans aussi célèbres avoient prouvé, d'après
d'autres principes et par d'autres expériences, que
la terre étoit alongée sur ses pôles. Cassini évalue à
cinquante lieues la longueur dont l'axe de la terre
surpasse ses diamètres, ce qui donne à chacun des
pôles vingt-cinq lieues d'élévation sur la circonférence du Globe. Nous nous rangerons à l'opinion de
ce fameux astronome, si nous nous en rapportons au
témoignage de nos yeux, puisque l'ombre de la terre
paroît ovale sur ses pôles dans les éclipses centrales
de lune, comme l'ont observé Tycho-Brahé et Ké-
pler. Ces noms-là en valent bien d'autres.

Mais, sans nous en rapporter, sur des vérités
naturelles, à l'autorité d'aucun homme, nous pouvons conclure par de simples analogies, le prolon-
gement de l'axe de la terre. Si nous considérons,
ainsi que nous l'avons dit, les deux hémisphères
comme deux montagnes dont les bases sont à l'équateur, les sommets aux pôles, et l'Océan qui découle
alternativement d'un de ses sommets, comme un
grand fleuve qui descend d'une montagne ; nous
aurons sous ce point de vue, des objets de comparaison qui nous serviront à déterminer le point d'élévation d'où part l'Océan, par la distance du lieu où

---

même, que la terre est alongée aux pôles. *Voyez* l'Explica-
tion des Figures, en tête du premier volume.

il termine son cours. Ainsi le sommet du Chimbo-
raco, la plus élevée des Andes du Pérou, d'où sort
l'Amazone, ayant près d'une lieue et un tiers d'élévation au-dessus de l'embouchure de ce fleuve, qui
en est éloigné en ligne droite de 26 degrés environ,
ou de 650 lieues, on en peut conclure que le sommet du pôle doit être élevé sur la circonférence de
la terre, de près de cinq lieues, pour avoir une
hauteur proportionnée au cours de l'Océan, qui
s'étend jusque sous la ligne à 90 degrés de là, c'est-
à-dire, à deux mille deux cent cinquante lieues en
ligne droite.

Si nous considérons maintenant que le cours de
l'océan ne se termine pas à la ligne, mais que lorsqu'il descend en été de notre pôle, il s'étend au-
delà du Cap de Bonne-Espérance, jusqu'aux extrémités orientales de l'Asie, où il forme le courant
qu'on y appelle mousson occidentale, qui entoure
presque le globe sous l'équateur, nous serons obligés
de supposer au pôle d'où il part une élévation proportionnée au chemin qu'il parcourt, et de la tripler
au moins pour que ses eaux aient une pente suffisante. Je la suppose donc de quinze lieues; et si on
ajoute à cette hauteur celle des glaces qui y sont
accumulées, et dont les prodigieuses pyramides ont
quelquefois dans les montagnes à glace, le tiers de
l'élévation des hauteurs qui les supportent, nous
trouverons que le pôle n'a guère moins des vingt-

cinq lieues de hauteur que Cassini lui a assignées.

Des flèches de glace de dix lieues de hauteur ne sont pas disproportionnées au centre des coupoles de glace de deux mille lieues de diamètre, qui couvrent en hiver notre hémisphère septentrional, et qui ont encore dans l'hémisphère austral, au mois de février, c'est-à-dire, dans le plein été de cet hémisphère, des bords aussi élevés que des promontoires, et trois mille lieues au moins de circonférence, comme l'a reconnu le capitaine Cook, qui en a fait le tour en 1773 et 1774.

L'analogie que j'établis entre les deux hémisphères de la terre, les pôles, et l'Océan qui en découle, avec deux montagnes, leurs pics, et les fleuves qui en sortent, est dans l'ordre des consonances du globe qui en présentent un grand nombre de semblables dans les continens, et dans la plupart des îles, qui sont de petits continens en abrégé.

Il semble que la philosophie ait affecté de tout temps, de chercher des causes fort obscures pour expliquer les effets les plus communs, afin de se faire admirer du vulgaire, qui en effet n'admire guère que ce qu'il ne comprend pas. Elle n'a pas manqué, pour profiter de cette foiblesse des hommes, de s'envelopper du faste des mots, ou des mystères de la géométrie pour leur en imposer davantage. Combien de siècles n'a-t-elle pas fait retentir dans nos écoles, l'horreur du vide qu'elle attribuoit à la

nature ! Que de démonstrations prétendues savantes
en ont été faites, qui devoient couvrir d'une gloire
immortelle leurs auteurs, dont on ne parle plus !
D'un autre côté, elle dédaigne de s'arrêter aux observations simples, qui mettent à la portée de tous les
hommes les harmonies qui unissent tous les règnes
de l'univers. Par exemple, la philosophie de nos
jours refuse à la lune toute influence sur les végétaux et sur les animaux : cependant il est certain
que le plus grand accroissement des plantes se fait
pendant la nuit ; qu'il y a plusieurs végétaux même
qui ne fleurissent que pendant ce temps-là ; que des
classes nombreuses d'insectes, d'oiseaux, de quadrupèdes et de poissons, règlent leurs amours, leurs
chasses et leurs voyages sur les différentes phases de
l'astre des nuits. Mais comment s'arrêter à l'expérience des jardiniers et des pêcheurs ? comment se
résoudre à penser et à parler comme eux ? Si la philosophie nie l'influence de la lune sur les petits objets
de la terre, elle lui en suppose une très-grande sur
le globe même, sans s'embarrasser de se contredire :
elle affirme que la lune, en passant sur l'Océan, le
presse et occasionne ainsi le flux des marées sur ses
rivages. Mais comment la lune peut-elle comprimer
notre atmosphère qui ne s'étend, dit-on, qu'à une
vingtaine de lieues de nous? et quand on supposeroit
une matière subtile et capable d'un grand ressort
qui s'étendroit depuis la surface de nos mers jus-

qu'au globe de la lune, comment cette matière pour-
roit-elle en être comprimée, si on ne la suppose
renfermée dans un canal ? Ne doit-elle pas, dans
l'état actuel, s'étendre à droite et à gauche, sans
que l'action de la planète puisse se faire sentir sur
aucun point déterminé de la circonférence de notre
globe ? D'ailleurs, pourquoi la lune n'agit-elle pas
sur les lacs et sur les mers de peu d'étendue où il
n'y a pas de marées ? Leur petitesse ne doit pas plus
les soustraire à sa gravitation qu'à sa lumière. Pourquoi sont-elles presque insensibles au fond de la
Méditerranée ? Pourquoi éprouvent-elles en beaucoup de lieux des mouvemens d'intermittence, et
des retards de deux ou trois jours ? Pourquoi enfin,
au nord viennent-elles du nord, de l'est ou de l'ouest,
et non du sud, comme l'ont observé avec surprise
Martens, Barents, Linschoten et Ellis, qui s'attendoient à les voir venir de l'équateur, comme sur les
côtes de l'Europe ? A la vérité les principaux mouvemens de la mer arrivent, dans notre hémisphère,
dans les mêmes temps que les principales phases de
la lune ; mais on n'en doit pas conclure leur dé-
pendance, et encore moins l'expliquer par des loix
qui ne sont pas démontrées. Les courans et les
marées de l'Océan viennent, comme je crois l'avoir
prouvé, des effusions des glaces des pôles qui dé-
pendent à leur tour de la variété du cours du soleil,
qui s'approche plus ou moins de l'un ou l'autre pôle ;

et comme les phases de la lune sont elles-mêmes
ordonnées avec le cours de cet astre, voilà pourquoi
les unes et les autres arrivent dans les mêmes temps.
De plus, la lune dans son plein a une chaleur effective
et évaporante, comme je l'ai déjà dit : elle doit donc
agir sur les glaces des pôles, sur-tout lorsqu'elle est
pleine (1). L'Académie des Sciences avoit assuré
autrefois que sa lumière n'échauffoit pas, d'après
des expériences faites sur ses rayons et la boule d'un
thermomètre avec un miroir ardent ; mais ce n'est
pas la première erreur où nous ayons été induits par
nos livres et par nos machines, comme nous le verrons lorsque nous parlerons de la décomposition du
rayon solaire par le prisme. Ce n'est pas non plus
la première fois qu'une assemblée de savans a adopté
sans examen une opinion d'après l'autorité de ceux
qui font des expériences avec beaucoup de faste et
d'appareil. Voilà comme les erreurs s'accréditent.
On a détruit celle-ci d'abord à Rome, ensuite à Paris,
par une expérience fort simple. Quelqu'un s'est
avisé d'exposer un vase plein d'eau à la lumière de la
lune, et d'en mettre un semblable à l'ombre. L'eau
du premier vase s'est évaporée bien plus prompte-
ment que celle du second.

_____

(1) Il y a plus de seize cents ans qu'on en a fait l'observation. « La lune fait dégeler, résolvant toutes glaces et
» gelées par l'humidité de son influence ». *Pline, Hist.*
nat. liv. 2, *chap.* 101.

Nous avons beau faire, nous ne pouvons saisir dans la nature que des résultats et des harmonies ; par-tout les premiers principes nous échappent. Ce qu'il y a de pis dans tout ceci, c'est que les méthodes de nos sciences ont influé sur nos mœurs et sur la religion. Il est fort aisé de faire méconnoître aux hommes une intelligence qui gouverne toutes choses, lorsqu'on ne leur présente plus pour causes premières que des moyens mécaniques. Oh! ce n'est pas par eux que nous nous dirigerons vers ce ciel que nous prétendons connoître. Les plus grands hommes ont cherché vers lui leur dernier asyle. Cicéron se flattoit, après sa mort, d'habiter les étoiles, et César d'y veiller aux destins des Romains. Une infinité d'autres hommes ont borné leur bonheur futur à présider à des mausolées, à des bocages, à des fontaines ; d'autres, à se réunir à l'objet de leurs amours. Et nous, qu'espérons-nous maintenant de la terre et du ciel, où nous ne voyons plus que les leviers de nos foibles machines ! Quoi ! pour prix de nos vertus, notre sort seroit d'être confondus avec les élémens ! Votre ame, ô sublime Fénélon ! seroit exhalée en air inflammable, et elle auroit eu sur la terre le sentiment d'un ordre qui n'étoit pas même dans les cieux ? Comment, parmi ces astres si lumineux, il n'y auroit que des globes matériels ; et dans leurs mouvemens si constans et si variés, que d'aveugles attractions ! Quoi ! tout seroit matière insensible autour de nous , et l'intelligence n'auroit été donnée à l'homme qui ne s'est rien donné, que pour le rendre misérable ! Quoi ! nous serions trompés par le sentiment involontaire qui nous fait lever les yeux au ciel , dans l'excès de la douleur , pour y chercher du secours ! L'animal , près de finir sa carrière , s'abandonne tout entier à ses instincts naturels. Le cerf aux abois se réfugie aux lieux les plus écartés des forêts , content de rendre l'esprit forestier qui l'anime , sous leurs ombres hospitalières : l'abeille mourante abandonne les fleurs , vient expirer à l'entrée de sa ruche , et léguer son instinct social à sa chère république : et l'homme , en suivant sa raison , ne trouveroit rien dans l'univers digne de recevoir ses derniers soupirs , ni des amis inconstans , ni des parens avides , ni une patrie ingrate , ni une terre rebelle à ses travaux , ni des cieux indifférens au crime et à la vertu ?

Ah ! ce n'est pas ainsi que la nature a fait ses répartitions. C'est nous qui nous égarons avec nos sciences vaines. En portant les recherches de notre esprit jusqu'aux principes de la nature et de la divinité même , nous en avons détruit en nous le sentiment. Il nous est arrivé la même chose qu'à ce paysan qui vivoit heureux dans une petite vallée des Alpes. Un ruisseau qui descendoit de ces montagnes fertilisoit son jardin. Il adora long-temps en

paix la Naïade bienfaisante qui lui distribuoit ses
eaux, et qui lui en augmentoit l'abondance et la
fraîcheur avec les chaleurs de l'été. Un jour il lui
vint en fantaisie de découvrir le lieu où elle cachoit
son urne inépuisable. Pour ne pas s'égarer, il remonte
d'abord le cours de son ruisseau. Peu à peu il s'élève
dans la montagne. Chaque pas qu'il y fait lui découvre mille objets nouveaux, des campagnes, des
forêts, des fleuves, des royaumes, de vastes mers.
Plein de ravissement, il se flatte de parvenir bientôt au séjour où les dieux président aux destins de
la terre. Mais après une pénible marche, il arrive
au pied d'un effroyable glacier. Il ne voit plus autour
de lui que des brouillards, des rochers, des torrens et des précipices. Douce et tranquille vallée,
humble toit, bienfaisante Naïade, tout a disparu.
Son patrimoine n'est plus qu'un nuage, et sa divinité qu'un affreux monceau de glace.

Ainsi la science nous a menés par des routes
séduisantes à un terme aussi effrayant. Elle traîne
à la suite de ses recherches ambitieuses, cette ma-
lédiction ancienne prononcée contre le premier
homme qui osa manger du fruit de son arbre (1):
« Voilà l'homme devenu comme l'un de nous, sachant
» le bien et le mal ; empêchons qu'il ne vive éter-
» nellement ». Que de troubles littéraires, politiques

_____

(1) Genèse, chap. 3, v. 22.

et religieux, notre prétendue science a excités parmi
nous! Que d'hommes elle a empêchés de vivre même
un seul jour !

Sans doute le génie sublime et l'ame pure de Newton ne s'arrêteroient pas au terme d'une ame vulgaire. En voyant les nuages aborder de toutes parts
aux montagnes qui divisent l'Italie de l'Europe, il
eût reconnu l'attraction de leurs sommets, et la
direction de leurs chaînes aux bassins des mers et
aux cours des vents; il en eût conclu des dispositions équivalentes pour les différens sommets du
continent et des îles; il eût vu les vapeurs élevées
du sein des mers de l'Amérique, apporter à travers
les airs la fécondité au centre de l'Europe, se fixer
en glaces solides sur les hauts pitons des rochers,
afin de rafraîchir l'atmosphère des pays chauds,
subir de nouvelles combinaisons pour produire de
nouveaux effets, et retourner fluides à leurs anciens
rivages, en répandant l'abondance sur leur route
par mille et mille canaux. Il eût admiré l'impulsion
constante donnée à tant de mouvemens différens,
par l'action d'un seul soleil placé à 32 millions de
lieues de distance; et au lieu de méconnoître le
séjour d'une Naïade à la cime des Alpes, il s'y fût
prosterné devant le Dieu dont la prévoyance embrasse les besoins de tout l'univers.

Pour étudier la nature avec intelligence, il en
faut lier toutes les parties ensemble. Pour moi, qui

ne suis pas un Newton, je ne quitterai pas les bords
de mon ruisseau. Je vais rester dans mon humble
vallée, occupé à cueillir des herbes et des fleurs;
heureux si j'en peux former quelques guirlandes
pour parer le frontispice du temple rustique que
mes foibles mains ont osé élever à la majesté de la
nature (1).

------

(1) Le système des harmonies de la nature dont je vais
m'occuper, est, à mon avis, le seul qui soit à la portée des
hommes. Il fut mis au jour par Pythagore de Samos, qui fut
le père de la philosophie, et le chef des philosophes connus
sous le nom de Pythagoriciens. Il n'y a point eu de savans
qui aient été aussi éclairés qu'eux dans les sciences naturelles, et dont les découvertes aient fait plus d'honneur à
l'esprit humain. Il y avoit alors des philosophes qui soute-
noient que l'eau, le feu, l'air, les atomes étoient les principes des choses. Pythagore prétendit, au contraire, que les
principes des choses étoient les convenances et les proportions dont se formoient les harmonies, et que la bonté et
l'intelligence faisoient la nature de Dieu. Il fut le premier
qui appela l'univers Monde, à cause de son ordre. Il soutint
qu'il étoit gouverné par la Providence, sentiment tout-à-
fait conforme à nos livres sacrés et à l'expérience. Il inventa
les cinq zônes et l'obliquité du zodiaque. Il assura que la
zône torride étoit habitable. Il attribuoit les tremblemens
de terre à l'eau. En effet, leurs foyers, ainsi que celui des
volcans, comme nous l'avons déjà indiqué, est toujours dans
le voisinage de la mer ou de quelque grand lac. Il croyoit
que chacun des astres étoit un monde contenant une terre,
un air et un ciel; et cette opinion étoit déjà bien ancienne;

car elle se trouve dans les vers d'Orphée. Enfin il découvrit le carré de l'hypothénuse, d'où sont sortis une infinité de théorèmes et de solutions géométriques. Philolaüs de Crotone, un de ses disciples, prétendoit que le soleil recevoit le feu répandu dans l'univers et le réverbéroit, ce qui explique mieux sa nature que les émanations perpétuelles de chaleur et de lumière que nous lui supposons sans réparation et sans épuisement. Il tenoit que les comètes étoient des astres qui se montrent après une certaine révolution. Oëcette, autre Pythagoricien, soutenoit qu'il y avoit deux terres, celle-ci et celle qui lui est opposée, ce qui ne convient qu'à l'Amérique. Ces philosophes croyoient que l'ame étoit une harmonie composée de deux parties, l'une raisonnable, l'autre irraisonnable. Ils plaçoient la première dans la tête, et l'autre autour du cœur. Ils assuroient qu'elle étoit immortelle, et qu'après la mort de l'homme, elle retournoit à l'ame de l'univers. Ils approuvoient la divination en songes et en augures, et réprouvoient celle qui se fait par des sacrifices. Ils étoient si remplis d'humanité, qu'ils s'abstenoient même de verser le sang des animaux, et d'en manger la chair. La nature récompensa leurs vertus et la douceur de leurs mœurs par tant de découvertes, et leur donna la gloire d'avoir pour sectateurs Socrate, Platon, Archytas, général tarentin, qui inventa la vis, Xénophon, Epaminondas, qui fut élevé par le pythagoricien Lysis, le bon roi Numa, qui apprit des prêtres toscans à conjurer le tonnerre, enfin ce que la philosophie, les lettres, l'art militaire et le trône ont peut-être eu de plus illustre sur la terre. On a calomnié Pythagore en lui attribuant quelques superstitions, entre autres, l'abstinence des fèves, &c. Mais comme la vérité est souvent obligée de se présenter voilée aux hommes, ce philosophe, sous cette allégorie, donnoit à ses disciples le conseil de s'abstenir d'emplois publics, parce qu'on se servoit alors de fèves pour procéder aux élections des magistrats. Dans ces derniers temps, un écrivain très-célèbre, à qui toutes les grandes réputations ont fait ombrage, a osé attaquer celle de Xénophon qui a réuni en lui les différens mérites qui peuvent illustrer les hommes; la piété, la pureté des mœurs, la vertu militaire et l'éloquence. Son style est si doux, qu'il lui a fait donner chez les Grecs le surnom d'Abeille Attique. Ce grand homme a été blâmé de nos jours à l'occasion de cette fameuse retraite, où il ramena dix mille Grecs dans leur patrie du fond de la Perse, et leur fit faire onze cents lieues, malgré les efforts de leurs ennemis. Un homme de lettres a prétendu que la retraite de ce grand général fut un effet de la bienveillance ou de la pitié d'Artaxerxès; et en conséquence il a traité la marche de Xénophon par le nord de la Perse, de précaution superflue. Mais comment le roi de Perse auroit-il eu de l'indulgence pour les Grecs, lui qui avoit fait mourir par une lâche perfidie vingt-cinq de leurs chefs? Comment les Grecs auroient-ils pu retourner par le même chemin par lequel ils étoient venus, puisque tout y étoit en mouvement pour les faire périr, et que les Perses en avoient dévasté les villages? Xénophon dérouta toutes leurs précautions, en prenant son chemin par un côté qu'ils n'avoient pas prévu. Pour moi, je regarde cet acte militaire comme le plus illustre qu'il y ait au monde, non-seulement par une multitude infinie de combats et de passages de montagnes et de rivières, devant des ennemis innombrables, mais parce qu'il n'a été souillé d'aucune injustice, et qu'il n'a eu d'autre but que de sauver des citoyens. Ce qu'il y a eu de plus fameux dans les guerriers de l'antiquité, l'ont

regardé comme le chef-d'œuvre de l'art militaire. Il y a un
mot qui le couvrira à jamais de gloire, qui a été dit dans un
siècle et chez un peuple où la science de la guerre étoit portée
à sa perfection, et dans une circonstance où on ne dissimule
pas ; c'est celui d'Antoine, engagé dans le pays des Parthes.
Ce général, qui avoit de grands talens militaires, à la tête
d'une armée de 113 mille hommes, dont 60 mille étoient
des Romains naturels, obligé, comme Xénophon, de faire
une retraite en présence des Parthes, et vingt fois sur le
point de succomber, s'écrioit souvent en soupirant : «O dix
mille » ! (*Voyez* Plutarque.)

ÉTUDE. X.

De-quelques loix générales de la Nature, et
premièrement des loix physiques.

Nous diviserons ces loix en loix physiques et en
loix morales. Nous examinerons d'abord dans ce
volume quelques loix physiques communes à tous
les règnes; et dans l'Etude qui le termine, nous en
ferons l'application aux plantes, ainsi que nous
l'avons annoncé au commencement de cet ouvrage.
Nous nous occuperons dans le volume suivant des
loix morales; et nous y chercherons, ainsi que dans
les loix physiques, des moyens de diminuer la
somme des maux du genre humain.

Je demande beaucoup d'indulgence. J'entre-
prends d'ouvrir une carrière nouvelle. Je ne me
flatte pas d'y avoir pénétré fort avant. Mais les matériaux imparfaits que j'en ai tirés, pourront servir
un jour à des hommes plus habiles et plus heureux,
à élever à la nature un temple plus digne d'elle.
Lecteur, rappelez-vous que je ne vous en ai pro-
mis que le frontispice et les ruines.

DE LA CONVENANCE.

Quoique la convenance soit une perception de notre raison, je la mets à la tête des loix physiques, parce qu'elle est le premier sentiment que nous cherchons à satisfaire en examinant les objets de la nature. Il y a même une si grande connexion entre le physique de ces objets et l'instinct de tout être sensible, qu'une simple couleur suffit pour mettre en mouvement les passions des animaux. La couleur rouge met les taureaux en fureur, et rappelle à la plupart des poissons et des oiseaux des idées de proie. Les objets de la nature développent dans l'homme un sentiment d'un ordre supérieur, indépendant de ses besoins; c'est celui de la convenance. C'est avec les convenances multipliées de la nature que l'homme a formé sa propre raison; car *raison* ne signifie autre chose que le *rapport* ou la *convenance* des êtres. Ainsi, par exemple, si j'examine un quadrupède, les paupières de ses yeux qu'il hausse ou baisse à volonté me présentent des convenances avec la lumière; les formes de ses pieds m'en montrent d'autres avec le sol qu'il habite. Je ne peux en avoir d'idée déterminée, que je ne rassemble à son sujet plusieurs sentimens de convenance ou de disconvenance. Les objets même les plus matériels, et qui n'ont pour ainsi dire point de formes décidées, ne peuvent se présenter à nous sans ces relations intellectuelles. Une grotte rustique, ou un rocher escarpé, nous plaisent ou nous déplaisent, en nous présentant des idées de repos ou d'obscurité, de perspective ou de précipice.

Les animaux ne sont sensibles qu'aux objets qui ont des convenances particulières avec leurs besoins. On peut dire qu'ils ont, à cet égard, une portion de raison aussi parfaite que la nôtre. Si Newton eût été une abeille, il n'eût pu faire, avec toute sa géométrie, son alvéole dans une ruche, qu'en lui donnant, comme la mouche à miel, six pans égaux. Mais l'homme diffère des animaux, en ce qu'il étend ce sentiment de convenance à toutes les relations de la nature, quelque étrangères qu'elles soient avec ses besoins. C'est cette extension de raison qui lui a fait donner, par excellence, le nom d'animal raisonnable.

A la vérité, si toutes les raisons particulières des animaux étoient réunies, il y a apparence qu'elles l'emporteroient sur la raison générale de l'homme, puisque celui-ci n'a imaginé la plupart de ses arts et de ses métiers, qu'en imitant leurs travaux; que d'ailleurs les animaux naissent tous avec leur propre industrie, tandis que l'homme est obligé d'acquérir la sienne avec beaucoup de temps et de réflexion, et, comme je l'ai dit, par l'imitation de celle d'autrui. Mais l'homme les surpasse, non-seulement en réunissant en lui seul l'intelligence qui est éparse chez eux tous, mais en remontant jusqu'à la source de toutes les convenances, qui est la divinité même. Le seul caractère qui distingue essentiellement l'homme des animaux, est celui d'être un être religieux.

Aucun animal ne partage avec lui cette faculté sublime. On peut la considérer comme le principe de l'intelligence humaine. C'est par elle que l'homme s'est élevé au-dessus de l'instinct des bêtes, jusqu'à concevoir les plans généraux de la nature ; et qu'il lui a soupçonné un ordre, dès qu'il lui a entrevu un auteur. C'est par elle qu'il a osé employer le feu comme le premier des agens, traverser les mers, donner une nouvelle face à la terre par l'agriculture, soumettre à son empire tous les animaux, fonder sa société sur une religion, et qu'il a tenté de s'élever jusqu'à la divinité par ses vertus. Ce n'est point, comme on le croit, la nature qui a d'abord montré Dieu à l'homme, mais c'est le sentiment de la divinité dans l'homme qui lui a indiqué l'ordre de la nature. Les Sauvages sont religieux bien avant d'être physiciens.

Ainsi, par le sentiment de cette convenance universelle, l'homme est frappé de toutes les convenances possibles, quoiqu'elles lui soient étrangères. L'histoire d'un insecte l'intéresse ; et s'il ne s'occupe pas de tous les insectes qui l'environnent, c'est qu'il n'aperçoit pas leurs relations, à moins que

quelque Réaumur ne les lui mette en évidence ; ou
bien, c'est que l'habitude de les voir les lui rend
insipides, ou quelque préjugé odieux ou méprisable ; car il est encore plus ému par les idées morales que par les physiques, et par les passions que
par sa raison.

Nous remarquerons encore que tous les sentimens de convenance naissent dans l'homme à l'aspect de quelque utilité, qui souvent n'a aucun rapport avec ses besoins ; il s'ensuit que l'homme est
bon de sa nature, par cela même qu'il est raisonnable, puisqu'à l'aspect d'une convenance qui lui
est étrangère, il éprouve un sentiment de plaisir.
C'est par ce sentiment naturel de bonté, que la vue
d'un animal bien proportionné nous donne des sensations agréables qui augmentent à mesure qu'il
nous développe son instinct. Nous aimons à voir
une tourterelle dans une volière ; mais cet oiseau
nous plaît encore davantage dans les forêts, lorsque
l'amour le fait murmurer au haut d'un orme, ou
que nous l'y apercevons occupé à faire le nid de
ses petits avec toute la sollicitude de l'amour maternel.

C'est encore par une suite de cette bonté naturelle, que la disconvenance nous donne un sentiment pénible qui naît toujours à la vue de quelque
mal. Ainsi la vue d'un monstre nous choque. Nous
souffrons de voir un animal à qui il manque un pied

ou un œil. Ce sentiment est indépendant de toute idée de douleur relative à nous, quoi qu'en disent quelques philosophes ; car nous souffrons, quoique nous sachions qu'il est venu ainsi au monde. Nous souffrons même à la vue du désordre dans les objets insensibles. Des plantes flétries, des arbres mutilés, un édifice mal ordonné, nous font de la peine à voir. Ces sentimens ne sont altérés dans l'homme que par les préjugés ou par l'éducation.

DE L'ORDRE.

Une suite de convenances qui ont un centre commun, forme l'ordre. Il y a des convenances dans les membres d'un animal ; mais il n'y a d'ordre que dans son corps. La convenance est dans le détail, et l'ordre dans l'ensemble. L'ordre étend notre plaisir, en rassemblant un grand nombre de convenances, et il le fixe en les déterminant vers un centre. Il nous montre à la fois dans un seul objet une suite de convenances particulières, et la convenance principale où elles se rapportent toutes. Ainsi l'ordre nous plaît comme à des êtres doués d'une raison qui embrasse toute la nature, et il nous plaît peut-être encore davantage, comme à des êtres foibles qui n'en peuvent saisir à la fois qu'un seul point.

Nous voyons, par exemple, avec plaisir les relations de la trompe d'une abeille avec les nectaires

des fleurs ; celles de ses cuisses creusées en cuillers
et hérissées de poils, avec les poussières des étamines qu'elle y entasse ; de ses quatre ailes, avec le
butin dont elle est chargée (secours que la nature a
refusé aux mouches qui volent à vide, et qui, pour
cette raison, n'en ont que deux) (1) : enfin l'usage
du long aiguillon qu'elle a reçu pour la défense de
son bien, et toutes les convenances d'organes de ce
petit insecte, qui sont plus ingénieux et plus multipliés que ceux des plus grands animaux. Mais l'intérêt s'accroît lorsque nous la voyons toute couverte
d'une poussière jaune, les cuisses pendantes, et à
demi-accablée de son fardeau, prendre sa volée
dans les airs, traverser des plaines, des rivières et
de sombres bocages, sous des rhumbs de vent qui
lui sont connus, et aborder en murmurant au tronc
caverneux de quelque vieux chêne. C'est là que nous
apercevons un autre ordre à la vue d'une multitude
de petits individus semblables à elle, qui y entrent
et qui en sortent, occupés des travaux d'une ruche.
Celle dont nous admirions les convenances particulières, n'est qu'un membre d'une nombreuse république, et sa république n'est elle-même qu'une
petite colonie de la nation immense des abeilles,

---

(1) La mouche ichneumon, ou demoiselle aquatique, a
pareillement quatre ailes, parce qu'elle vole aussi chargée
de butin. Je lui ai vu prendre en l'air des papillons.

éparse sur toute la terre, depuis la ligne jusqu'aux bords de la mer Glaciale. Elle y est répartie en diverses espèces, aux diverses espèces de fleurs ; car il y en a qui, étant destinées à vivre sur des fleurs sans profondeur, telles que les fleurs radiées, sont armées de cinq crochets pour ne pas glisser sur leurs pétales. D'autres, au contraire, comme les abeilles de l'Amérique, n'ont point d'aiguillons, parce qu'elles placent leurs ruches dans des troncs d'arbres épineux, qui y sont fort communs : ce sont les arbres qui portent leurs défenses. Il y a bien d'autres convenances parmi les autres espèces d'abeilles, qui nous sont tout-à-fait inconnues. Cependant cette grande nation, si variée dans ses colonies et si étendue dans ses possessions, n'est qu'une bien petite famille de la classe des mouches, dont nous connoissons, dans notre seul climat près de six mille espèces, la plupart aussi distinctes les unes des autres, en formes et en instinct, que les abeilles elles-mêmes le sont des autres mouches. Si nous comparions les relations de cette classe volatile si nombreuse, avec toutes les parties du règne végétal et animal, nous trouverions une multitude innombrable d'ordres différens de convenances; et si nous les joignons à ceux que nous présenteroient les légions des papillons, des scarabées, des sauterelles et des autres insectes qui volent aussi, nous les multiplierons à l'infini. Cependant tout cela seroit peu

de chose comparé aux industries des autres insectes
qui rampent, qui sautent, qui nagent, qui grimpent,
qui marchent, qui sont immobiles, dont le nombre
est incomparablement plus grand que celui des premiers; et l'histoire de ceux-ci, jointe à celle des
autres, ne seroit encore que celle du petit peuple
de cette grande république du monde, remplie de
flottes innombrables de poissons, et de légions infinies de quadrupèdes, d'amphibies et d'oiseaux.
Toutes leurs classes, avec leurs divisions et subdi-
visions, dont le moindre individu présente une
sphère très-étendue de convenances, ne sont elles-
mêmes que des convenances particulières, des
rayons et des points de la sphère générale, dont
l'homme seul occupe le centre et entrevoit l'immensité.

Il résulte du sentiment de l'ordre général, deux
autres sentimens; l'un qui nous jette insensiblement
dans le sein de la divinité, et l'autre qui nous ramène
à nos besoins; l'un qui nous montre pour cause un
être infini en intelligence hors de nous, et l'autre
pour fin un être très-borné dans nous-mêmes. Ces
deux sentimens caractérisent les deux puissances,
spirituelle et corporelle, qui composent l'homme.
Ce n'est pas ici le lieu de les développer; il me
suffit de remarquer que ces deux sentimens naturels sont les sources générales du plaisir que nous
donne l'ordre de la nature. Les animaux ne sont

touchés que du second, dans un degré fort borné.

Une abeille a le sentiment de l'ordre de sa ruche; mais elle ne connoît rien au-delà. Elle ignore celui qui dirige les fourmis dans leur fourmillière, quoiqu'elle les ait vues souvent occupées de leurs travaux. Elle iroit en vain, après le renversement de sa ruche, se réfugier, comme républicaine, au milieu de leur république. En vain, dans son malheur, elle leur feroit valoir les qualités qui lui sont communes avec elles, et qui font fleurir les sociétés, la tempérance, le goût du travail, l'amour de la patrie, et sur-tout celui de l'égalité, joint à des talens supérieurs; elle n'éprouveroit de leur part, ni hospitalité, ni considération, ni pitié. Elle ne trouveroit pas même d'asyle parmi d'autres abeilles d'une espèce différente : car chaque espèce a sa sphère qui lui est assignée, et c'est par un effet de la sagesse de la nature; car autrement les espèces les mieux organisées ou les plus fortes chasseroient les autres de leurs domaines. Il résulte de là que la société des animaux ne peut subsister que par des passions, et celle des hommes que par des vertus. L'homme seul, de tous les animaux, a le sentiment de l'ordre universel, qui est celui de la divinité même; et en portant par toute la terre les vertus qui en sont les fruits, quelles que soient les différences que les préjugés mettent entre les hommes, il est sûr de rapprocher de lui tous les cœurs. C'est par ce sentiment de l'ordre universel qui a dirigé votre vie, que vous êtes devenus les hommes de toutes les nations, et que vous nous intéressez encore lors même que vous n'êtes plus, Aristide, Socrate, Marc-Aurèle, divin Fénélon; et vous aussi, infortuné Jean-Jacques.

DE L'HARMONIE.

La nature oppose les êtres les uns aux autres, afin de produire entre eux des convenances. Cette loi a été connue dans la plus haute antiquité. On la trouve en plusieurs endroits de l'Ecriture-Sainte. La voici dans un passage de l'Ecclésiastique :

Cap. xLII, Omnia duplicia, unum contra unum, et non
v. 25. fecit quidquam deesse.

« Chaque chose a son contraire; l'une est opposée
» à l'autre, et rien ne manque aux œuvres de
» Dieu ».

Je regarde cette grande vérité comme la clef de toute la philosophie. Elle a été aussi féconde en découvertes, que cette autre : « Rien n'a été fait en » vain ». Elle est la source du goût dans les arts et dans l'éloquence. C'est des contraires que naissent les plaisirs de la vue, de l'ouïe, du toucher, du goût, et tous les attraits de la beauté, en quelque genre que ce soit. Mais c'est aussi des contraires que viennent la laideur, la discorde, et toutes les

sensations qui nous déplaisent. Ce qu'il y a d'admirable, c'est que la nature emploie les mêmes
causes pour produire des effets si différens. Quand
elle oppose les contraires, elle fait naître en nous
des affections douloureuses, et elle nous en fait
éprouver d'agréables lorsqu'elle les confond. De
l'opposition des contraires naît la discorde, et de
leur réunion l'harmonie.

Cherchons dans la nature quelques preuves de
cette grande loi. Le froid est opposé au chaud, la
lumière aux ténèbres, la terre à l'eau, et l'harmonie
de ces élémens contraires produit des effets ravissans; mais si le froid succède rapidement à la chaleur, ou la chaleur au froid, la plupart des végétaux et des animaux exposés à ces révolutions subites, courent risque de périr. La lumière du soleil
est agréable : mais si un nuage noir tranche avec
l'éclat de ses rayons, ou si des feux vifs brillent au
sein d'une nuée obscure, tels que ceux des éclairs,
notre vue éprouve dans les deux cas des sensations
pénibles. L'effroi de l'orage augmente si le tonnerre
y joint ses terribles éclats, entremêlés de silences;
et il redouble si les oppositions de ces feux et de
ces obscurités, de ces tumultes et de ces repos
célestes, se font sentir dans les ténèbres et le calme
de la nuit.

La nature oppose pareillement sur la mer l'écume
blanche des flots à la couleur noire des rochers,

pour annoncer de loin aux matelots le danger des
écueils. Souvent elle leur donne des formes analogues à la destruction, telles que celles des bêtes
féroces, d'édifices en ruines, ou de carènes de vaisseaux renversées. Elle en fait même partir des bruits
sourds semblables à des gémissemens, et entrecoupés de longs intervalles. Les anciens croyoient
voir dans le rocher de Sylla une femme hideuse,
dont la ceinture étoit entourée d'une meute de
chiens qui aboyoient. Nos marins ont donné aux
écueils du canal de Bahama, si fameux par leurs
naufrages, le nom de Martyrs, parce qu'ils offrent,
à travers les bruines des flots qui s'y brisent, l'affreux spectacle d'hommes empalés et exposés sur
des roues. On croit même entendre sortir de ces
lugubres rochers, des soupirs et des sanglots.

La nature emploie également ces oppositions
heurtées et ces signes funèbres, pour exprimer les
caractères des bêtes cruelles et dangereuses dans
tous les genres. Le lion, errant la nuit dans les solitudes de l'Afrique, annonce de loin ses approches
par des rugissemens tout-à-fait semblables aux rou-
lemens du tonnerre. Les feux vifs et instantanés qui
sortent de ses yeux dans l'obscurité, lui donnent
encore l'apparence de ce terrible météore. Pendant
l'hiver, les hurlemens des loups dans les forêts du
Nord, ressemblent aux gémissemens des vents qui en
agitent les arbres; les cris des oiseaux de proie sont

aigus, glapissans et entrecoupés de sons graves.
Il y en a même qui font entendre les accens de
la douleur humaine. Tel est le lom, espèce d'oiseau de mer qui se repaît, sur les écueils de la Laponie (1), des cadavres des animaux qui y échouent:
il crie comme un homme qui se noie. Les insectes
nuisibles présentent les mêmes oppositions et les
mêmes signes de destruction. Le cousin avide du
sang humain, s'annonce à la vue par des points
blancs dont son corps rembruni est piqueté; et à
l'ouïe, par des sons aigus qui interrompent le calme
des bocages. La guêpe carnassière est bardée,
comme le tigre, de bandes noires sur un fond jaune.
On trouve fréquemment dans nos jardins, au pied
des arbres qui dépérissent, une espèce de punaise
alongée qui porte sur son corps rouge marbré de
noir, le masque d'une tête de mort. Enfin, les
insectes qui attaquent nos personnes même, quelque
petits qu'ils soient, se distinguent par des oppositions tranchées de couleur avec celle des fonds où
ils vivent.

Mais lorsque deux contraires viennent à se confondre, en quelque genre que ce soit, on en voit
naître le plaisir, la beauté et l'harmonie. J'appelle
l'instant et le point de leur réunion : « expression
» harmonique ». C'est le seul principe que j'aie pu

---

(1) Voyez Jean Schæffer, *Histoire de Laponie.*

apercevoir dans la nature ; car ses élémens même
ne sont pas simples, comme nous l'avons vu ; ils
présentent toujours des accords formés de deux
contraires aux analyses les plus multipliées. Ainsi,
en reprenant quelques-uns de nos exemples, les
températures les plus douces et les plus favorables en
général à toute espèce de végétation, sont celles des
saisons où le froid se mêle au chaud, comme celles
du printemps et de l'automne. Elles occasionnent
alors deux sèves dans les arbres, ce que ne font
pas les plus fortes chaleurs de l'été. Les effets les
plus agréables de la lumière et des ténèbres sont
produits lorsqu'elles viennent à se confondre, et
à former ce que les peintres appellent des clairs-
obscurs et des demi-jours. Voilà pourquoi les heures
de la journée les plus intéressantes sont celles du
matin et du soir : ces heures où, dit La Fontaine,
dans sa fable charmante de Pyrame et Thisbé, l'ombre
et le jour luttent dans les champs azurés. Les sites
les plus aimables sont ceux où les eaux se confondent avec les terres, ce qui a fait dire au bon
Plutarque, que les voyages de terre les plus plaisans
étoient ceux qui se faisoient le long de la mer, et
ceux de la mer à leur tour, ceux qui se faisoient le
long de la terre. Vous verrez ces mêmes harmonies
résulter des saveurs et des sons les plus opposés,
dans les plaisirs du goût et de l'ouïe.

Nous allons examiner la constance de cette loi

par les principes même par lesquels la nature nous donne les premières sensations de ses ouvrages, qui sont les couleurs, les formes et les mouvemens.

Des Couleurs.

Je me garderai bien de définir les couleurs, et encore plus d'en expliquer l'origine. Ce sont, disent nos physiciens, des réfractions de la lumière sur les corps, comme le démontre le prisme qui, en brisant un rayon du soleil, le décompose en sept rayons colorés, qui se développent suivant cet ordre, le rouge, l'orangé, le jaune, le vert, le bleu, l'indigo et le violet. Ce sont-là, selon eux, les sept couleurs primitives. Mais, comme je l'ai dit, j'ignore ce qui est primitif dans la nature. Je pourrois leur objecter, que si les couleurs des objets ne naissent que de la réfraction de la lumière du soleil, elles devroient disparoître à la lueur de nos bougies; car celle-ci ne se décompose au prisme que bien foiblement; mais je m'en tiendrai à quelques réflexions sur le nombre et l'ordre de ces sept prétendues couleurs primitives. D'abord il est évident qu'il y en a quatre qui sont composées; car l'orangé est composé du jaune et du rouge; le vert, du jaune et du bleu; le violet, du bleu et du rouge; et l'indigo n'est qu'une teinte de bleu surchargée de noir, ce qui réduit les couleurs solaires à trois couleurs primordiales, qui sont le jaune, le rouge et le bleu; auxquelles, si nous joignons le blanc, qui est la couleur de la lumière, et le noir, qui en est la privation, nous aurons cinq couleurs simples, avec lesquelles on peut composer toutes les nuances imaginables.

Nous observerons ici que nos machines de physique nous trompent avec leur air savant, non-seulement parce qu'elles supposent à la nature de faux élémens, comme lorsque le prisme nous donne des couleurs composées pour des couleurs primitives, mais en lui en soustrayant de véritables; car combien de corps blancs et noirs doivent être réputés sans couleurs, attendu que ce même prisme ne manifeste pas leurs teintes dans la décomposition du rayon solaire! Cet instrument nous induit encore en erreur sur l'ordre naturel de ces mêmes couleurs, en le commençant par le rayon rouge, et en le terminant par le rayon violet. L'ordre des couleurs dans le prisme n'est donc qu'une décomposition triangulaire d'un rayon de lumière cylindrique, dont les deux extrêmes, le rouge et le violet, participent l'une de l'autre sans la terminer; de sorte que le principe des couleurs, qui est le rayon blanc, et sa décomposition progressive, ne s'y manifestent plus. Je suis même très-porté à croire qu'on peut tailler un cristal avec tel nombre d'angles qui donneroient aux réfractions du rayon solaire un ordre tout différent, et qui en multiplieroient les couleurs prétendues primitives bien au-delà du nombre de sept. L'autorité de ce polyèdre deviendroit tout aussi respectable que celle du prisme, si des algébristes y appliquoient quelques calculs un peu obscurs, et quelques raisonnemens de la philosophie corpusculaire, comme ils ont fait aux effets de celui-là.

Nous nous servirons d'un moyen moins savant pour nous donner une idée de la génération des couleurs, et de la décomposition du rayon solaire. Au lieu de les examiner dans un prisme de verre, nous les considérerons dans les cieux, et nous y verrons les cinq couleurs primordiales s'y développer dans l'ordre où nous les avons annoncées.

Dans une belle nuit d'été, quand le ciel est serein, et chargé seulement de quelques vapeurs légères, propres à arrêter et à réfranger les rayons du soleil lorsqu'ils traversent les extrémités de notre atmosphère, transportez-vous dans une campagne d'où l'on puisse apercevoir les premiers feux de l'aurore. Vous verrez d'abord blanchir à l'horizon le lieu où elle doit paroître; et cette espèce d'auréole lui a fait donner, à cause de sa couleur, le nom d'aube, du mot latin *alba*, qui veut dire blanche. Cette blancheur monte insensiblement au ciel, et se teint en jaune à quelques degrés au-dessus de l'horizon; le jaune, en s'élevant à quelques degrés plus haut, passe à l'orangé; et cette nuance d'orangé s'élève au-dessus en vermillon vif, qui s'étend jusqu'au zénith. De ce point vous apercevez au ciel, derrière vous, le violet à la suite du vermillon, puis l'azur, ensuite le gros bleu ou indigo, et enfin le noir tout-à-fait à l'occident.

Quoique ce développement de couleurs présente une multitude infinie de nuances intermédiaires qui se succèdent assez rapidement, cependant il y a un moment, et, si je me le rappelle bien, c'est celui où le soleil est près de montrer son disque, où le blanc éblouissant se fait voir à l'horizon, le jaune pur à quarante-cinq degrés d'élévation, la couleur de feu au zénith; à quarante-cinq degrés au-dessous, vers l'occident, le bleu pur; et à l'occident même le voile sombre de la nuit, qui touche encore l'horizon. Du moins j'ai cru remarquer cette progression entre les tropiques, où il n'y a presque pas de réfraction horizontale qui fasse anticiper la lumière sur les ténèbres, comme dans nos climats.

J. J. Rousseau me disoit un jour que, quoique le champ de ces couleurs célestes soit bleu, les teintes du jaune qui se fondent avec lui n'y produisent point la couleur verte, comme il arrive dans nos couleurs matérielles lorsqu'on mêle ces deux nuances ensemble. Mais je lui répondis que j'avois aperçu plusieurs fois du vert au ciel, non-seulement entre les tropiques, mais sur l'horizon de Paris. A la vérité cette couleur ne se voit guère ici que dans quelque belle soirée de l'été. J'ai vu aussi dans les

nuages des tropiques, de toutes les couleurs qu'on
puisse apercevoir sur la terre, principalement sur
la mer et dans les tempêtes. Il y en a alors de cui-
vrées, de couleur de fumée de pipe, de brunes,
de rousses, de noires, de grises, de livides, de
couleur marron et de celle de gueule de four enflammé. Quant à celles qui y paroissent dans les jours
sereins, il y en a de si vives et de si éclatantes,
qu'on n'en verra jamais de semblables dans aucun
palais, quand on y rassembleroit toutes les pier-
reries du Mogol. Quelquefois les vents alisés du
nord-est ou du sud-est, qui y soufflent constamment, cardent les nuages comme si c'étoient des
flocons de soie; puis ils les chassent à l'occident,
en les croisant les uns sur les autres, comme les
mailles d'un panier à jour. Ils jettent sur les côtés
de ce réseau les nuages qu'ils n'ont pas employés,
et qui ne sont pas en petit nombre; ils les roulent
en énormes masses blanches comme la neige, les
contournent sur leurs bords en forme de croupes,
et les entassent les uns sur les autres, comme les
Cordilières du Pérou, en leur donnant des formes
de montagnes, de cavernes et de rochers; ensuite,
vers le soir, ils calmissent un peu, comme s'ils crai-
gnoient de déranger leur ouvrage. Quand le soleil
vient à descendre derrière ce magnifique réseau, on
voit passer par toutes ses losanges une multitude de
rayons lumineux qui y font un tel effet, que les deux

côtés de chaque losange qui en sont éclairés, paroissent relevés d'un filet d'or, et les deux autres, qui devroient être dans l'ombre, sont teints d'un superbe nacarat. Quatre ou cinq gerbes de lumière, qui s'élèvent du soleil couchant jusqu'au zénith, bordent de franges d'or les sommets indécis de cette barrière céleste, et vont frapper des reflets de leurs feux les pyramides des montagnes aériennes collatérales, qui semblent alors être d'argent et de vermillon. C'est dans ce moment qu'on aperçoit au milieu de leurs croupes redoublées une multitude de vallons qui s'étendent à l'infini, en se distinguant à leur ouverture par quelque nuance de couleur de chair ou de rose. Ces vallons célestes présentent dans leurs divers contours des teintes inimitables de blanc, qui fuient à perte de vue dans le blanc, ou des ombres qui se prolongent sans se confondre sur d'autres ombres. Vous voyez, çà et là, sortir des flancs caverneux de ces montagnes, des fleuves de lumière qui se précipitent en lingots d'or et d'argent sur des rochers de corail. Ici ce sont des sombres rochers percés à jour, qui laissent apercevoir par leurs ouvertures le bleu pur du firmament ; là ce sont de longues grèves sablées d'or, qui s'étendent sur de riches fonds du ciel, ponceaux, écarlates, et verts comme l'émeraude. La réverbération de ces couleurs occidentales se répand sur la mer, dont elle glace les flots azurés, de safran

et de pourpre. Les matelots, appuyés sur les passa-
vans du navire, admirent en silence ces paysages
aériens. Quelquefois ce spectacle sublime se présente à eux à l'heure de la prière, et semble les
inviter à élever leurs cœurs comme leurs vœux vers
les cieux. Il change à chaque instant : bientôt ce
qui étoit lumineux est simplement coloré, et ce qui
étoit coloré est dans l'ombre. Les formes en sont
aussi variables que les nuances ; ce sont tour-à-tour,
des îles, des hameaux, des collines plantées de palmiers, de grands ponts qui traversent des fleuves,
des campagnes d'or, d'améthystes, de rubis, ou
plutôt ce n'est rien de tout cela, ce sont des couleurs et des formes célestes, qu'aucun pinceau ne
peut rendre ni aucune langue exprimer.

Il est très-remarquable que tous les voyageurs qui
ont monté en différentes saisons sur les montagnes
les plus élevées du globe, entre les tropiques et hors
des tropiques, au milieu du continent ou dans des
îles, n'ont aperçu dans les nuages qui étoient au-
dessous d'eux, qu'une surface grise et plombée, sans
aucune variation de couleur, et semblable à celle
d'un lac. Cependant le soleil éclairoit ces nuages de
toute sa lumière ; et ses rayons pouvoient y combi-
ner sans obstacles toutes les loix de la réfraction auxquelles notre physique les a assujettis. Il s'ensuit de
cette observation, que je répéterai encore ailleurs
à cause de son importance, qu'il n'y a pas une seule

nuance de couleur employée en vain dans l'univers, que ces décorations célestes sont faites pour le niveau de la terre, et que leur magnifique point de vue est pris de l'habitation de l'homme.

Ces concerts admirables de lumières et de formes qui ne se manifestent que dans la partie inférieure des nuages la moins éclairée du soleil, sont produits par des loix qui me sont tout-à-fait inconnues. Mais quelle que soit leur variété, elles s'y réduisent à cinq couleurs ; le jaune y paroît une génération du blanc, le rouge une nuance plus foncée du jaune, le bleu une teinte de rouge plus renforcée, et le noir la dernière teinte du bleu. On ne peut douter de cette progression lorsqu'on observe le matin, comme je l'ai dit, le développement de la lumière dans les cieux ; vous y voyez ces cinq couleurs avec leurs nuances intermédiaires s'engendrer les unes des autres à-peu-près dans cet ordre : le blanc, le jaune soufre, le jaune citron, le jaune d'œuf, l'orangé, la couleur aurore, le ponceau, le rouge plein, le rouge carminé, le pourpre, le violet, l'azur, l'indigo et le noir. Chacune de ces couleurs ne semble être qu'une teinte forte de celle qui la précède, et une teinte légère de celle qui la suit, en sorte que toutes ensemble ne paroissent que des modulations d'une progression dont le blanc est le premier terme, et le noir le dernier.

Dans cet ordre où les deux extrêmes, le blanc et

le noir, c'est-à-dire la lumière et les ténèbres, produisent en s'harmoniant tant de couleurs différentes,
vous remarquerez que la couleur rouge tient le
milieu, et qu'elle est la plus belle de toutes au jugement de tous les peuples. Les Russes, pour dire
qu'une fille est belle, disent qu'elle est rouge. Ils
l'appellent *crastna devitsa*: chez eux, beau et rouge
sont synonymes. On faisoit au Pérou et au Mexique
un cas infini du rouge. Le plus beau présent que
l'empereur Montésume crut faire à Cortès fut de lui
donner un collier d'écrevisses, qui avoient naturellement cette riche couleur (1). La seule demande
que fit le roi de Sumatra aux Espagnols qui abor-
dèrent les premiers dans son pays, et qui lui pré-
sentèrent beaucoup d'échantillons du commerce et
de l'industrie de l'Europe, se réduisit à du corail et
à de l'écarlate (2); et il leur promit de leur donner
en retour toutes les épiceries et les marchandises de
l'Inde dont ils auront besoin. On trafique désavan-
tageusement avec les Nègres, les Tartares, les Amé-
ricains et les Indiens orientaux, si on ne leur apporte
des étoffes rouges. Les témoignages des voyageurs
sont unanimes sur la préférence que tous les peuples
donnent à cette couleur. Je pourrois en rapporter
une infinité de preuves, si je ne craignois d'être

_____

(1) Voyez Herrera.
(2) Voyez Histoire générale des Voyages, par l'abbé
Prévost.

ennuyeux. J'ai indiqué seulement l'universalité de ce
goût, pour faire voir la fausseté de cet axiome phi-
losophique, qui dit que les goûts sont arbitraires,
ou, ce qui est la même chose, qu'il n'y a point dans
la nature de loix pour la beauté, et que nos goûts
sont des effets de nos préjugés : c'est tout le contraire, ce sont nos préjugés qui corrompent nos
goûts naturels, qui sans eux seroient les mêmes par
toute la terre. C'est par une suite de ces préjugés
que les Turcs préfèrent la couleur verte à toutes les
autres, parce que, selon la tradition de leurs docteurs, c'étoit la couleur favorite de Mahomet, et
que ses descendans ont seuls de tous les Turcs le
privilége de porter le turban vert. Mais, par une
autre prévention, les Persans, leurs voisins, méprisent
le vert, parce qu'ils rejettent les traditions de ces
docteurs turcs, et qu'ils ne reconnoissent point cette
parenté de leur prophète, étant sectateurs d'Aly.
Par une autre chimère le jaune paroît aux Chinois
la plus distinguée de toutes les couleurs, parce que
c'est celle de leur dragon emblématique ; le jaune
est à la Chine la couleur impériale, comme le vert
l'est en Turquie : d'ailleurs, suivant le rapport
d'Isbrants-Ides, les Chinois représentent sur leurs
théâtres les dieux et les héros le visage teint d'une
couleur de sang (1). Toutes ces nations, la couleur

_____

(1) Voyage de Moscou à la Chine, par Isbrants-Ides,
page 141.

politique exceptée, regardent le rouge comme la plus belle, ce qui suffit pour établir à son égard une unanimité de préférence.

Mais, sans nous arrêter davantage au témoignage variable des hommes, il suffit de celui de la nature. C'est avec le rouge que la nature rehausse les parties les plus brillantes des plus belles fleurs. Elle en a coloré entièrement la rose, qui en est la reine : elle a donné cette teinture au sang, qui est le principe de la vie dans les animaux : elle en revêt aux Indes le plumage de la plupart des oiseaux, sur-tout dans la saison des amours. Il y a peu d'oiseaux alors à qui elle ne donne quelque nuance de cette riche couleur. Les uns en ont la tête couverte, comme ceux qu'on appelle cardinaux; d'autres en ont des pièces de poitrine, des colliers, des capuchons, des épaulettes. Il y en a qui conservent entièrement le fond gris ou brun de leurs plumes, mais qui sont glacés de rouge comme si on les eût roulés dans le carmin. D'autres en sont sablés comme si on eût soufflé sur eux quelque poudre d'écarlate. Ils ont avec cela des piquetures blanches mêlées parmi qui y produisent un effet charmant : c'est ainsi qu'est peint un petit oiseau des Indes appelé bengali. Mais rien n'est plus aimable qu'une tourterelle d'Afrique, qui porte sur son plumage gris de perle précisément à l'endroit du cœur, une tache sanglante mêlée de différens rouges parfaitement semblable à une blessure; il

semble que cet oiseau dédié à l'Amour porte la livrée
de son maître, et qu'il a servi de but à ses flèches.
Ce qu'il y a de plus merveilleux, c'est que ces riches
teintes coralines disparoissent dans la plupart de ces
oiseaux après la saison d'aimer, comme si c'étoient
des habits de parade qui leur eussent été prêtés par
la nature seulement pour le temps des noces.

La couleur rouge située au milieu des cinq couleurs primordiales, en est l'expression harmonique
par excellence, et le résultat, comme nous l'avons
dit, de l'union de deux contraires, la lumière et
les ténèbres. Il y a encore des teintes fort agréables
qui se composent d'oppositions d'extrêmes. Par
exemple, de la seconde et de la quatrième couleur,
c'est-à-dire du jaune et du bleu, se forme le vert,
qui constitue une harmonie très-belle, qui doit tenir
peut-être le second rang en beauté parmi les couleurs,
comme elle tient le second dans leur génération.
Le vert paroît même aux yeux de bien des gens, sinon
la plus belle teinte, du moins la plus aimable, parce
qu'il est moins éblouissant que le rouge et plus
assorti à leurs yeux (1).

_____

(1) C'est l'harmonie qui rend tout sensible, comme c'est
la monotonie qui fait tout disparoître. Non-seulement les
couleurs sont des consonnances harmoniques de la lumière;
mais il n'y a point de corps coloré dont la nature ne relève
la teinte par le contraste des deux couleurs extrêmes géné-
ratives, qui sont le blanc et le noir. Tout corps se détache

Je ne m'arrêterai pas davantage aux autres nuances harmoniques que l'on peut tirer, suivant les loix de leur génération, des couleurs les plus opposées, et dont on peut former des accords et des concerts, comme avoit fait le Père Castel dans son fameux clavecin. Je remarquerai cependant que les couleurs peuvent influer sur les passions, et qu'on peut les rapporter, ainsi que leurs harmonies, à des affections morales. Par exemple, si vous partez du rouge, qui est la couleur harmonique par excellence, et que

---

par la lumière et l'ombre, dont la première tire sur le blanc, et la seconde sur le noir. Ainsi, chaque corps porte avec lui une harmonie complète.

Ceci n'est pas arrivé au hasard. Si nous étions éclairés, par exemple, par un air lumineux, nous n'apercevrions point la forme des corps; car leurs contours, leurs profils et leurs cavités seroient couverts d'une lumière uniforme, qui en feroit disparoître les parties saillantes et rentrantes. C'est donc par une providence bien convenable à la foiblesse de notre vue, que l'Auteur de la nature a fait partir la lumière d'un seul point du ciel; et c'est par une intelligence aussi admirable qu'il a donné un mouvement de progression au soleil qui est la source de cette lumière, afin qu'elle formât avec les ombres des harmonies variées à chaque instant. Il a aussi modifié cette lumière sur les objets terrestres, de manière qu'elle éclaire immédiatement et médiatement, par réfraction et par réflexion, et qu'elle étend ses nuances et les harmonies avec celles de l'ombre, d'une manière ineffable.

vous remontiez au blanc, plus vous approcherez de ce premier terme, plus les couleurs seront vives et gaies. Vous aurez successivement le ponceau, l'orangé, le jaune, le citron, la couleur sulfurine et le blanc. Plus au contraire vous irez du rouge au noir, plus les couleurs seront sombres et tristes; car vous aurez le pourpre, le violet, le bleu, l'indigo et le noir. Dans les harmonies que vous formerez de part et d'autre en réunissant les couleurs opposées, plus il y entrera de couleurs de la progression ascendante, plus les harmonies en seront gaies, et le contraire arrivera lorsque les couleurs de la progression

---

J. J. Rousseau me disoit un jour: « Les peintres donnent » l'apparence d'un corps en relief à une surface unie; je » voudrois bien leur voir donner celle d'une surface unie à » un corps en relief ». Je ne lui répondis rien pour lors, mais ayant pensé depuis à la solution de ce problême d'optique, je ne l'ai pas trouvée impossible. Il n'y auroit, ce me semble, qu'à détruire un des extrêmes harmoniques qui rendent les corps saillans. Par exemple, pour applanir un bas-relief, il faudroit qu'ils peignissent ses cavités de blanc, ou ses parties saillantes de noir. Ainsi, comme ils emploient l'harmonie du clair-obscur pour faire apparoître un corps sur une surface plane, ils pourroient se servir de la monotonie d'une seule teinte pour faire disparoître ceux qui sont en relief. Dans le premier cas, ils font voir un corps sans qu'on puisse le toucher; dans le second, ils feroient toucher un corps sans qu'on pût le voir. Cette magie-ci seroit bien aussi surprenante que l'autre.

II.   M

descendante domineront. C'est par cet effet harmonique que le vert étant composé du jaune et du bleu,
il est d'autant plus gai que le jaune y domine, et il
est d'autant plus triste que le bleu le surmonte. C'est
encore par cette influence harmonique, que le blanc
répand plus de gaîté dans toutes les nuances, parce
qu'il est la lumière. Il fait même par son opposition
un effet charmant dans les harmonies que j'appelle
mélancoliques : car, mêlé au violet, il donne les
nuances agréables de la fleur du lilas ; joint au bleu
il donne l'azur, et au noir il produit le gris de perle ;
mais fondu avec le rouge il donne la couleur de rose,
cette nuance ravissante qui est la fleur de la vie. Au
contraire, si le noir domine dans les couleurs gaies,
il en résulte un effet plus triste que celui qu'il pro-
duiroit lui-même étant tout pur. C'est ce que vous
pouvez voir lorsqu'il est mêlé au jaune, à l'orangé
et au rouge qui deviennent alors des couleurs ternes
et meurtries. La couleur rouge donne de la vie à
toutes les nuances où elle entre, comme la blanche
leur donne de la gaîté, et la noire de la tristesse.

Si vous voulez faire naître des effets tout-à-fait
opposés à la plupart de ceux dont nous venons de
parler, c'est de placer les couleurs extrêmes les
unes auprès des autres sans les confondre. Le noir
opposé au blanc, produit l'effet le plus triste et le
plus dur. Leur opposition est un signe de deuil chez
la plupart des nations, comme il en est un de des-

truction dans les orages du ciel et dans les tempêtes de la mer. Le jaune même opposé au noir, est le caractéristique de plusieurs animaux dangereux, comme de la guêpe et du tigre, &c..... Ce n'est pas que les femmes n'emploient avec avantage, dans leur parure, ces couleurs opposées ; mais elles ne s'en embellissent que par les contrastes qu'elles en forment avec la couleur de leur teint ; et comme le rouge y domine, il s'ensuit que ces couleurs opposées leur sont avantageuses ; car jamais l'expression harmonique n'est plus forte que quand elle se trouve entre les deux extrêmes qui la produisent. Nous dirons ailleurs quelque chose de cette partie de l'harmonie, lorsque nous parlerons des contrastes de la figure humaine.

Nous ne devons pas dissimuler ici quelques objections qu'on peut élever contre l'universalité de ces principes. Nous avons représenté la couleur blanche comme une couleur gaie, et la noire comme une couleur triste ; cependant quelques peuples nègres représentent le diable blanc ; les habitans de la presqu'île de l'Inde se frottent, en signe de deuil, le front et les tempes de poudre de bois de santal dont la couleur est d'un blanc jaunâtre. Le voyageur La Barbinais qui, dans son voyage autour du monde, a aussi bien décrit les mœurs de la Chine, que celles de nos marins et de plusieurs colonies de l'Europe, dit que le blanc est la couleur du deuil chez les Chinois. On pourroit conclure de ces exemples que le sentiment des couleurs est arbitraire, puisqu'il n'est pas le même chez tous les peuples.

Voici ce que nous avons à répondre à ce sujet. Nous avons déjà fait voir ailleurs que les peuples de l'Afrique et de l'Asie, quelque noirs qu'ils soient, préfèrent les femmes blanches à celles de tous les autres teints. Si quelques nations de Nègres peignent le diable en blanc, ce peut bien être par le sentiment de la tyrannie que les blancs exercent sur elles. Ainsi la couleur blanche, devenue pour elles une couleur politique, cesse d'être une couleur naturelle. D'ailleurs le blanc dont elles peignent leur diable, n'est pas un blanc rempli d'harmonie comme celui de la figure humaine; mais un blanc pur, un blanc de craie tel que celui dont nos peintres enluminent les figures de fantômes et de revenans dans leurs scènes magiques et infernales. Si cette couleur éclatante est l'expression du deuil chez les Indiens et chez les Chinois, c'est qu'elle contraste durement avec la peau noire de ces peuples. Les Indiens sont noirs; les Chinois méridionaux ont la peau fort basanée. Ils tirent leur religion et leurs principales coutumes de l'Inde, le berceau du genre humain, dont les habitans sont noirs. Leurs habits extérieurs sont d'une couleur sombre; ils portent beaucoup de robes de satin noir; ils sont chaussés de

bottes noires, les ameublemens de leurs maisons
sont, pour la plupart, revêtus de ces beaux vernis
noirs qu'on nous apporte de leur pays. Le blanc
doit donc faire une grande dissonance avec leurs
meubles, leurs habillemens, et sur-tout avec la couleur rembrunie de leur peau. Si ces peuples portoient comme nous des habits noirs dans le deuil,
quelque sombre que soit leur couleur, elle ne formeroit point d'opposition tranchée dans leur parure.
Ainsi l'expression de la douleur est précisément la
même chez eux que chez nous; car si nous oppo-
sons, dans le deuil, la couleur noire de nos habits
à la couleur blanche de notre peau, afin d'en faire
naître une dissonance funèbre, les peuples méridionaux opposent au contraire la couleur blanche
de leurs vêtemens à la couleur basanée de leur peau,
afin de produire le même effet.

Cette variété de goût confirme admirablement
l'universalité des principes que nous avons posés
sur les causes de l'harmonie et des dissonances.
Elle prouve encore que l'agrément ou le désagré-
ment d'une couleur ne réside point dans une seule
nuance, mais dans l'harmonie ou dans le contraste
heurté de deux couleurs opposées.

Nous trouverions des preuves de ces loix multipliées à l'infini dans la nature, à laquelle l'homme
doit toujours recourir dans ses doutes. Elle oppose
durement, dans les pays chauds comme dans les

pays froids, les couleurs des animaux destructeurs
et dangereux. Par-tout les reptiles venimeux sont
peints de couleurs meurtries. Par-tout les oiseaux
de proie ont des couleurs terreuses opposées à des
couleurs fauves, et des mouchetures blanches sur un
fond sombre, ou sombre sur un fond blanc. La nature
a donné une robe fauve rayée de brun, et des yeux
étincelans, au tigre en embuscade dans l'ombre des
forêts du midi, et elle a teint de noir le museau et
les griffes, et de couleur de sang la gueule et les
yeux de l'ours blanc, et le fait apparoître, malgré
la blancheur de sa peau, au milieu des neiges du
nord.

Des Formes.

Passons maintenant à la génération des formes.
Il me semble qu'on peut en réduire les principes,
comme ceux des couleurs, à cinq, qui sont la ligne,
le triangle, le cercle, l'ellipse, et la parabole.

La ligne engendre toutes les formes, comme le
rayon de lumière toutes les couleurs. Elle procède,
comme celui-ci, dans ses générations, par degrés,
produisant d'abord, par trois fractions, le triangle
qui, de toutes les figures, renferme la plus petite
des surfaces sous le plus grand des circuits. Le
triangle ensuite, composé lui-même de trois triangles au centre, produit le carré qui en a quatre, le
pentagone qui en a cinq, l'hexagone qui en a six,

et le reste des polygones, jusqu'au cercle composé d'une multitude de triangles, dont les sommets sont à son centre, et les bases à sa circonférence, et qui, au contraire du triangle, contient la plus grande des surfaces sous le moindre des périmètres. La forme qui a toujours été depuis la ligne, en se rapprochant d'un centre jusqu'au cercle, s'en écarte ensuite, et produit l'ellipse, puis la parabole, et enfin toutes les autres courbes évasées dont on peut rapporter les équations à celles-ci.

En sorte que, sous cet aspect, la ligne indéfinie n'a point de centre commun; le triangle a trois points de son périmètre qui en ont un; le carré en a quatre; le pentagone cinq; l'hexagone six; et le cercle a tous les points de sa circonférence ordonnés à un seul et unique centre. L'ellipse commence à s'écarter de cette ordonnance, et a deux centres; et la parabole, ainsi que les autres courbes qui leur sont analogues, en ont une infinité renfermés dans leur axe, dont elles s'éloignent de plus en plus en formant des espèces d'entonnoirs.

En supposant cette génération ascendante de formes depuis la ligne par le triangle jusqu'au cercle, et leur génération descendante depuis le cercle par l'ovale jusqu'à la parabole, je déduis de ces cinq formes élémentaires toutes les formes de la nature; comme avec les cinq couleurs primordiales, j'en compose toutes les nuances.

La ligne présente la forme la plus aiguë, le cercle la forme la plus pleine, et la parabole la forme la plus évidée. Nous pouvons remarquer dans cette progression, que le cercle qui occupe le milieu des deux extrêmes, est la plus belle de toutes les formes élémentaires, comme le rouge est la plus belle de toutes les couleurs primordiales. Je ne dirai point comme quelques philosophes anciens, que cette figure est la plus belle parce qu'elle est celle des astres ; ce qui au fond ne seroit pas une si mauvaise raison ; mais à n'employer que le témoignage de nos sens, elle est la plus douce à la vue et au toucher ; elle est aussi la plus susceptible de mouvement ; enfin, ce qui n'est pas une petite autorité dans les vérités naturelles, elle est regardée comme la plus aimable, au goût de tous les peuples qui l'emploient dans leurs ornemens et dans leur architecture, et sur-tout à celui des enfans qui la préfèrent à toutes les autres dans leurs jouets.

Il est très-remarquable que ces cinq formes élémentaires ont entre elles les mêmes analogies que les cinq couleurs primordiales ; en sorte que si vous remontez leur génération ascendante depuis la sphère jusqu'à la ligne, vous aurez des formes anguleuses, vives et gaies, qui se terminent à la ligne droite, dont la nature compose tant de figures stellées et rayonnantes, si agréables dans les cieux et sur la terre. Si au contraire vous descendez de la sphère aux parties évidées de la parabole , vous aurez des formes caverneuses , qui sont si effrayantes dans les abîmes et les précipices.

De plus , si vous joignez des formes élémentaires aux couleurs primordiales , terme à terme , vous verrez leur caractère principal se renforcer mutuellement , du moins dans les deux extrêmes et dans l'expression harmonique du centre ; car les deux premiers termes donneront le rayon blanc , qui est le rayon même de la lumière ; la forme circulaire jointe à la couleur rouge , produira une forme analogue à la rose composée de portions sphériques teintes en carmin , et par l'effet de cette double harmonie , estimée la plus belle des fleurs , au jugement de tous les peuples. Enfin , le noir , joint au vide de la parabole , ajoute à la tristesse des formes rentrantes et caverneuses.

On peut composer avec ces cinq formes élémentaires , des figures aussi agréables que les nuances qui naissent des harmonies des cinq couleurs primordiales. En sorte que plus il entrera dans ces figures mixtes des deux termes ascendans de la progression , plus ces figures seront sveltes et gaies , et plus les deux termes descendans domineront , plus elles seront lourdes et tristes. Ainsi, la forme sera d'autant plus élégante , que le premier terme , qui est la ligne droite , y dominera. Par exemple , la colonne nous plaît , parce que c'est un long cylin-

dre, qui a pour base le cercle, et pour élévation
deux lignes droites, ou un quadrilatère fort alongé.
Mais le palmier, d'après lequel elle a été imitée,
nous plaît encore davantage, parce que les formes
stellées ou rayonnantes de ses palmes prises aussi
de la ligne droite, font une opposition très-agréable
avec la rondeur de sa tige; et si vous y joignez la
forme harmonique par excellence, qui est la forme
ronde, vous ajouterez infiniment à la grace de ce
bel arbre. C'est aussi ce qu'a fait la nature qui en sait
plus que nous, en suspendant à la base de ses
rameaux divergens, tantôt des dattes ovales, tantôt
des cocos arrondis.

En général, toutes les fois que vous emploierez la
forme circulaire, vous en accroîtrez beaucoup l'agrément, en y joignant les deux contraires qui la composent; car, vous aurez alors une progression élémentaire complète. La forme circulaire seule, ne
présente qu'une expression, la plus belle de toutes,
à la vérité; mais réunie à ses deux extrêmes, elle
forme, si j'ose dire, une pensée entière. C'est par
l'effet qui en résulte, que le peuple trouve la forme
de cœur si belle, qu'il lui compare tout ce qu'il
trouve de plus beau dans le monde. « Cela est beau
» comme un cœur, dit-il ». Cette forme de cœur est
formée à sa base d'un angle saillant, à sa partie supérieure d'un angle rentrant; voilà les extrêmes : et à

ses parties collatérales de deux portions sphériques,
voilà l'expression harmonique.

C'est encore par ces mêmes harmonies que les
longues croupes de montagnes, surmontées de hauts
pitons en pyramides, et séparées entre elles par
de profondes vallées, nous ravissent par leurs graces
et leur majesté. Si vous y joignez des fleuves qui
serpentent au fond, des peupliers qui rayonnent
sur leurs bords, des troupeaux et des bergers, vous
aurez des vallées semblables à celle de Tempé. Les
formes circulaires des montagnes se trouvent, dans
cette hypothèse, placées entre leurs extrêmes, qui
sont les parties saillantes des rochers et les parties
rentrantes des vallons. Mais si vous en retranchez
les expressions harmoniques, c'est-à-dire, les courbures de ces montagnes, ainsi que leurs heureux
habitans, et que vous en laissiez subsister les extrêmes, vous aurez alors quelque coupe de terrein du
Cap Horn, des rochers anguleux à pic sur le bord
des précipices.

Si vous y ajoutez des oppositions de couleur,
comme celle de la neige sur les sommets de leurs
rochers rembrunis, l'écume de la mer qui brise sur
des rivages noirs, un soleil blafard dans un ciel
obscur, des giboulées au milieu de l'été, des rafales
terribles de vents, suivies de calmes inquiétans, un
vaisseau parti d'Europe pour désoler la mer du Sud,
qui talonne sur un écueil à l'entrée de la nuit, et

qui tire de temps en temps des coups de canon, que répètent les échos de ces affreux déserts, des Patagons effrayés qui s'enfuient dans leurs souterrains, vous aurez un paysage tout entier de cette terre de désolation couverte des ombres de la mort.

Des Mouvemens.

Il me reste à dire quelque chose des mouvemens. Nous en distinguerons également cinq principaux : le mouvement propre ou de rotation sur lui-même, qui ne suppose point de déplacement et qui est le principe de tout mouvement, tel qu'est, peut-être, celui du soleil ; ensuite le perpendiculaire, le circulaire, l'horizontal et le repos. Tous les mouvemens peuvent se rapporter à ceux-là. Vous remarquerez même que les géomètres qui les représentent aussi par des figures, supposent le mouvement circulaire engendré par le perpendiculaire et l'horizontal, et pour me servir de leurs expressions, produit par la diagonale de leurs carrés.

Je ne m'arrêterai pas aux analogies de la génération des couleurs et des formes, avec celles de la génération des mouvemens, et qui existent entre la couleur blanche, la ligne droite et le mouvement propre ou de rotation ; entre la couleur rouge, la forme sphérique et le mouvement circulaire ; entre les ténèbres, le vide et le repos. Je ne développerai pas les combinaisons infinies qui peuvent résulter de l'union ou de l'opposition des termes correspondans de chaque génération, et des filiations de ces mêmes termes. Je laisse au lecteur le plaisir de s'en occuper, et de se former avec ces élémens de la nature, des harmonies ravissantes et tout-à-fait nouvelles. Je me bornerai ici à quelques observations rapides sur les mouvemens.

De tous les mouvemens, le plus agréable est le mouvement harmonique ou circulaire. La nature l'a répandu dans la plupart de ses ouvrages, et en a rendu susceptibles les végétaux même attachés à la terre. Nos campagnes nous en offrent de fréquentes images, lorsque les vents forment sur les prairies de longues ondulations semblables aux flots de la mer, ou qu'ils agitent doucement, sur le sommet des montagnes, les hautes cimes des arbres en leur faisant décrire des portions de cercle. La plupart des oiseaux forment de grands cercles en se jouant dans les plaines de l'air, et se plaisent à y tracer une multitude de courbes et de spirales. Il est remarquable que la nature a donné ce vol agréable à plusieurs oiseaux innocens, qui ne sont point autrement recommandables par la beauté de leur chant ou de leur plumage. Tel est, entre autres, le vol de l'hirondelle.

Il n'en est pas de même des mouvemens de progression des bêtes féroces ou nuisibles; elles vont par sauts et par bonds, et joignent à des mouvemens quelquefois fort lents, d'autres qui sont précipités ; c'est ce qu'on peut observer dans ceux du chat lorsqu'il veut attraper une souris. Les tigres en ont de pareils lorsqu'ils cherchent à atteindre leur proie. On peut remarquer les mêmes discordances dans le vol des oiseaux carnassiers. Celui qu'on appelle le grand-duc, espèce de hibou, vole au milieu d'un air calme comme si le vent l'emportoit çà et là. Les tempêtes présentent dans le ciel les mêmes caractères de destruction. Quelquefois vous en voyez les nuages se mouvoir de mouvemens opposés ; d'autres fois vous en apercevez qui courent avec la vîtesse d'un courrier, tandis que d'autres sont immobiles comme des rochers. Dans les ouragans des Indes, les tourbillons de vent sont toujours entremêlés de calmes profonds.

Plus un corps a en lui de mouvement propre ou de rotation, plus il nous paroît agréable, sur-tout lorsqu'à ce mouvement se joint le mouvement harmonique ou circulaire. C'est par cette raison que les arbres dont les feuillages sont mobiles, comme les trembles et les peupliers, ont beaucoup plus de graces que les autres arbres des forêts lorsque le vent les agite. Ils plaisent à la vue par le balancement de leurs cimes et en présentant tour à tour les deux faces de leurs feuilles, de deux verts différens. Ils plaisent encore à l'ouïe, en imitant le bouillonnement des eaux. C'est par l'effet du mouvement propre, que, toute idée morale à part, les animaux nous intéressent plus que les végétaux, parce qu'ils ont en eux-mêmes le principe du mouvement.

Je ne crois pas qu'il y ait un seul lieu sur la terre où il n'y ait quelque corps en mouvement. Je me suis trouvé bien des fois au milieu des plus vastes solitudes, de jour et de nuit, par les plus grands calmes, et j'y ai toujours entendu quelque bruit. Souvent, à la vérité, c'est celui d'un oiseau qui vole, ou d'un insecte qui remue une feuille; mais ce bruit suppose toujours du mouvement.

Le mouvement est l'expression de la vie. Voilà pourquoi la nature en a multiplié les causes dans tous ses ouvrages. Un des grands charmes des paysages est d'y voir du mouvement, et c'est ce que les tableaux de la plupart de nos peintres manquent souvent d'exprimer. Si vous en exceptez ceux qui représentent des tempêtes, vous trouverez par-tout ailleurs leurs forêts et leurs prairies immobiles, et les eaux de leurs lacs glacées. Cependant le retroussis des feuilles des arbres, frappées en dessous de gris ou de blanc, les ondulations des herbes dans les vallées et sur les croupes des montagnes, celles qui rident la surface polie des eaux, et les écumes qui blanchissent les rivages, rappellent avec grand plaisir, dans une scène brûlante de l'été, le souffle si agréable des zéphyrs. On peut y joindre avec une grace infinie les mouvemens particuliers aux animaux qui les habitent, par exemple, les cercles

concentriques qu'un plongeon forme sur la surface
de l'eau, le vol d'un oiseau de marine qui part de
dessus un tertre, les pattes alongées en arrière et le
cou tendu en avant; celui de deux tourterelles blanches qui filent côte à côte, dans l'ombre, le long
d'une forêt; le balancement d'une bergeronette à
l'extrémité d'une feuille de roseau qui se courbe
sous son poids. On peut y faire sentir même le
mouvement et le poids d'un lourd chariot qui gravit
dans une montagne, en y exprimant la poussière
des cailloux broyés qui s'élève de dessous ses roues.
Je crois encore qu'il seroit possible d'y rendre les
effets du chant des oiseaux et des échos, en y exprimant certaines convenances dont il n'est pas nécessaire de nous occuper ici.

Il s'en faut bien que la plupart de nos peintres,
même parmi ceux qui ont le plus de talent,
emploient des accessoires si agréables, puisqu'ils les
omettent dans les sujets dont ces accessoires forment le caractère principal. Par exemple, s'ils représentent un char en course, ils ne manquent jamais
d'y exprimer tous les rayons de ses roues. A la
vérité, les chevaux galoppent; mais le char est
immobile. Cependant, dans un char qui court rapidement, chaque roue ne présente qu'une seule surface; toutes ses jantes se confondent à la vue. Ce
n'est pas ainsi que les anciens, qui ont été nos
maîtres en tout genre, imitoient la nature. Pline dit

qu'Apelle avoit si bien peint des chariots à quatre chevaux, que leurs roues sembloient tourner. Dans la liste curieuse qu'il nous a conservée des plus fameux tableaux de l'antiquité, admirés encore à Rome de son temps, il en cite un représentant des femmes qui filoient de la laine, dont les fuseaux paroissoient pirouetter. Un autre très-estimé (1) « où » l'on voyoit, dit son vieux traducteur, deux soldats » armés à la légère, dont l'un est si échauffé à courir » en la bataille, qu'on le voit suer, et l'autre qui pose » ses armes, se montre si recreu, qu'on le sent quasi » haleiner ». J'ai vu dans beaucoup de tableaux modernes, des machines en mouvement, des lutteurs et des guerriers en action, et jamais je n'y ai vu ces effets si simples, qui expriment si bien la vérité. Nos peintres les regardent comme de petits détails où ne s'arrêtent pas les gens de génie. Cependant ces petits détails sont des traits de caractère.

Marc-Aurèle, qui avoit bien autant de génie qu'aucun de nos modernes, a très-bien observé que c'est souvent là où l'attention de l'esprit se fixe et prend le plus de plaisir : « Le ridé des figues mûres, dit-il, » l'épais sourcil des lions, l'écume des sangliers en » fureur, les écailles rousses qui s'élèvent de la croûte » du pain sortant du four, nous font plaisir à voir ». Il y a plusieurs raisons de ce plaisir ; d'abord de

_____

(1) Histoire naturelle de Pline, liv. 37, chap. 10 et 11, traduction de Du Pinet.

la foiblesse de notre esprit qui dans chaque objet s'arrête à un point principal ; ensuite de la part de la nature, qui nous offre aussi dans tous ses ouvrages un point unique de convenance ou de discorde qui en est comme le centre. Notre ame en augmente d'autant plus son affection ou sa haine, que ce trait caractéristique est simple et en apparence méprisable. Voilà pourquoi dans l'éloquence les expressions les plus courtes marquent toujours les passions les plus fortes ; car il ne s'agit, comme nous l'avons vu jusqu'ici, pour faire naître une sensation de plaisir ou de douleur, que de déterminer un point d'harmonie ou de discorde entre deux contraires : or, lorsque ces deux contraires sont opposés en nature, et qu'ils le sont encore en grandeur et en foiblesse, leur opposition redouble et par conséquent leur effet.

Il s'y joint sur-tout la surprise de voir naître de grands sujets d'espérance ou de crainte d'un objet peu important en apparence ; car tout effet physique produit dans l'homme un sentiment moral. Par exemple, j'ai vu beaucoup de tableaux et de descriptions de batailles qui cherchoient à inspirer de la terreur par une infinité d'armes de toutes espèces qui y étoient représentées, et par une foule de morts et de mourans blessés de toutes les manières. Ils m'ont d'autant moins ému qu'ils employoient plus de machines pour m'émouvoir ; un effet détruisoit l'autre.

Mais je l'ai été beaucoup en lisant, dans Plutarque,
la mort de Cléopâtre. Ce grand peintre du malheur
représente la reine de l'Égypte méditant, dans le
tombeau d'Antoine, sur les moyens d'échapper au
triomphe d'Auguste. Un paysan lui apporte, avec la
permission des gardes qui veillent à la porte du tombeau, un panier de figues. Dès que cet homme est
sorti, elle se hâte de découvrir ce panier, et elle y
voit un aspic qu'elle avoit demandé pour mettre fin à
ses malheureux jours. Ce contraste dans une femme
de la liberté et de l'esclavage, de la puissance royale
et de l'anéantissement, de la volupté et de la mort;
ces feuillages et ces fruits parmi lesquels elle aperçoit seulement la tête et les yeux étincelans d'un
petit reptile qui va terminer de si grands intérêts,
et à qui elle dit : « Te voilà donc ! » toutes ces oppositions font frissonner. Mais pour rendre la personne
même de Cléopâtre intéressante, il ne faut pas se la
figurer comme nos peintres et nos sculpteurs nous
la représentent, en figure académique sans expression, une Sabine pour la taille, l'air robuste et plein
de santé, avec de grands yeux tournés vers le ciel,
et portant autour de ses grands et gros bras, un serpent tourné comme un bracelet. Ce n'est point là
la petite et voluptueuse reine d'Égypte, se faisant
porter, comme nous l'avons dit ailleurs, dans un
paquet de hardes, sur les épaules d'Apollodore,
pour aller voir *incognito* Jules César; courant la nuit,

déguisée en marchande, les rues d'Alexandrie, avec
Antoine, en se raillant de lui, et lui reprochant que
ses jeux et ses plaisanteries sentoient le soldat. C'est
encore moins l'infortunée Cléopâtre réduite aux
derniers termes du malheur, tirant avec des cordes
et des chaînes, à l'aide de deux de ses femmes, par
la fenêtre du monument où elle s'étoit réfugiée,
la tête contre-bas sans jamais lâcher prise, dit Plutarque, ce même Antoine couvert de sang, qui
s'étoit percé de son épée, et qui s'aidoit de toutes
ses forces pour venir mourir auprès d'elle.

Les détails ne sont pas à mépriser ; ce sont souvent des traits de caractère. Pour revenir à nos
peintres et à nos sculpteurs, s'ils refusent l'expression du mouvement aux paysages, aux lutteurs et
aux chars en course, ils la donnent aux portraits
et aux statues de nos grands hommes et de nos philosophes. Ils les représentent comme les anges trompettes du jugement, les cheveux agités, les yeux
égarés, les muscles du visage en convulsion, et
leurs draperies allant et venant au gré des vents. Ce
sont là, disent-ils, les expressions du génie. Mais
les gens de génie et les grands hommes ne sont pas
des fous. J'ai vu de leurs portraits sur des antiques.
Les médailles de Virgile, de Platon, de Scipion,
d'Epaminondas, d'Alexandre même, les représentent avec un air calme et tranquille. C'est aux corps
bruts, aux végétaux et aux animaux d'obéir à tous

les mouvemens de la nature ; mais il me semble qu'il est d'un grand homme d'être le maître des siens, et que ce n'est que par cet empire là même qu'il mérite le nom de grand.

Je me suis un peu éloigné de mon sujet pour donner des leçons de convenances à des artistes dont l'art est bien plus difficile que ma critique n'est aisée. A Dieu ne plaise qu'elle devienne un sujet de peine pour des hommes dont les ouvrages m'ont si souvent donné du plaisir ! Je desire seulement qu'ils s'écartent des manières académiques qui les lient, et qu'ils soient tentés d'aller sur les pas de la nature aussi loin que leur génie peut les porter.

Ce seroit ici le lieu de parler de la musique, puisque les sons ne sont que des mouvemens : mais des gens bien plus habiles que moi ont traité ce grand art à fond. Si quelque témoignage étranger pouvoit même me confirmer dans la certitude des principes que j'ai posés jusqu'ici, c'est celui des plus savans musiciens qui ont fixé à trois sons l'expression harmonique. J'aurois pu, comme eux, réduire à trois termes les générations élémentaires des couleurs, des formes et des mouvemens; mais il me semble qu'ils ont omis eux-mêmes dans leur base fondamentale le principe génératif qui est le son proprement dit, et le terme négatif qui est le silence, puisque ce dernier produit sur-tout de si grands effets dans les mouvemens de musique.

Je pourrois étendre ces proportions aux saveurs du goût, et démontrer que les plus agréables d'entre elles ont de semblables générations, ainsi qu'on l'éprouve dans la plupart des fruits dont les divers degrés de maturité présentent successivement cinq saveurs; savoir, l'acide, le doux, le sucré, le vineux et l'amer. Ils sont acides en croissant, doux en mûrissant, sucrés dans leur parfaite maturité, vineux dans leur fermentation, et amers dans leur état de sécheresse. Nous trouverions encore que la plus agréable de ces saveurs, c'est-à-dire la saveur sucrée, est celle qui occupe le milieu de cette progression dont elle est le terme harmonique; qu'elle forme par sa nature de nouvelles harmonies, en se combinant avec ses extrêmes, puisque les boissons qui nous plaisent le plus sont formées de l'acide et du sucré, comme dans les liqueurs rafraîchissantes préparées avec le jus de citron; ou du sucré et de l'amer comme dans le café; mais, en tâchant d'ouvrir de nouvelles routes à la philosophie, mon intention n'est pas d'offrir de nouvelles combinaisons à la volupté.

Quoique je sois intimement convaincu de ces générations élémentaires, et que je puisse les appuyer d'une foule de preuves que j'ai recueillies dans les goûts des peuples policés et sauvages, mais que je n'ai pas le temps de rapporter ici, cependant je ne serois pas surpris de ne pas obtenir l'approbation de

plusieurs de mes lecteurs. Nos goûts naturels sont
altérés dès l'enfance par des préjugés qui déterminent nos sensations physiques bien plus fortement
que celles-ci ne dirigent nos affections morales. Plus
d'un homme d'église estime le violet la plus belle
des couleurs, parce que c'est celle de son évêque :
plus d'un évêque, à son tour, croit que c'est l'écarlate, parce que c'est la couleur du cardinal; et plus
d'un cardinal, sans doute, préféreroit d'être revêtu
de la couleur blanche, parce que c'est celle du chef
de l'église. Un militaire regarde souvent le ruban
rouge comme le plus beau de tous les rubans; et son
officier supérieur pense que c'est le ruban bleu. Nos
tempéramens influent comme nos états sur nos opinions. Les gens gais préfèrent les couleurs vives à
toutes les autres, les gens sensibles celles qui sont
tendres, les mélancoliques les rembrunies. Quoique
je regarde moi-même le rouge comme la plus belle
des couleurs, et la sphère comme la plus parfaite
des formes, et que je doive tenir plus fortement
qu'un autre à cet ordre, parce que c'est celui de mon
système, je préfère au rouge la couleur carminée
qui a une nuance de violet; et à la sphère, la forme
d'œuf ou elliptique. Il me semble aussi, si j'ose
dire, que la nature a affecté l'une et l'autre modifi-
cation à la rose, du moins avant son parfait développement. J'aime mieux encore les fleurs violettes
que les blanches, et sur-tout que les jaunes. Je

préfère une branche de lilas à un pot de giroflée, et une marguerite de Chine avec son disque d'un jaune enfumé, son pluché chiffonné, et ses pétales violets et sombres, à la plus éclatante gerbe de tournesols du Luxembourg. Je crois que ces goûts me sont communs avec plusieurs autres personnes, et qu'à juger du caractère des hommes par les couleurs de leurs habits, il y en a beaucoup plus de sérieux que de gais. Il me semble aussi que la nature (car il faut toujours revenir à elle pour s'assurer de la vérité) fait décliner la plupart de ses beautés physiques vers la mélancolie. Les chants plaintifs du rossignol, les ombrages des forêts, les sombres clartés de la lune n'inspirent point la gaîté, et cependant nous intéressent. Je suis plus ému du coucher du soleil que de son lever. En général, les beautés vives et enjouées nous plaisent, mais il n'y a que les mélancoliques qui nous touchent. Nous tâcherons ailleurs de développer les causes de ces affections morales. Elles tiennent à des loix plus sublimes que les loix physiques: tandis que celles-ci amusent nos sens, celles-là s'adressent à nos cœurs, et nous avertissent que l'homme est né pour de plus hautes destinées.

Je peux me tromper dans l'ordre de ces générations, et en transposer les termes. Mais je ne me propose que d'ouvrir de nouvelles routes dans l'étude de la nature. Il me suffit que l'effet de ces

générations soit généralement reconnu. Des hommes plus éclairés en établiront les filiations avec
plus d'ordre. Tout ce que j'ai dit à ce sujet, et ce
que je pourrois dire encore, se réduit à cette
grande loi : «Tout est formé de contraires dans la
» nature; c'est de leurs harmonies que naît le senti-
» ment du plaisir, et c'est de leurs oppositions que
» naît celui de la douleur».

Cette loi, comme nous le verrons, s'étend encore
à la morale. Chaque vérité, excepté les vérités de
fait, est le résultat de deux idées contraires. Il s'ensuit de là, que toutes les fois que nous venons à
décomposer par la dialectique une vérité, nous la
divisons dans les deux idées qui la constituent; et
si nous nous arrêtons à une de ses idées élémentaires comme à un principe unique, et que nous
en tirions des conséquences, nous en faisons naître
une source de disputes qui n'ont point de fin; car
l'autre idée élémentaire ne manque pas de fournir
des conséquences tout-à-fait contraires à celui qui
veut s'en saisir; et ces conséquences sont elles-
mêmes susceptibles de décompositions contradictoires qui vont à l'infini. C'est ce que nous apprennent très-bien les écoles, où on nous envoie former
notre jugement. Elles nous montrent non-seulement
à séparer les vérités les plus évidentes en deux,
mais en quatre, comme disoit Hudibras. Si, par
exemple, quelqu'un de nos logiciens considérant

que le froid influe sur la végétation, vouloit prouver qu'il en est la cause unique, et que la chaleur même y est contraire, il ne manqueroit pas de citer les efflorescences et les végétations de la glace, l'accroissement, la verdure et la floraison des mousses pendant l'hiver, les plantes brûlées du soleil pendant l'été, et bien d'autres effets relatifs à sa thèse. Mais son antagoniste faisant valoir de son côté les influences du printemps et les désordres de l'hiver, ne manqueroit pas de prouver que la chaleur seule donne la vie aux végétaux. Cependant, le chaud et le froid forment ensemble un des principes de la végétation, non-seulement dans les climats tempérés, mais jusqu'au milieu de la zône torride.

On peut dire que tous les désordres, au physique et au moral, ne sont que des oppositions heurtées de deux contraires. Si les hommes faisoient attention à cette loi, elle termineroit la plupart de leurs erreurs et de leurs disputes ; car on peut dire que, tout étant composé de contraires, tout homme qui affirme une proposition simple n'a raison qu'à moitié, puisque la proposition contraire existe également dans la nature.

Il n'y a peut-être dans le monde qu'une vérité intellectuelle, pure, simple et sans idée contraire ; c'est l'existence de Dieu. Il est très-remarquable que ceux qui l'ont niée n'ont apporté d'autres preuves de leur négation, que les désordres apparens de la nature dont ils n'envisagoient que les principes extrêmes ; en sorte qu'ils n'ont pas prouvé qu'il n'existoit pas de Dieu, mais qu'il n'étoit pas intelligent, ou qu'il n'étoit pas bon. Ainsi leur erreur vient de leur ignorance des loix naturelles. D'ailleurs, leurs argumens ont été tirés, pour la plupart, des désordres des hommes qui existent dans un ordre encore différent de celui de la nature, et qui sont les seuls de tous les êtres sensibles qui ont été livrés à leur propre providence.

Quant à la nature de Dieu, je sais que la foi même nous le présente comme le principe harmonique par excellence, non-seulement par rapport à tout ce qui l'environne, dont il est le créateur et le moteur; mais dans son essence même divisée en trois personnes. Bossuet a étendu ces harmonies de la divinité jusqu'à l'homme, en cherchant à trouver dans les opérations de son ame quelque consonnance avec la Trinité, dont elle est l'image. Ces hautes spéculations sont, je l'avoue, infiniment au-dessus de moi. J'admire même que la divinité ait permis à des êtres aussi foibles et aussi passägers que nous, d'entrevoir seulement sa toute-puissance sur la terre, et qu'elle ait voilé, sous les combinaisons de la matière, les opérations de son intelligence infinie, pour la proportionner à nos yeux. Un seul acte de sa volonté a suffi pour nous donner l'être, la plus légère communication de ses ouvrages pour éclairer

notre raison ; mais je suis persuadé que si le plus
petit rayon de son essence divine se communiquoit
directement à nous dans un corps humain, il suffiroit
pour nous anéantir.

DES CONSONNANCES.

Les consonnances sont des répétitions des mêmes
harmonies. Elles augmentent nos plaisirs en les mul-
tipliant et en en transférant la jouissance sur de
nouvelles scènes. Elles nous plaisent encore en nous
faisant voir que la même intelligence a présidé aux
divers plans de la nature, puisqu'elle nous y présente des harmonies semblables. Ainsi les consonnances nous plaisent plus que les simples harmonies, parce qu'elles nous donnent les sentimens de
l'étendue et de la divinité, si conformes à la nature
de notre ame. Les objets physiques n'excitent en
nous un certain degré de plaisir qu'en y développant un sentiment intellectuel.

Nous trouvons de fréquens exemples de consonnances dans la nature. Les nuages de l'horizon
imitent souvent sur la mer les formes des montagnes et les aspects de la terre, au point que les
marins les plus expérimentés s'y trompent quelquefois. Les eaux reflètent dans leur sein mobile les
cieux, les collines et les forêts. Les échos des
rochers répètent à leur tour les murmures des eaux.
Un jour me promenant au pays de Caux le long de

la mer, et considérant les reflets du rivage dans le
sein des eaux, je fus fort étonné d'entendre bruire
d'autres flots derrière moi. Je me tournai, et je
n'aperçus qu'une haute falaise escarpée, dont les
échos répétoient le bruit des vagues. Cette double
consonnance me parut très-agréable; on eût dit qu'il
y avoit une montagne dans la mer, et une mer dans
la montagne.

Ces transpositions d'harmonie d'un élément à
l'autre font beaucoup de plaisir. Aussi la nature les
multiplie fréquemment, non-seulement par des
images fugitives, mais par des formes permanentes.
Elle a répété au milieu des mers les formes des
continens dans celles des îles, dont la plupart,
comme nous l'avons vu, ont des pitons, des montagnes, des lacs, des rivières et des campagnes proportionnés à leur étendue, comme si elles étoient
de petits mondes; d'un autre côté elle représente,
au milieu des terres, les bassins du vaste Océan
dans les méditerranées et dans les grands lacs, qui
ont leurs rivages, leurs rochers, leurs îles, leurs
volcans, leurs courans, et quelquefois un flux et
reflux qui leur est propre, et qui est occasionné par
les effusions des montagnes à glaces, aux pieds
desquelles ils sont communément situés, comme
les courans et les marées de l'Océan le sont par
celles des pôles.

Il est très-remarquable que les plus belles harmo-

nies sont celles qui ont le plus de consonnances. Par
exemple, rien dans le monde n'est plus beau que le
soleil, et rien n'y est plus répété que sa forme et sa lumière. Il est réfléchi de mille manières par les réfractions de l'air, qui le montrent chaque jour sur tous
les horizons de la terre, avant qu'il y soit et lorsqu'il
n'y est plus; par les parhélies, qui réfléchissent quelquefois son disque deux ou trois fois dans les nuages
brumeux du nord; par les nuages pluvieux, où ses
rayons réfrangés tracent un arc nuancé de mille
couleurs; et par les eaux, dont les reflets le représentent en une infinité de lieux où il n'est pas, au
sein des prairies, parmi les fleurs couvertes de
rosées, et dans l'ombre des vertes forêts. La terre
sombre et brute le réfléchit encore dans les parties
spéculaires des sables, des mica, des cristaux et
des rochers. Elle nous présente la forme de son
disque et de ses rayons, dans les disques et les
pétales d'une multitude de fleurs radiées dont elle
est couverte. Enfin, ce bel astre est multiplié lui-
même à l'infini, avec des variétés qui nous sont
inconnues, dans les étoiles innombrables du firmament, qu'il nous découvre dès qu'il abandonne
notre horizon, comme s'il ne se refusoit aux consonnances de la terre que pour nous faire apercevoir
celles des cieux.

Il s'ensuit de cette loi de consonnance, que ce
qu'il y a de plus beau et de meilleur dans la nature,

est ce qu'il y a de plus commun et de plus répété. C'est à elle qu'il faut attribuer les variétés des espèces dans chaque genre, qui y sont d'autant plus nombreuses que ce genre est plus utile. Par exemple, il n'y a point dans le règne végétal de famille aussi nécessaire que celle des graminées, dont vivent, non-seulement tous les quadrupèdes, mais une infinité d'oiseaux et d'insectes : il n'y en a point aussi dont les espèces soient aussi variées. Nous observerons dans l'étude des plantes les raisons de cette variété; je remarquerai seulement ici que c'est dans les graminées que l'homme a trouvé cette grande diversité de blés dont il tire sa principale subsistance; et que c'est par des raisons de consonnance que, non-seulement les espèces, mais plusieurs genres se rapprochent les uns des autres, afin qu'ils puissent offrir les mêmes services à l'homme, sous des latitudes tout-à-fait différentes. Ainsi les mils de l'Afrique, les maïs du Brésil, les riz de l'Asie, les palmiers-sagou des Moluques, dont les troncs sont pleins de farines comestibles, consonnent avec les blés de l'Europe. Nous retrouvons des consonnances d'une autre sorte dans les mêmes lieux, comme si la nature eût voulu multiplier ses bienfaits, en en variant seulement la forme, sans changer presque rien à leurs qualités. Ainsi consonnent avec tant d'agrément et d'utilité dans nos jardins, l'oranger et le citronnier, le pommier et le

poirier, le noyer et le noisetier ; et dans nos métairies, le cheval et l'âne, l'oie et le canard, la vache
et la chèvre.

Chaque genre consonne encore avec lui-même
par les sexes. Il y a cependant entre les sexes des
contrastes qui donnent à leurs amours la plus grande
énergie, par l'opposition même des contraires, d'où
nous avons vu que toute harmonie prenoit sa naissance ; mais sans la consonnance générale des formes
qui est entre eux, les êtres sensibles du même
genre ne se seroient jamais rapprochés. Sans elle,
un sexe auroit toujours été étranger à l'autre. Avant
que chacun d'eux eût observé ce que l'autre pouvoit avoir de convenable à ses besoins, le temps de
la réflexion auroit absorbé celui de l'amour, et en
eût peut-être éteint le desir. C'est la consonnance
qui les attire, et c'est le contraste qui les unit. Je
ne crois pas qu'il y ait dans aucun genre d'animal
un sexe tout-à-fait différent de l'autre en formes
extérieures ; et si ces différences se trouvent,
comme le prétendent quelques Naturalistes, dans
plusieurs espèces de poissons et d'insectes, je suis
persuadé que la nature y fait vivre le mâle et la
femelle dans le voisinage l'un de l'autre, et ne met
pas leur couche nuptiale loin de leur berceau.

Mais il y a une consonnance de formes bien plus
intime encore que celle des deux sexes ; c'est la
duplicité d'organes qui existe dans chaque individu.

Tout animal est double. Si vous considérez ses deux yeux, ses deux narines, ses deux oreilles, le nombre de ses jambes, disposées par paires, vous diriez de deux animaux collés l'un à l'autre, et réunis sous la même peau. Les parties même de son corps, qui sont uniques, comme la tête, la queue et la langue, paroissent formées de deux moitiés rapprochées l'une de l'autre par des sutures. Il n'en est pas ainsi des membres proprement dits; par exemple, une main, une oreille, un œil, ne peuvent pas se diviser en deux moitiés semblables, mais la duplicité de forme dans les parties du corps les distingue essentiellement des membres : car la partie du corps est double, et le membre est simple; la première est toujours unique, et l'autre toujours répétée. Ainsi la tête et la queue d'un animal sont des parties de son corps; et ses jambes et ses oreilles en sont des membres.

Cette loi, une des plus merveilleuses et des moins observées de la nature, détruit toutes les hypothèses qui font entrer le hasard dans l'organisation des êtres; car indépendamment des harmonies qu'elle présente, elle double tout d'un coup les preuves d'une providence qui ne s'est pas contentée de donner un organe principal à chaque animal pour chaque élément en particulier, tel que l'œil pour la lumière du soleil, l'oreille pour les sons de l'air, le pied pour le sol qui devoit le soutenir; mais a voulu encore qu'il eût chaque organe en nombre pair.

Quelques sages ont considéré cette admirable répartition comme une prévoyance de la providence, afin que l'animal pût suppléer à la perte de ses organes exposés à divers accidens; mais il est remarquable que les parties intérieures du corps, qui paroissent uniques au premier coup-d'œil, présentent à l'examen une pareille duplicité de formes, même dans le corps humain, où elles sont plus confondues que dans les autres animaux. Ainsi les cinq lobes du poumon, dont l'un a une espèce de division, la fissure du foie, la séparation supérieure du cerveau par la réduplication de la dure-mère, le *septum lucidum*, semblable à une feuille de talc, qui en sépare les deux ventricules antérieurs, les deux ventricules du cœur et les divisions des autres viscères, annoncent cette double union, et semblent nous indiquer que « le principe même de la vie » est la consonnance de deux harmonies, sem- » blables (1) ».

_____

(1) Chaque organe est lui-même en opposition avec l'élément pour lequel il est destiné, en sorte que de leur opposition mutuelle naît une harmonie qui constitue le plaisir qu'éprouve cet organe. Ceci est très-remarquable, et confirme les principes que nous avons posés. Ainsi l'organe de la vue, ordonné principalement pour le soleil, est un corps

Il résulte encore de cette duplicité d'organes un usage bien plus étendu que s'ils étoient uniques. L'homme aperçoit avec deux yeux plus de la moitié de l'horizon; il n'en découvriroit guère que le tiers avec un seul. Il fait avec ses deux bras une infinité de choses dont il ne pourroit jamais venir à bout s'il n'en avoit qu'un, telles que de charger sur sa tête un poids d'un grand volume, et de grimper dans un arbre. S'il n'étoit posé que sur une jambe, non-seulement son assiette seroit beaucoup moins solide que sur deux, mais il ne pourroit pas marcher; il seroit forcé de s'avancer en rampant ou en sautant.

---

qui lui est opposé, en ce qu'il est presque entièrement aqueux. Le soleil lance des rayons lumineux; l'œil, au contraire, est entouré de cils rembrunis qui l'ombragent. L'œil est encore voilé de paupières, qu'il ouvre et baisse à son gré; et il oppose de plus à la blancheur de la lumière une tunique toute noire, appelée l'uvée, qui tapisse l'extrémité du nerf optique.

Les autres parties du corps présentent de même des oppositions à l'action des élémens pour lesquels elles sont ordonnées. Ainsi les pieds des animaux qui gravissent dans les rochers ont des molettes comme ceux des tigres et des lions. Les animaux qui habitent les climats froids, sont revêtus de fourrures chaudes, &c. Au reste, il ne faut pas compter trouver toujours ces contraires de la même espèce dans chaque animal. La nature a une infinité de moyens différens pour produire les mêmes effets, suivant les besoins de chaque individu.

Cette progression de mouvement seroit tout-à-fait
discordante à la constitution des autres parties de
son corps, et des divers plans de la terre qu'il devoit
parcourir.

Si la nature a donné un organe extérieur simple
aux animaux, tel que la queue, c'est parce que son
usage, fort borné, ne s'étendoit qu'à une seule action
à laquelle elle satisfait pleinement. D'ailleurs, la
queue est par sa position à l'abri de la plupart des
dangers. De plus, il n'y a guère que les animaux forts
qui l'aient longue, comme les taureaux, les chevaux
et les lions. Les lapins et les lièvres l'ont fort courte.
Dans les animaux foibles qui la portent longue,
comme dans les raies, elle est hérissée d'épines,
ou bien elle repousse si elle vient à être arrachée par
quelque accident, comme dans les lézards. Enfin,
quelle que soit la simplicité de son usage, il est
remarquable qu'elle est formée de deux moitiés semblables, comme les autres parties du corps.

Il y a d'autres consonnances intérieures qui assem-
blent pour ainsi dire, en diagonale les divers organes
du corps, afin de ne former qu'un seul et unique
animal de ces deux moitiés. J'en laisse chercher l'incompréhensible connexion aux anatomistes : mais,
quelque étendues que soient leurs lumières, je doute
qu'ils pénètrent jamais dans ce labyrinthe. Pourquoi,
par exemple, la douleur qu'on éprouve à un pied se
fait-elle ressentir quelquefois à la partie opposée de

là tête, *et vice versâ?* J'ai vu une preuve bien étonnante de cette consonnance dans un sergent qui vit encore, je crois, à l'Hôtel des Invalides. Cet homme tirant un jour des armes avec un de ses camarades, qui se servoit, ainsi que lui, de son épée renfermée dans le fourreau, reçut une botte dans l'angle lacrymal de l'œil gauche, qui lui fit perdre connoissance sur le champ. Quand il eut repris ses sens, ce qui n'arriva qu'au bout de quelques heures, il se trouva entièrement paralysé de la jambe droite et du bras droit, sans qu'aucun remède ait jamais pu lui en rendre l'usage (1).

J'observerai ici que les expériences cruelles que l'on fait chaque jour sur les bêtes, pour découvrir ces correspondances secrètes de la nature, ne font qu'y jeter de plus grands voiles; car leurs muscles con-

(1) Cet homme étoit de Franche-Comté. Je ne l'ai vu qu'une fois, et j'ai oublié son nom et celui du régiment où il a servi; mais je n'ai pas perdu la mémoire de sa vertu, qui m'a été confirmée de bonne part. Lorsque son malheur l'eut forcé d'entrer aux Invalides, il se rappela qu'étant sergent il avoit engagé par surprise, dans un village, à l'instigation de son capitaine, le fils unique d'une pauvre veuve, lequel fut tué trois mois après dans une bataille. Cet homme, au ressouvenir de cette injustice, prit la résolution de s'abstenir de vin. Il vendoit celui qu'on lui donnoit à l'Hôtel des Invalides, et il en envoyoit tous les six mois l'argent à la mère qu'il avoit privée de son fils.

tractés par la frayeur et la douleur, dérangent le cours des esprits animaux, accélèrent la vîtesse du sang, font entrer les nerfs en convulsion, et sont bien plus propres à déranger l'économie animale qu'à la développer. Ces moyens barbares de notre physique moderne, ont une influence encore plus funeste sur le moral de ceux qui les emploient; car ils leur inspirent, avec de fausses lumières, le plus atroce des vices, qui est la cruauté. S'il est permis à l'homme d'interroger la nature dans les opérations qu'elle nous cache, j'y croirois le plaisir bien plus propre que la douleur. J'en ai vu un exemple dans une maison de campagne de Normandie. Je me promenois dans un pâturage qui étoit autour, avec un jeune gentilhomme qui en étoit le maître : nous aperçûmes des bœufs qui se battoient; il courut à eux, le bâton levé, et ces animaux se séparèrent aussi-tôt. Ensuite il s'approcha du bœuf le plus farouche, et se mit à le gratter à la naissance de la queue avec les doigts. Cet animal qui avoit encore la fureur dans les yeux, resta sur le champ immobile, alongeant le cou, ouvrant les naseaux, et aspirant l'air avec un plaisir qui démontroit d'une manière très-amusante la correspondance intime de cette extrémité de son corps avec sa tête.

La duplicité d'organes se trouve encore dans les végétaux, sur-tout dans leurs parties essentielles, telles que les anthères des fleurs, qui sont des corps

doubles; dans leurs pétales, dont une moitié correspond exactement à l'autre; dans les lobes de
leur semence, &c. Une seule de ces parties paroît
cependant suffisante pour le développement et la
génération de la plante. On peut étendre cette observation jusque sur les feuilles, dont les deux moitiés
sont correspondantes dans la plupart des végétaux,
et si quelqu'un d'entre eux s'écarte de cet ordre,
c'est sans doute pour quelque raison particulière
digne d'être recherchée.

Ces faits confirment la distinction que nous avons
faite entre les parties et les membres d'un corps;
car dans les feuilles où cette duplicité se rencontre,
on retrouve ordinairement la faculté végétative,
qui est répandue dans le corps du végétal même.
En sorte que si vous replantez ces feuilles avec
soin et dans une saison convenable, vous en verrez renaître le végétal entier. Peut-être est-ce
parce que les organes intérieurs de l'arbre sont
doubles, que le principe de la vie végétative est
répandu jusque dans ses tronçons, comme on le
voit dans un grand nombre qui renaissent d'une
branche. Il y en a même qui peuvent se reperpétuer
par de simples éclats. On en trouve un exemple
célèbre dans les Mémoires de l'Académie des Sciences. Deux sœurs, après la mort de leur mère,
héritèrent d'un oranger. Chacune d'elles prétendit
l'avoir dans son lot. Enfin, l'une ne voulant pas le

céder à l'autre , elles décidèrent de le fendre en
deux, et d'en prendre chacune la moitié. L'arbre
éprouva la destinée à laquelle fut condamné l'enfant
du jugement de Salomon. Il fut partagé en deux :
chacune des sœurs en replanta la moitié; et, chose
merveilleuse, l'arbre divisé par la haine fraternelle,
fut recouvert d'écorce par la nature.

C'est cette consonnance universelle de formes qui
a donné à l'homme l'idée de la symétrie. Il la fait
entrer dans la plupart des arts, et sur-tout dans l'architecture, comme une partie essentielle de l'ordre.
Elle est en effet tellement l'ouvrage de l'intelligence
et de la combinaison, que je la regarde comme le
caractère principal où l'on peut distinguer tout corps
organisé d'avec ceux qui ne le sont pas, et qui ne
sont que les résultats d'une agrégation fortuite,
quelque régulier que paroisse leur assemblage; tels
sont ceux que produisent les cristallisations, les
efflorescences, les végétations chimiques et les
effusions ignées.

C'est d'après ces réflexions, que venant à considérer le globe de la terre, j'observai avec la plus
grande surprise, qu'il présentoit, ainsi que tous les
corps organisés, une duplicité de formes. D'abord
j'avois bien pensé que ce globe étant l'ouvrage d'une
intelligence, il devoit y régner de l'ordre. J'avois
reconnu l'utilité des îles, et même celle des bancs,
des récifs et des rochers pour protéger les parties

les plus exposées des continens contre les courans de l'Océan, à l'extrémité desquels ils sont toujours situés. J'avois reconnu pareillement celle des baies, qui sont au contraire écartées des courans de l'Océan, et creusées en profondeur pour abriter l'embouchure des fleuves, et servir par la tranquillité de leurs eaux, d'asyles aux poissons qui dans toutes les mers s'y rendent en foule pour y recueillir les dépouilles de la végétation, et les alluvions de la terre qui s'y déchargent par les fleuves. J'avois admiré en détail les proportions de leurs diverses fabriques; mais je ne concevois rien à leur ensemble. Mon esprit se fourvoyoit au milieu de tant de découpures de terre et de mers, et je les aurois attribuées, sans balancer, au hasard, si l'ordre que j'avois aperçu dans chacune de ces parties, ne m'avoit fait soupçonner qu'il y en avoit un dans la totalité de l'ouvrage.

Je vais exposer ici le globe sous un nouvel aspect; je prie le lecteur de me pardonner cette digression, qui est un débris de mes matériaux sur la géographie, mais qui tend à prouver l'universalité des loix naturelles, dont je constate l'existence. Je serai, à mon ordinaire, rapide et superficiel; mais peu m'importe d'affoiblir des idées qu'il ne m'a pas été permis de mettre dans leur ordre naturel, si j'en jette le germe dans des têtes qui valent mieux que la mienne.

Je cherchai d'abord les consonnances du globe dans ces deux moitiés septentrionale et méridionale.

Mais loin de trouver des ressemblances entre elles,
je n'y aperçus que des oppositions; la première
n'étant, pour ainsi dire, qu'un hémisphère terrestre, et l'autre qu'un hémisphère maritime, tellement différens entre eux, que l'un a l'hiver lorsque
l'autre a l'été, et que les mers du premier hémisphère semblent être opposées aux terres et aux îles
qui sont éparses dans le second. Ce contraste me
présenta une autre analogie avec un corps organisé : car, comme nous le verrons dans les articles
suivans, tout corps organisé a deux moitiés en contraste, comme il en a deux en consonnance.

Je lui trouvai donc, sous cet aspect nouveau, je
ne sais quelle analogie avec un animal dont la tête
auroit été au nord par l'attraction de l'aimant, particulière à notre pôle, qui semble y déterminer un
sensorium comme dans la tête d'un animal; le cœur
sous la ligne, par la chaleur constante qui règne
dans la zône torride, et semble y fixer la région du
cœur; enfin les organes excrétoires dans la partie
australe, où les plus grandes mers qui sont les
réceptacles des alluvions des continens sont situées,
et où l'on trouve aussi le plus grand nombre de
volcans, que l'on peut considérer comme les organes excrétoires des mers dont ils consument sans
cesse les bitumes et les soufres. D'ailleurs le soleil
qui séjourne cinq ou six jours de plus dans l'hémisphère septentrional, sembloit encore m'offrir une

ressemblance plus marquée avec le corps d'un animal
où le cœur qui est le centre de la chaleur est un peu
plus près de la tête que des parties inférieures.

Quoique ces contrastes me parussent assez déter-
minés pour manifester un ordre sur le globe, et
qu'il s'en présente de semblables dans les végétaux, distingués en deux parties opposées en fonctions et en formes, telles que les feuilles et les racines, je craignois de me livrer à mon imagination,
et de généraliser par la foiblesse de l'esprit humain,
des loix de la nature particulières à chaque existence,
en les étendant à des règnes qui n'en étoient pas
susceptibles.

Mais je cessai de douter de l'ordre général de la
terre, lorsque, avec les deux moitiés en contraste,
j'en aperçus deux autres en consonnance. Je fus
frappé, je l'avoue, d'étonnement, lorsque j'observai
dans la duplicité de formes qui constitue son corps,
des membres exactement répétés de part et d'autre.

Le globe, à le considérer d'orient en occident,
est divisé, comme tous les corps organisés, en deux
moitiés semblables, qui sont l'Ancien et le Nouveau-
Monde. Chacune de leurs parties se correspond dans
l'hémisphère oriental et occidental; mer à mer, île à
île, cap à cap, presqu'île à presqu'île. Les lacs de
Finlande et le golfe d'Archangel correspondent aux
lacs du Canada et à la baie de Baffin; la Nouvelle-
Zemble au Groënland; la mer Baltique à la baie

d'Hudson; les îles d'Angleterre et d'Irlande, qui couvrent la première de ces méditerranées, aux îles de Bonne-Fortune et de Welcome, qui protègent la seconde; la Méditerranée proprement dite au golfe du Mexique, qui est une espèce de méditerranée, formée en partie par des îles. À l'extrémité de la Méditerranée se trouve l'isthme de Suès en consonnance avec l'isthme de Panama, placé au fond du golfe du Mexique; à la suite de ces isthmes se présente la presqu'île de l'Afrique, d'une part, et de l'autre la presqu'île de l'Amérique méridionale. Les principaux fleuves de ces parties du monde se regardent également; car le Sénégal coule à l'opposite de la rivière des Amazones. Enfin, l'une et l'autre de ces presqu'îles, qui s'avancent vers le pôle austral, est terminée par deux caps également fameux par leurs tempêtes, le Cap de Bonne-Espérance et le Cap Horn.

Il y a encore entre ces deux hémisphères bien d'autres points de consonnance auxquels je ne m'arrête pas. A la vérité tous ces points ne se correspondent pas aux mêmes latitudes; mais ils sont disposés suivant une ligne spirale qui va d'orient en occident, en s'étendant du nord vers le midi, en sorte que ces points correspondans vont en progression. Ils sont à-peu-près à la même hauteur en partant du nord, comme la mer Baltique et la baie d'Hudson; et ils s'alongent dans l'Amérique à mesure

qu'elle s'avance vers le sud. Cette progression se
fait encore sentir dans toute la longueur de l'ancien
continent, comme on peut le voir à la forme de
ses caps, qui, en partant de l'orient, s'alongent
d'autant plus vers le midi, qu'ils s'avancent vers
l'occident ; tels que le Cap du Kamtchatka en Asie,
le Cap Comorin en Arabie, le Cap de Bonne-Espérance en Afrique, et enfin le Cap Horn en Amérique. Ces différences de proportion viennent de ce
que les deux hémisphères terrestres ne sont pas
projetés de la même manière ; car l'ancien continent
a sa plus grande longueur d'orient en occident, et
le nouveau a la sienne du nord au sud ; et il est
manifeste que cette différence de projection a été
ordonnée par l'auteur de la nature, par la même
raison qui lui a fait donner des parties doubles aux
animaux et aux végétaux, afin que dans un besoin
elles suppléassent l'une à l'autre, mais principalement afin qu'elles pussent s'entre-aider.

S'il n'existoit, par exemple, que l'ancien continent
avec la seule mer du Sud, le mouvement de cette
mer étant trop accéléré sous la ligne par les vents
réguliers de l'est, viendroit après avoir circuit la
zône torride, heurter d'une manière effroyable
contre les terres du Japon ; car le volume des flots
d'une mer est toujours proportionné à son étendue.
Mais par la disposition des deux continens, les
flots du grand courant oriental de la mer des Indes

sont retardés en partie par les archipels des Moluques et des Philippines; ils sont encore rompus
par d'autres îles, telles que les Maldives, par les
caps de l'Arabie et par celui de Bonne-Espérance,
qui les rejette vers le sud. Ils éprouvent avant de se
rendre au Cap Horn de nouveaux obstacles, par le
courant du pôle austral, qui traverse alors leur
cours, et par le changement de mousson, qui en
détruit totalement la cause au bout de six mois. Ainsi
il n'y a pas un seul courant, soit oriental, soit septentrional, qui parcoure seulement le quart du globe
dans la même direction. D'ailleurs, la division des
parties du monde en deux est tellement nécessaire
à son harmonie générale, que si le canal de l'océan
Atlantique, qui les sépare, n'existoit pas, ou qu'il
fût rempli en partie, comme on suppose qu'il l'étoit
autrefois par la grande île Atlantide (1), tous les
fleuves orientaux de l'Amérique, et tous les occi-
dentaux de l'Europe, tariroient, puisque ces fleuves
ne doivent leurs eaux qu'aux nuages qui émanent
de la mer. De plus, le soleil n'éclairant de notre côté
qu'un hémisphère terrestre, dont les méditerranées
disparoîtroient, le brûleroit de ses rayons, tandis
que, n'échauffant de l'autre qu'un hémisphère mari-

---

(1) Isle fabuleuse imaginée par Platon, pour représenter
allégoriquement le gouvernement d'Athènes, comme plusieurs savans l'ont prouvé.

time, dont la plupart des îles seroient submergées,
parce que le volume de cette mer augmenteroit par
la soustraction de la nôtre, il y éleveroit une multitude de vapeurs en pure perte.

Il paroît que c'est par ces considérations que la
nature n'a point placé dans la zône torride la plus
grande longueur des continens, mais seulement la
largeur moyenne de l'Amérique et de l'Afrique,
parce que l'action du soleil y auroit été trop vive.
Elle y a mis au contraire le plus long diamètre de
la mer du Sud, et la plus grande largeur de l'océan
Atlantique, et elle y a rassemblé la plus grande quantité d'îles qui existe. De plus elle a placé dans la
largeur des continens qu'elle y a prolongés, les plus
grands courans d'eaux vives qu'il y ait au monde,
qui sortent tous de montagnes à glace, tels que le
Sénégal et le Nil, qui viennent des monts de la
Lune en Afrique, l'Amazone et l'Orénoque, qui
ont leurs sources dans les Cordilières de l'Amérique.
C'est encore par cette raison qu'elle a multiplié, dans
la zône torride et dans son voisinage, les hautes
chaînes de montagnes couvertes de neiges, et qu'elle
y dirige les vents du pôle nord et du pôle sud, dont
participent toujours les vents alisés; et il est bien
remarquable que plusieurs des grands fleuves qui y
coulent ne sont pas situés précisément sous la ligne,
mais dans des lieux de la zône torride, qui sont plus
chauds que la ligne même. Ainsi le Sénégal roule

ses eaux dans le voisinage du Zara ou Désert, qui
est la partie la plus brûlante de l'Afrique, au témoignage de tous les voyageurs.

On entrevoit donc la nécessité de deux continens,
qui servent mutuellement de frein aux mouvemens
de l'Océan. Il est impossible de concevoir que la
nature ait pu les disposer autrement qu'en en étendant un en longitude, et l'autre en latitude, afin
que les courans opposés de leurs mers pussent se
balancer, et qu'il en résultât une harmonie convenable à leurs rivages et aux îles renfermées dans
leurs bassins. Si vous supposez ces deux continens
projetés en anneaux d'orient en occident, sous les
deux zônes tempérées, la circulation de la mer, renfermée entre deux, sera, comme nous l'avons vu,
trop accélérée par l'action constante du vent d'est.
Il n'y aura plus de communication maritime de la
ligne aux pôles; partant, point d'effusions glaciales
dans cette mer, ni de marées, ni de rafraîchissement
et de renouvellement de ses eaux. Si vous supposez
au contraire ces deux continens allant tous deux du
nord au midi, comme l'Amérique, il n'y aura plus
dans l'Océan de courant oriental; les deux moitiés
de chaque mer viendront se rencontrer au milieu de
leur canal, et leurs effusions polaires s'y heurteront
avec une quantité de mouvement dont les effusions
glaciales, qui se précipitent des Alpes, ne nous
donnent que de foibles idées, malgré leurs ravages.

Mais par les courans alternatifs et opposés de nos mers, les effusions glaciales de notre pôle vont rafraîchir en été l'Afrique, le Brésil et les parties méridionales de l'Asie, en passant au-delà du Cap de Bonne-Espérance, par la mousson qui porte alors vers l'orient le cours de l'Océan ; et pendant notre hiver, les effusions du pôle sud vont vers l'occident modérer, sur les mêmes rivages, l'action du soleil, qui y est toujours constante. Par ces deux mouvemens en spirale et rétrogrades des mers, semblables à ceux du soleil dans les cieux, il n'y a pas une goutte d'eau qui ne puisse faire le tour du globe, s'évaporer sous la ligne, se réduire en pluie dans le continent, et se geler sous le pôle. Ces correspondances universelles sont d'autant plus dignes de remarque, qu'elles entrent dans tous les plans de la nature, et se trouvent dans le reste de ses ouvrages.

Il résulteroit d'un autre ordre, d'autres inconvéniens que je laisse chercher au lecteur. Les hypothèses *ab absurdo* sont à la fois amusantes et utiles ; elles changent à la vérité en caricatures les proportions naturelles ; mais elles ont cela d'avantageux, qu'en nous convainquant de la foiblesse de notre intelligence, elles nous pénètrent de la sagesse de celle de la nature. Souvenons-nous de la méthode de Socrate. Ne perdons point notre temps à répondre aux systêmes qui nous présentent des plans différens de ceux que nous voyons. Tirons-en seulement

II. P

des conséquences : les admettre, c'est les réfuter.

Je pourrois démontrer encore que la plupart des îles ont elles-mêmes des parties doubles, comme les continens dont nous avons dit ailleurs qu'elles étoient des abrégés, par leurs pitons, leurs montagnes, leurs lacs et leurs fleuves, proportionnés à leur étendue. Beaucoup de celles qui sont dans l'océan Indien, ont pour ainsi dire deux hémisphères, l'un oriental, l'autre occidental, divisés par des montagnes, qui vont du nord au sud, en sorte que quand l'hiver est d'un côté, l'été règne de l'autre, et alternativement ; telles sont les îles de Java, Sumatra, Bornéo, et la plupart des Philippines et des Moluques ; en sorte qu'elles sont évidemment construites pour les deux moussons de la mer où elles sont placées. Si le temps me le permettoit, les variétés de leur construction nous offriroient bien des remarques curieuses, qui confirmeroient en particulier, ce que j'ai dit en général sur les consonnances du globe. Pour moi je crois ces principes d'ordre si certains, que je suis persuadé qu'en voyant le plan d'une île avec l'élévation et la direction de ses montagnes, on peut déterminer sa longitude, sa latitude, et quels sont les vents qui y soufflent le plus régulièrement. Je crois encore qu'avec ces dernières données on peut, *vice versâ*, tracer le plan et la coupe d'une île dans quelque partie de l'Océan que ce soit. J'en excepte cepen-

dant les îles fluviatiles, et celles qui, étant trop
petites, sont réunies en archipels, comme les Maldives, parce que ces îles n'ont pas le centre de
toutes leurs convenances en elles-mêmes, mais
qu'elles sont ordonnées à des fleuves, à des archipels ou à des continens voisins. On peut s'assurer
que je n'avance point un paradoxe en comparant,
entre les tropiques, la forme générale des îles qui
sont exposées à deux moussons, et celles des îles
qui sont sous le vent régulier de l'est. Nous venons
de dire que la nature avoit donné en quelque sorte
deux hémisphères aux premières, en les divisant
dans le milieu par une chaîne de montagnes, qui
court nord et sud, afin qu'elles reçussent les
influences alternatives des vents d'est et d'ouest,
qui y soufflent tour à tour six mois de l'année;
mais dans les îles situées dans la mer du Sud et dans
l'océan Atlantique, où le vent d'est souffle toujours
du même côté, elle a placé les montagnes à l'extrémité de leur territoire dans la partie la plus éloignée
du vent, afin que les ruisseaux et les rivières qui se
forment des nuages, qui sont accumulés par ce vent
sur leurs pitons, pussent couler dans toute l'étendue
de ces îles.

Je sais bien que j'ai rapporté ailleurs ces dernières observations, mais je les présente ici sous
un nouveau jour. D'ailleurs, quand je tomberois
dans quelques redites, on peut répéter des vérités

nouvelles, et on doit quelque indulgence à la foiblesse de celui qui les annonce.

DE LA PROGRESSION.

La progression est une suite de consonnances ascen-
dantes ou descendantes. Par-tout où la progression
se rencontre, elle produit un grand plaisir, parce
qu'elle fait naître dans notre ame le sentiment de
l'infini si conforme à notre nature. Je l'ai déjà dit,
et je ne saurois trop le répéter, les sensations physiques ne nous ravissent qu'en excitant en nous un
sentiment intellectuel.

Lorsque les feuilles d'un végétal sont rangées
autour de ses branches dans le même ordre que les
branches le sont elles-mêmes autour de la tige, il y
a consonnance, comme dans les pins : mais si les
branches de ce végétal sont encore disposées entre
elles sur des plans semblables, qui aillent en dimi-
nuant de grandeur, comme dans les formes pyra-
midales des sapins, il y a progression; et si ces arbres
sont disposés eux-mêmes en longues avenues, qui
dégradent en hauteur et en teintes, comme leurs
masses particulières, notre plaisir redouble, parce
que la progression devient infinie.

C'est par cet instinct de l'infini que nous aimons
à voir tout ce qui nous présente quelque progression, comme des pépinières de différens âges,
des coteaux qui fuient à l'horizon sur différens

plans, des perspectives qui n'ont point de termes.

Montesquieu remarque cependant que si la route de Pétersbourg à Moscou est en ligne droite, le voyageur doit y périr d'ennui. Je l'ai parcourue, et je peux assurer qu'il s'en faut de beaucoup qu'elle soit en ligne droite. Mais en l'y supposant, l'ennui du voyageur naîtroit du sentiment même de l'infini, joint à l'idée de fatigue. C'est ce même sentiment, si ravissant quand il se mêle à nos plaisirs, qui nous cause des peines intolérables quand il se joint à nos maux; ce que nous n'éprouvons que trop souvent. Cependant je crois qu'une perspective sans bornes nous ennuieroit à la longue, en nous présentant toujours l'infini de la même manière; car notre ame en a non-seulement l'instinct, mais encore celui de l'universalité, c'est-à-dire, de toutes les modifications de l'infini.

La nature ne fait point, à notre manière, des perspectives avec une ou deux consonnances; mais elle les compose d'une multitude de progressions diverses, en y faisant entrer celles des plans, des grandeurs, des formes, des couleurs, des mouvemens, des âges, des espèces, des groupes, des saisons, des latitudes, et y joignant une infinité de consonnances tirées des reflets de la lumière, des eaux et des sons. Je suppose qu'elle eût été bornée à planter une avenue de Páris jusqu'à Madrid, avec un seul genre d'arbres, tels que des figuiers. Je

doute qu'on s'ennuyât à la parcourir. On y verroit
des figuiers qui porteroient des figues appelées des
Latins *mamillanæ* (1), parce qu'elles étoient faites
comme des mamelles; d'autres qui en produiroient
de toutes rouges, et pas plus grosses qu'une olive,
comme celles du mont Ida; d'autres qui en auroient de blanches, de noires; d'autres de couleur de porphyre, et appelées par cette raison,
par les anciens, porphyrites. On y verroit des
figuiers d'Hyrcanie, qui se chargent de plus de
deux cents boisseaux de fruits; le figuier ruminal,
de l'espèce de celui sous lequel Rémus et Romulus
furent alaités par une louve; le figuier d'Hercule,
enfin les vingt-neuf espèces rapportées par Pline,
et bien d'autres inconnues aux Romains et à nous.
Chacune de ces espèces d'arbres y montreroit des
végétaux de diverses grandeurs, de jeunes, de vieux;
de solitaires et de groupés; de plantés sur le bord
des ruisseaux, d'autres sortant de la fente des rochers. Chaque arbre présenteroit la même variété
dans ses fruits exposés sur un seul pied, pour ainsi
dire, à différentes latitudes, au midi, au nord, à
l'orient, au couchant, au soleil et à l'ombre des
feuilles : il y en auroit de verts qui ne commence-
roient qu'à poindre, d'autres violets et crevassés
avec leurs fentes pleines de miel. D'un autre côté,

_____

(1) *Voyez* Pline, Histoire naturelle, liv. 15, chap. 18.

on en rencontreroit, sous des latitudes différentes,
dans le même degré de maturité que s'ils fussent
venus sur le même arbre; ceux qui croissent au
nord dans le fond des vallées, étant quelquefois
aussi avancés que ceux qui viennent bien avant dans
le midi, sur le haut des montagnes.

On retrouve ces progressions dans les plus petits
ouvrages de la nature, dont elles font un des plus
grands charmes. Elles ne sont l'effet d'aucune loi
mécanique. Elles ont été réparties à chaque végétal
pour prolonger la jouissance de ses fruits, suivant
les besoins de l'homme. Ainsi les fruits aqueux et
rafraîchissans, comme les fruits rouges, ne paroissent que pendant la saison des chaleurs; d'autres,
qui étoient nécessaires pendant l'hiver par leur farine substantielle et par leurs huiles, comme les
marrons et les noix, se conservent une partie de
l'année. Mais ceux qui devoient servir aux besoins
accidentels des hommes, comme à ceux des voyageurs, restent sur la terre en tout temps. Non-seulement ceux-ci sont revêtus de coques propres à
les conserver, mais ils paroissent aux arbres dans
toutes les saisons et dans tous les degrés de maturité.
Aux Indes, sur les rivages inhabités des îles (1), le
cocotier porte à la fois douze ou quinze grappes de
cocos, dont les uns sont encore dans leurs étuis,

---

(1) *Voyez* François Pyrard, Voyages aux Maldives.

d'autres sont en fleurs, d'autres sont noués, d'autres sont déjà pleins de lait, d'autres enfin sont tout-à-fait mûrs. Le cocotier est l'arbre des marins. Ce n'est pas la chaleur des tropiques qui lui donne une fécondité si constante et si variée ; car les fruits des arbres ont aux Indes, comme dans nos climats, des saisons où ils mûrissent, et après lesquelles on n'en voit plus. Je n'y connois que le cocotier et le bananier qui en portent toute l'année. Celui-ci est, à mon gré, l'arbre le plus utile du monde, parce que ses fruits peuvent servir d'aliment sans aucun apprêt, étant d'un goût agréable et fort substantiel. Il donne une grappe ou régime de soixante ou quatre-vingts fruits qui mûrissent tous à la fois; mais il pousse des rejetons de toutes sortes de grandeurs, qui en donnent successivement et en tout temps. La progression des fruits du cocotier est dans l'arbre, et celle des fruits du bananier dans le verger. Par-tout, ce qu'il y a de plus utile, est ce qu'il y a de plus commun.

Les productions de nos blés et de nos vignes présentent des dispositions encore plus merveilleuses; car, quoique l'épi de blé ait plusieurs faces, ses grains mûrissent dans le même temps par la mobilité de sa paille qui les présente à tous les aspects du soleil. La vigne ne croît ni en buisson, ni en arbre, mais en espalier; et quoique ses grains soient en forme de grappes, leur transparence les rend propres à être pénétrés par-tout des rayons du soleil. La nature oblige ainsi les hommes, par la maturité spontanée de ces fruits destinés au soutien général de la vie humaine, de se réunir pour en faire ensemble les récoltes et les vendanges. On peut regarder les blés et les vignes comme les plus puissans liens des sociétés. Aussi Cérès et Bacchus ont-ils été regardés dans l'antiquité comme les premiers législateurs du genre humain. Les poètes anciens leur en donnent souvent l'épithète. Un Indien sous son bananier et son cocotier peut se passer de son voisin. C'est, je crois, par cette raison, plutôt que par celle du climat qui y est si doux, qu'il y a aux grandes Indes si peu de républiques, et tant de gouvernemens fondés sur la force. Un homme n'y peut influer sur le champ d'autrui que par ses ravages; mais l'Européen qui voit jaunir ses moissons et noircir tous ses raisins à la fois, se hâte d'appeler au secours de sa récolte, non-seulement ses voisins, mais les passans. Au reste, la nature en refusant à nos blés et à nos vignes de produire leurs fruits toute l'année, a donné aux farines et aux vins qu'on en tire de se garder des siècles.

Toutes les loix de la nature sont dirigées vers nos besoins; non-seulement celles qui sont faites évidemment pour notre commodité, mais d'autres y conviennent souvent d'autant mieux, qu'elles semblent s'en écarter davantage.

DES CONTRASTES.

Les contrastes diffèrent des contraires, en ce que ceux-ci n'agissent que dans un seul point, et ceux-là dans leur ensemble. Un objet n'a qu'un contraire, mais il peut avoir plusieurs contrastes. Le blanc est le contraire du noir; mais il contraste avec le bleu, le vert, le rouge, et plusieurs autres couleurs.

La nature, pour distinguer les harmonies, les consonnances et les progressions des corps, les unes des autres, les fait contraster. Cette loi est d'autant moins observée, qu'elle est plus commune. Nous foulons aux pieds les plus grandes et les plus admirables vérités, sans y faire attention.

Tous les naturalistes regardent les couleurs des corps comme de simples accidens, et la plupart d'entre eux considèrent leurs formes même comme l'effet de quelque attraction, incubation, cristallisation, &c. Tous les jours on fait des livres pour étendre, par des analogies, les effets mécaniques de ces loix aux diverses productions de la nature ; mais si elles ont en effet tant de puissance, pourquoi le soleil, cet agent universel, n'a-t-il pas rempli les cieux, les eaux, les terres, les forêts, les campagnes, et toutes les créatures sur lesquelles il a tant d'influence, des effets uniformes et monotones de sa lumière ? Tous ces objets devroient nous

paroître, comme elle, blancs ou jaunes, et ne se
distinguer les uns des autres que par leurs ombres.
Un paysage ne devroit nous présenter d'autres effets,
que ceux d'un camaïeu ou d'une estampe. Les latitudes, dit-on, en varient les couleurs ; mais si les
latitudes ont ce pouvoir, pourquoi les productions
du même climat et du même champ n'ont-elles pas
toutes la même teinte ? Pourquoi les quadrupèdes
qui naissent et vivent dans les prés, ne font-ils pas
des petits qui soient verts comme l'herbe qui les
nourrit ?

La nature ne s'est pas contentée d'établir des harmonies particulières dans chaque espèce d'êtres
pour les caractériser ; mais afin qu'elles ne se confondent pas entre elles, elle les fait contraster.
Nous verrons dans l'Etude suivante, par quelle
raison particulière elle a donné aux herbes la couleur verte, préférablement à toute autre couleur.
Elle a fait en général les herbes vertes, pour les
détacher de la terre ; ensuite elle a donné la couleur
de terre aux animaux qui vivent sur l'herbe, pour
les distinguer à leur tour du fond qu'ils habitent. On
peut remarquer ce contraste général dans les quadrupèdes herbivores, tels que les animaux domestiques, les bêtes fauves des forêts, et dans tous les
oiseaux granivores qui vivent sur l'herbe ou dans
les feuillages des arbres, comme la poule, la perdrix, la caille, l'alouette, le moineau, &c... qui

ont des couleurs terreuses, parce qu'ils vivent sur la verdure. Mais ceux, au contraire, qui vivent sur des fonds rembrunis, ont des couleurs brillantes, comme les mésanges bleuâtres et les piverts qui grimpent sur l'écorce des arbres pour y chercher des insectes, &c.

La nature oppose par-tout la couleur de l'animal à celle du fond où il vit. Cette loi admirable est universelle. J'en rapporterai ici quelques exemples, pour mettre le lecteur sur la voie de ces ravissantes harmonies dont il trouvera des preuves dans tous les climats. On voit sur les rivages des Indes un grand et bel oiseau blanc et couleur de feu, appelé flammant, non pas parce qu'il est de Flandre, mais du vieux mot français *flambant*, parce qu'il paroît de loin comme une flamme. Il habite ordinairement les lagunes et les marais salans, dans les eaux desquels il fait son nid, en y élevant à un pied de profondeur un petit tertre de vase d'un pied et demi de hauteur. Il fait un trou au sommet de ce petit tertre, il y pond deux œufs, et il les couve debout, les pieds dans l'eau, à l'aide de ses longues jambes. Quand plusieurs de ces oiseaux sont sur leurs nids, au milieu d'une lagune, on les prendroit de loin pour les flammes d'un incendie, qui sortent du sein des eaux. D'autres oiseaux présentent des contrastes d'un autre genre sur les mêmes rivages. Le pélican ou grand-gosier, est un oiseau blanc et brun, qui a un large sac au-dessous de son bec qui est très-long. Il va tous les matins remplir son sac de poisson ; et quand sa pêche est faite, il se perche sur quelque pointe de rocher à fleur d'eau, où il se tient immobile jusqu'au soir, dit le père Dutertre (1), « comme tout triste, la tête penchée par » le poids de son long bec, et les yeux fixés sur la » mer agitée, sans branler non plus que s'il étoit de » marbre ». On distingue souvent sur les grèves rembrunies de ces mers, des aigrettes blanches comme la neige, et dans les plaines azurées du ciel, le paille-en-cul d'un blanc argenté, qui les traverse à perte de vue : il est quelquefois glacé de rose, avec les deux longues plumes de sa queue couleur de feu comme celui de la mer du Sud.

Souvent plus le fond est triste, plus l'animal qui y vit est revêtu de couleurs brillantes. Nous n'avons peut-être point, en Europe, d'insectes qui en aient de plus riches que le scarabée stercoraire, et que la mouche qui porte le même nom. Celle-ci est plus éclatante que l'or et l'acier poli ; l'autre d'une forme hémisphérique, est d'un beau bleu de pourpre ; et afin que son contraste fût complet, il exhale une forte et agréable odeur de musc.

La nature semble quelquefois s'écarter de cette loi, mais c'est par d'autres raisons de convenance à

---

(1) Histoire des Antilles.

laquelle elle ramène tous ses plans. Ainsi, après avoir
fait contraster avec les fonds où ils vivent, les animaux qui pouvoient échapper à tous les dangers par
leur force et par leur légèreté, elle y a confondu
ceux qui sont d'une lenteur ou d'une foiblesse qui
les livreroit à la discrétion de leurs ennemis. Le limaçon, qui est privé de la vue, est de la couleur de
l'écorce des arbres qu'il ronge, ou de la muraille
où il se réfugie. Les poissons plats, qui nagent fort
mal, comme les turbots, les carrelets, les plies; les
limandes, les soles, &c. qui sont à-peu-près taillés
comme des planches, parce qu'ils étoient destinés
à vivre sédentairement au-dessus des fonds de la mer,
sont de la couleur des sables où ils cherchent leur
vie, étant piquetés comme eux de gris, de jaune, de
noir, de rouge et de brun. A la vérité, ils ne sont
colorés ainsi que d'un côté; mais ils ont tellement
le sentiment de cette ressemblance, que quand ils
se trouvent enfermés dans les parcs établis sur les
grèves, et qu'ils voient la marée près de se retirer,
ils enfouissent leurs ailerons dans le sable en attendant la marée suivante, et ne présentent à la vue
de l'homme que leur côté trompeur. Il est si res-
semblant avec le fond où ils se cachent, qu'il seroit
impossible aux pêcheurs de les en distinguer s'ils
n'avoient des faucilles avec lesquelles ils tracent des
rayures en tout sens sur la surface du terrein, pour en
avoir au moins le tact, s'ils ne peuvent en avoir la vue.

C'est ce que je leur ai vu faire plus d'une fois, encore plus émerveillé de la ruse de ces poissons que de celle des pêcheurs. Les raies au contraire, qui sont des poissons plats qui nagent mal aussi, mais qui sont carnivores, sont marbrées de blanc et de brun, afin d'être aperçues de loin par les autres poissons ; et pour qu'elles ne fussent pas dévorées à leur tour par leurs ennemis qui sont fort alertes, comme les chiens de mer, ou par leurs propres compagnes qui sont très-voraces, elles sont revêtues de pointes épineuses, sur-tout à la partie postérieure de leur corps, comme à la queue qui est la plus exposée aux attaques lorsqu'elles fuient.

La nature a mis à la fois dans la couleur des animaux qui ne sont pas nuisibles, des contrastes avec le fond où ils vivent, et des consonnances avec celui qui en est voisin ; et elle leur a donné l'instinct d'en faire alternativement usage, suivant les bonnes ou les mauvaises fortunes qui se présentent. On peut remarquer ces convenances merveilleuses dans la plupart de nos petits oiseaux, dont le vol est foible et de peu de durée. L'alouette grise cherche sa vie dans l'herbe des champs. Est-elle effrayée ? elle se coule entre deux mottes de terre où elle devient invisible. Elle est si tranquille dans ce poste qu'elle n'en part souvent que quand le chasseur a le pied dessus. Autant en fait la perdrix. Je ne doute pas que ces oiseaux sans défense n'aient le sentiment de ces contrastes et de ces convenances de couleur; car je l'ai observé même dans les insectes. Au mois de mars dernier, je vis sur le bord de la rivière des Gobelins un papillon couleur de brique, qui se reposoit les ailes étendues sur une touffe d'herbes. Je m'approchai de lui et il s'envola. Il fut s'abattre à quelques pas de distance sur la terre qui en cet endroit étoit de sa couleur. Je m'approchai de lui une seconde fois : il prit encore sa volée, et fut se réfugier sur une semblable lisière de terrein. Enfin, je ne pus jamais l'obliger à se reposer sur l'herbe, quoique je l'essayasse souvent, et que les espaces de terre qui se trouvoient entre les touffes de gazon fussent étroits et en petit nombre. Au reste, cet instinct étonnant est bien évident dans le caméléon. Cette espèce de lézard qui a une marche très-lente, en est dédommagé par l'incompréhensible faculté de se teindre, quand il lui plaît, de la couleur du fond qui l'environne. Avec cet avantage, il échappe à la vue de ses ennemis qui l'auroient bientôt atteint à la course. Cette faculté est dans sa volonté ; car sa peau n'est pas un miroir. Il ne réfléchit que la couleur des objets et non leur forme. Ce qu'il y a encore de remarquable en ceci, et de bien confirmé par les naturalistes, qui n'en donnent pas la raison, c'est qu'il prend toutes les couleurs, comme le brun, le gris, le jaune, et sur-tout le vert qui est sa couleur favorite, mais jamais le rouge. On a mis des camé-

léons pendant des semaines entières dans des draps
d'écarlate sans qu'ils en aient pris la moindre nuance.
La nature semble leur avoir refusé cette teinte éclatante, parce qu'elle ne pouvoit servir qu'à les faire
apercevoir de plus loin, et que d'ailleurs elle n'est
celle d'aucun fond, ni dans les terres, ni dans les
végétaux où ils passent leur vie.

Mais dans l'âge de la foiblesse et de l'inexpé-
rience, la nature confond la couleur des animaux
innocens avec celle des fonds qu'ils habitent, sans
leur donner le choix de l'alternative. Les petits des
pigeons et de la plupart des oiseaux granivores,
sont hérissés de poils verdâtres, semblables aux
mousses de leurs nids. Les chenilles sont aveugles,
et sont de la nuance des feuilles et des écorces
qu'elles rongent. Les jeunes fruits même, qui ne
sont pas encore revêtus d'épines, de cuirs, de
pulpes amères ou de coques dures qui protègent leurs
semences, sont pendant le temps de leur développe-
pement, verts comme les feuilles qui les avoisinent.
Quelques embryons, à la vérité, comme ceux de
certaines poires, sont roux ou bruns ; mais ils sont
alors de la couleur de l'écorce de l'arbre où ils sont
attachés. Quand ces fruits ont leurs semences en-
fermées dans des pepins ou des noyaux, et qu'elles
sont hors de danger, ils changent alors de couleur.
Ils deviennent jaunes, bleus, dorés, rouges, noirs,
et donnent aux végétaux qui les portent leurs

contrastes naturels. Il est très-remarquable que tout
fruit qui change de couleur a sa semence mûre.
Les insectes ayant quitté de même les robes de
l'enfance, et livrés à leur propre expérience, se
répandent dans le monde pour en multiplier les
harmonies, avec les parures et les instincts que leur
a donnés la nature. C'est alors que des nuées de papillons, qui dans l'état de chenille se confondoient
avec la verdure des plantes, viennent opposer les
couleurs et les formes de leurs ailes à celles des
fleurs, le rouge au bleu, le blanc au rouge, des
antennes à des étamines, et des franges à des
corolles. J'en ai un jour admiré un dont les ailes
étoient azurées et parsemées de points couleur d'aurore, qui se reposoit au sein d'une rose épanouie.
Il sembloit disputer avec elle de beauté. Il eût été
difficile de dire lequel en méritoit mieux le prix,
du papillon ou de la fleur; mais en voyant la rose
couronnée d'ailes de lapis, et le papillon azuré posé
dans une coupe de carmin, il étoit aisé de voir que
leur charmant contraste ajoutoit à leur mutuelle
beauté.

La nature n'emploie point ces convenances et
ces contrastes agréables dans les animaux nuisibles,
ni même dans les végétaux dangereux. De quelque
genre que soient les bêtes carnassières ou venimeuses, elles forment à tout âge, et par-tout où
elles sont, des oppositions dures et heurtées. L'ours

blanc du nord s'annonce sur les neiges par des gémissemens sourds, par la noirceur de son museau et de ses griffes, et par une gueule et des yeux couleur de sang. Les bêtes féroces qui cherchent leur proie au milieu des ténèbres ou dans l'obscurité des forêts, préviennent de leurs approches par des rugissemens, des cris lamentables, des yeux enflammés, des odeurs urineuses ou fétides. Le crocodile en embuscade sur les grèves des fleuves de l'Asie, où il paroît comme un tronc d'arbre renversé, exhale au loin une forte odeur de musc. Le serpent à sonnette caché dans les prairies de l'Amérique, fait bruire sous l'herbe ses sinistres grelots. Les insectes même qui font la guerre aux autres, sont revêtus de couleurs âtres durement opposées, où le noir, sur-tout, domine et se heurte avec le blanc ou le jaune. Le bourdon, indépendamment de son sombre murmure, s'annonce par la noirceur de son corcelet et son gros ventre hérissé de poils fauves. Il paroît au milieu des fleurs comme un charbon de feu à demi éteint. La guêpe carnivore est jaune et bardée de noir comme le tigre. Mais l'utile abeille est de la nuance des étamines, et du fond des calices des fleurs où elle fait d'innocentes moissons.

Les plantes venimeuses offrent, comme les animaux nuisibles, d'affreux contrastes par les couleurs meurtries de leurs fleurs, où le noir, le gros

bleu et le violet enfumé sont en opposition tranchée avec des nuances tendres; par des odeurs nauséabondes et virulentes; par des feuillages hérissés,
teints d'un vert noir et heurté de blanc en dessous:
tels sont les aconits. Je ne connois point de plante
qui ait un aussi hideux aspect que celles de cette
famille, et entre autres le napel, qui est le végétal
le plus venimeux de nos climats. Je ne sais si les
embryons de leurs fruits ne présentent pas, dès les
premiers instans de leur développement, des oppositions dures qui annoncent leurs caractères malfaisans : si cela est, ils ont encore cette ressemblance commune avec les petits des bêtes féroces.

Les animaux qui vivent sur deux fonds différens,
portent deux contrastes dans leurs couleurs. Ainsi,
par exemple, le martin-pêcheur, qui vole le long
des rivières, est à la fois couleur de musc et glacé
d'azur, en sorte qu'il se détache des rivages rembrunis par sa couleur azurée, et de l'azur des eaux
par sa couleur de musc. Le canard qui barbote sur
les mêmes rivages, a le corps teint d'une couleur
cendrée, et la tête et le cou de la verdure de l'émeraude, de manière qu'il se distingue parfaitement
par la couleur grise de son corps, de la verdure des
nymphæa et des roseaux parmi lesquels il vogue,
et par la verdure de sa tête et de son cou, des vases
noires où il barbote, et dans lesquelles, par un
autre contraste fort étonnant, il ne salit jamais son

plumage. Les mêmes contrastes de couleurs se rencontrent dans le pivert qui vit sur les troncs des
arbres, le long desquels il grimpe pour chercher
des insectes sous leurs écorces. Cet oiseau est
coloré à la fois de brun et de vert, en sorte que,
quoiqu'il vive pour ainsi dire à l'ombre, on l'aperçoit
cependant toujours sur le tronc des arbres ; car il
se détache de leurs sombres écorces par la partie de
son plumage qui est d'un vert brillant, et de la verdure de leurs mousses et de leurs lichens par la couleur de ses plumes qui sont brunes. La nature
oppose donc les couleurs de chaque animal à celles
du fond qu'il habite ; et ce qui confirme la vérité de
cette grande loi, c'est que la plupart des oiseaux
qui ne vivent que sur un seul fond, n'ont qu'une
seule couleur qui contraste fortement avec celle de
ce fond. Ainsi, les oiseaux qui vivent sur le fond
azuré des cieux au haut des airs, ou sur celui des
eaux au milieu des lacs, sont pour l'ordinaire de
couleur blanche, qui, de toutes les couleurs, est
celle qui tranche le plus fortement sur le bleu, et
est par conséquent la plus propre à les faire apercevoir de loin. Tels sont, entre les tropiques, le
paille-en-cul, oiseau d'un blanc satiné qui vole au
haut des airs ; les aigrettes, les mauves, les goëlans
qui planent à la surface des mers azurées, et les
cygnes qui voguent en flottes au milieu des lacs du
nord. Il y en a d'autres aussi qui, pour contraster

avec ceux-là, se détachent du ciel ou des eaux par
des couleurs noires ou rembrunies : tels sont, par
exemple, le corbeau de nos climats, qui s'aperçoit
de si loin dans le ciel, sur la blancheur des nuages;
plusieurs oiseaux de marine bruns et noirâtres,
comme la frégate des tropiques, qui se joue dans le
ciel au milieu des tempêtes; le taille-mer ou fauchet,
oiseau de marine, qui rase de ses ailes sombres taillées
en faulx, la surface blanche des flots écumeux de la
mer.

On peut donc inférer de ces exemples, que dès
qu'un animal n'a qu'une seule teinte il n'habite
qu'un seul site, et quand il réunit en lui le contraste
de deux teintes opposées, qu'il vit sur deux fonds
dont les couleurs même sont déterminées par celle
du plumage ou du poil de l'animal. Cependant, il
ne faut pas rendre cette loi trop générale, mais y
faire entrer les exceptions que la sage nature a établies pour la conservation même des animaux, telles
que de les blanchir en général au nord, dans les
hivers et sur les hautes montagnes, pour les préserver de l'excès du froid en les revêtant de la couleur
qui réfléchit le plus la chaleur, et de les rembrunir
au midi, dans les ardeurs de l'été et sur les plages
sablonneuses, pour les abriter des effets de la chaleur en les peignant de couleurs négatives. Ce qui
prouve évidemment que ces grands effets d'harmonie ne sont point des résultats mécaniques de l'in-

fluence des corps qui environnent les animaux, ou des appréhensions de leurs mères sur les tendres organes de leurs fétus, ou de l'action des rayons du soleil sur leurs plumes, comme notre physique a cru les expliquer jusqu'ici ; c'est que parmi ce nombre presque infini d'oiseaux qui passent leur vie au haut des airs ou à la surface des mers dont les couleurs sont azurées, il n'y a pas un seul oiseau bleu, et qu'au contraire, plusieurs oiseaux qui vivent entre les tropiques, au sein des noirs rochers ou à l'ombre des sombres forêts, sont de la couleur d'azur : tels sont la poule de Batavia qui est toute bleue, le pigeon hollandais de l'île de France, &c.

Nous pouvons tirer de ces observations une autre conséquence aussi importante ; c'est que toutes ces harmonies sont faites pour l'homme. Un oiseau bleu sur le fond du ciel ou à la surface des eaux, échapperoit à notre vue. La nature d'ailleurs n'a réservé les couleurs agréables et riches, que pour les oiseaux qui vivent dans notre voisinage. Cela est si vrai, que quoique le soleil agisse entre les tropiques avec toute l'énergie de ses rayons sur les oiseaux de la pleine mer, il n'y en a aucun dont le plumage soit revêtu de belles couleurs, tandis que ceux qui habitent les rivages des mers et des fleuves en ont souvent de magnifiques. Le flammant, grand oiseau qui vit dans les lagunes des mers méridionales, a son plumage blanc lavé de carmin. Le toucan des mêmes grèves

a un énorme bec du rouge le plus vif, et lorsqu'il
le retire du sein des sables humides où il cherche
sa pâture, on diroit qu'il vient d'y pêcher un tron-
çon de corail. Il y a une autre espèce de toucan
dont le bec est blanc et noir, aussi poli que s'il étoit
d'ébène et d'ivoire. La peintade au plumage maillé,
les paons, les canards, les martins-pêcheurs, et une
foule d'autres oiseaux riverains, embellissent par
l'émail de leurs couleurs les bords des fleuves de
l'Asie et de l'Afrique. Mais on ne voit rien qui leur
soit comparable dans le plumage de ceux qui habitent la pleine mer, quoiqu'ils soient encore plus
exposés aux influences du soleil.

C'est par une suite de ces convenances avec
l'homme, que la nature a donné aux oiseaux qui
vivent loin de lui, des cris aigus, rauques et perçans,
mais qui sont aussi propres que leurs couleurs tran-
chantes à les faire apercevoir de loin au milieu de
leurs sites sauvages. Elle a donné au contraire, des
sons doux et des voix harmonieuses aux petits
oiseaux qui habitent nos bosquets et qui s'établissent
dans nos habitations, afin qu'ils en augmentassent
les agrémens, autant par la beauté de leur ramage,
que par celle de leur coloris. Nous le répétons,
afin de confirmer la vérité des principes d'harmonie
que nous posons; c'est que la nature a établi un
ordre de beauté si réel dans le plumage et le chant
des oiseaux, qu'elle n'en a revêtu que les oiseaux

dont la vie étoit en quelque sorte innocente par rapport à l'homme, comme ceux qui sont granivores,
ou qui vivent d'insectes ; et elle l'a refusé aux
oiseaux de proie et à la plupart de ceux de marine,
qui ont, pour l'ordinaire, des couleurs terreuses et
des cris désagréables.

Tous les règnes de la nature se présentent à
l'homme avec les mêmes convenances, jusque dans
les abîmes de l'Océan. Les poissons qui se repaissent
de chair, comme toute la classe des cartilagineux,
tels que les roussettes, les chiens de mer, les requins,
les pantoufliers, les raies, les polypes, &c. ont des
couleurs et des formes déplaisantes. Les poissons
qui vivent en pleine mer, ont des couleurs marbrées
de blanc, de noir, de brun, qui les distinguent au
sein des flots azurés, tels sont les baleines, les sou-
fleurs, les marsouins, &c. Mais c'est parmi ceux qui
habitent les rivages rembrunis, et sur-tout dans le
nombre de ceux qu'on appelle saxatiles parce qu'ils
vivent dans les rochers, qu'on en trouve dont la
peau et les écailles surpassent par leur éclat celui
des plus riches peintures, sur-tout quand ils sont
vivans. C'est ainsi que des légions de maquereaux et
de harengs font étinceler d'argent et d'azur les grèves
septentrionales de l'Europe. C'est autour des noirs
rochers qui bordent les mers des tropiques, qu'on
pêche le poisson qu'on appelle le capitaine. Quoiqu'il varie de couleur suivant les latitudes, il suffit,

pour donner une idée de sa beauté, de rapporter la
description que fait François Cauche (1), de celui
qu'on pêche sur le rivage de Madagascar. Il dit que
ce poisson qui se plaît dans les rochers, est rayé en
losanges ; que ses écailles sont de couleur d'or pâle,
et que son dos est coloré et surglacé de laque, qui
tire en divers endroits sur le vermeil. Sa nageoire
dorsale et sa queue sont ondées d'azur qui se délaye
en vert vers les extrémités. C'est aussi au pied de ces
mêmes rochers qu'on trouve le magnifique poisson
appelé la sarde, et par les Brésiliens *accara pinima*,
dont Marcgrave a donné la figure dans son 4ᵉ livre,
chap. 6. Ce beau poisson a à la fois des écailles
argentées et dorées, traversées de la tête à la queue
de lignes noires, qui relèvent admirablement leur
éclat. Le même auteur décrit encore plusieurs espèces de lunes qui fréquentent les mêmes lieux. Pour
moi, je me suis amusé sur les rochers de l'île de
l'Ascension, à examiner pendant des heures entières, des lunes qui se jouoient au milieu des flots
tumultueux qui viennent sans cesse s'y briser. Ces
poissons, dont les espèces sont variées, ont la
forme arrondie et quelquefois échancrée de l'astre de
la nuit dont ils portent le nom. Ils sont de plus,
comme lui, de couleur d'argent poli. Ces poissons
semblent faits pour tromper le pêcheur de toute

---

(1) *Voyez* François Cauche, Relation de Madagascar.

manière; car ils ont le ventre rayé de raies noires en losanges, ce qui les fait paroître comme s'ils étoient pris dans un filet; ils semblent, à chaque instant, sur le point d'être jetés au rivage par le mouvement des flots où ils se jouent; ils ont de plus la bouche si petite, qu'ils rongent souvent l'appât sans se prendre à l'hameçon; et leur peau sans écailles comme celle de la roussette, est si dure, qu'on manque souvent de les harponner avec le trident dont les pointes sont le mieux acérées. François Cauche dit même qu'on a beaucoup de peine à entamer leur peau avec le couteau le mieux affilé. C'est sur les mêmes rivages de l'Ascension que l'on trouve la murène, espèce d'anguille de rocher, très-bonne à manger, dont la peau est parsemée de fleurs dorées. On peut dire en général, que chaque rocher de la mer est fréquenté par une foule de poissons dont les couleurs sont les plus éclatantes, tels que les dorades, les perroquets, les zèbres, les rougets, et une multitude d'autres dont les classes même nous sont inconnues. Plus les rochers et les écueils d'une mer sont multipliés, plus les espèces de poissons saxatiles y sont variées. Voilà pourquoi les îles Maldives qui sont en si grand nombre, fournissent à elles seules une multitude prodigieuse de poissons, de couleurs et de formes très-différentes, dont la plupart sont encore inconnues à nos ichtyologistes.

Toutes les fois donc que l'on voit un poisson brillant, on peut assurer qu'il habite le rivage, et au contraire qu'il vit en pleine eau, s'il est de couleur sombre. C'est ce qu'on peut vérifier dans nos rivières même. L'éperlan argenté, et l'ablette dont les écailles servent à faire de fausses perles, se jouent sur les grèves de la Seine, tandis que l'anguille de couleur sombre d'ardoise se plaît au milieu et au fond de son canal. Cependant il ne faut pas trop généraliser ces loix. La nature, comme nous l'avons dit, les ramène toutes à la convenance des êtres et à la jouissance de l'homme. Ainsi, par exemple, quoique les poissons de rivage aient en général des couleurs éclatantes, il y en a cependant parmi eux plusieurs espèces qui sont constamment rembrunies. Tels sont, non-seulement ceux qui nagent mal, comme les soles, les turbots, &c.; mais ceux qui habitent quelques parties des rivages qui ont des couleurs gaies. Ainsi la tortue, qui paît au fond de la mer des herbes vertes ou qui se traîne la nuit sur les sables blancs, pour y déposer ses œufs, est de couleur sombre; ainsi le lamantin, qui entre dans le canal des fleuves de l'Amérique pour paître, sans sortir de l'eau, l'herbe de leurs rivages, se détache de leur verdure par la couleur rembrunie de sa peau.

Les poissons saxatiles qui trouvent aisément leur sûreté dans les roches par leur légèreté à nager, ou par la facilité d'y trouver des retraites dans leurs parties caverneuses, ou de s'y défendre de leurs ennemis par des armures, ont tous des couleurs vives et éclatantes, excepté les cartilagineux : tels sont les crabes couleur de sang, les langoustes et les homars azurés et pourprés, entre autres celui auquel Rondelet a donné le nom de *thétis* à cause de sa beauté; les oursins violets à baguettes et à pointes, les nérites contournées en rubans rose et gris, et une multitude d'autres. Il est très-remarquable que tous les poissons à coquille qui marchent et voyagent, et qui par conséquent peuvent choisir leurs asyles, sont dans leur genre ceux qui ont de plus riches couleurs : tels sont les nérites dont je viens de parler, les porcelaines semblables à du marbre poli, les olives nuancées comme du velours de trois et quatre couleurs, les harpes qui ont les riches teintes des plus belles tulipes, les tonnes maillées comme des ailes de perdrix, qui se promènent à l'ombre des madrépores, et toutes les familles des univalves qui s'enfoncent dans le sable pour s'y mettre à l'abri. Les bivalves, comme le manteau ducal, couleur d'écarlate et d'orange, et une foule d'autres coquillages voyageurs, sont empreints des couleurs les plus vives, et forment avec les différens fonds de la mer des harmonies secondaires totalement inconnues. Mais ceux qui ne naviguent pas, comme sont la plupart des huîtres des mers méridionales, qui sont souvent

adhérentes aux roches même ; ou ceux qui sont
perpétuellement à l'ancre dans les mêmes endroits,
comme les moules et les pinnes marines attachées aux
caillous par des fils; ou ceux qui se reposent au sein
des madrépores, comme des bateaux sur les chantiers, tels que les arches de Noé ; ou ceux qui sont
tout-à-fait plongés au sein des rocs calcaires, comme
les dails de la Méditerranée ; ou ceux qui, immobiles
par leur poids qui surpasse quelquefois celui de
plusieurs quintaux, pavent la surface des récifs,
comme la tuilée des Moluques, et les gros univalves, tels que les rochers, les burgos, &c.; ou enfin
ceux qui, je crois, sont aveugles, comme nos limaçons de terre, tels que les lépas qui s'attachent en
formant le vide sur la surface luisante des rochers,
sont de la couleur des fonds qu'ils habitent, afin
d'être moins aperçus de leurs ennemis.

Il est encore très-digne d'observation, que quoique plusieurs de ces coquillages sédentaires soient
revêtus de peaux rembrunies et velues, comme ceux
qu'on appelle cornets et rouleaux, ou d'une pelli-
cule noire de la nuance des galets où ils s'attachent,
comme les moules de Magellan, ou enduits d'un
tartre couleur de vase, comme les lépas et les burgos, ils ont sous leurs sombres surtouts des nacres
et des teintes dont la beauté efface souvent celle
des coquillages qui ont les couleurs apparentes les
plus brillantes. Ainsi le lépas de Magellan, dépouillé

de son tartre par le moyen du vinaigre, présente
la coupe la plus riche, nuancée des couleurs de la
plus belle écaille de tortue, et mélangée d'un or
rembruni qu'on y aperçoit à travers un vernis cha-
toyant. La grande moule de Magellan cache de
même sous une peau noire, les nuances orientales
de l'aurore. On ne peut attribuer, comme aux
coquilles de l'Inde, de si ravissantes couleurs à
l'action du soleil sur ces coquillages revêtus de tar-
tres et de peaux, et qui vivent d'ailleurs dans un
climat brumeux, abandonné une grande partie de
l'année aux sombres hivers et aux longues tempêtes.
On peut dire que la nature n'a voilé leur beauté
que pour la conserver à l'homme, et qu'elle ne les
a placées sur les bords des rivages, où la mer les
nettoye en les roulant, que pour les mettre à sa
portée. Ainsi, par un contraste admirable, elle place
les coquilles les plus brillantes dans les lieux les
plus dévastés par les élémens; et par un autre contraste non moins étonnant, elle présente aux
pauvres Patagons des cuillers et des coupes dont
l'éclat l'emporte sans contredit sur la plus riche
vaisselle des peuples policés.

On peut inférer de ceci, que les poissons et les
coquillages qui ont deux couleurs opposées vivent
sur deux fonds différens, ainsi que nous l'avons dit
des oiseaux, et que ceux qui n'ont qu'une couleur
ne fréquentent qu'un seul fond. Je me rappelle en

effet qu'en faisant le tour de l'île de France à pied sur le bord de la mer, j'y trouvai des nérites à fond gris cendré et à ruban rouge, tantôt sur des roches brunes, tantôt sur des madrépores blancs à fleur couleur de pêcher : elles contrastoient de la manière la plus agréable, et paroissoient au fond des eaux sur les plantes marines, comme leurs fruits. J'y trouvai aussi des porcelaines toutes blanches à bouche couleur de rose, et renflées comme des œufs, dont elles portent le nom. Mais il me seroit difficile de dire maintenant si elles étoient collées aux rochers bruns ou aux madrépores blancs. On trouve pareillement sur les côtes de Normandie au pays de Caux, deux sortes de rochers, l'un de marne blanche qui se détache des falaises, l'autre formé de bisets noirs qui sont amalgamés avec celui-ci. Or, je n'y ai vu en général que deux sortes de limaçons de mer, appelés vignots, dont une, qui est fort commune et que l'on mange, est toute noire, et l'autre est blanche avec la bouche lavée de rouge. De dire maintenant si les limaçons blancs s'attachent aux roches blanches, et les limaçons noirs aux roches noires, ou si c'est tout le contraire, c'est ce que je ne peux affirmer, parce que je ne l'ai pas observé. Mais, soit qu'ils forment avec ces roches des consonnances ou des contrastes, il est bien singulier que, comme il n'y a que deux espèces de roches, il n'y ait que deux espèces de limaçons.

Je serois porté à croire que les limaçons noirs se
collent de préférence aux roches noires ; car j'ai
remarqué qu'à l'île de France, il n'y a ni limaçons
noirs, ni moules noires, parce qu'il n'y a pas dans
la mer de caillous précisément de cette couleur,
et que je suis bien sûr que les moules sont toujours
de la couleur du fond sur lequel elles vivent : celles
de l'île de France sont brunes. D'un autre côté, il
n'en faudroit pas conclure que ces coquillages
doivent leurs nuances aux rochers qu'ils sucent ;
car il s'ensuivroit que les rochers du détroit de
Magellan, qui donnent des moules et des lépas
si riches en couleurs, seroient pétris de nacre,
d'opales et d'améthystes ; d'ailleurs, chaque roche
nourrit des coquillages de couleur fort différente.
On trouve au pied des rochers du pays de Caux,
chargés de vignots noirs, des homars azurés, des
crabes marbrés de rouge et de brun, et des légions
de moules d'un bleu noir, avec des lépas d'un gris
cendré. Tous ces coquillages vivans forment les
harmonies les plus agréables, avec une multitude
de plantes marines qui tapissent ces rochers blancs
et noirs, par leurs couleurs pourprées, grises, couleur de rouille, brunes et vertes, et par la variété
de leurs formes et de leurs agrégations en feuilles
de chêne, en houppes découpées, en guirlandes,
en festons, et en longs cordons que les flots agitent
de toutes les manières. En vérité, il n'y a point de

II.   R

peintre qui pût composer de semblables groupes, quand il les imagineroit à plaisir. Beaucoup de ces harmonies marines me sont échappées, car je les croyois alors des effets du hasard. Je les voyois, je les admirois, et je ne les observois pas : je soup-çonnois cependant, dès ce temps-là, que le plaisir que leur ensemble me donnoit, tenoit à quelque loi qui m'étoit inconnue.

J'en ai dit assez pour faire voir combien les na-turalistes ont mutilé la plus belle portion de l'his-toire naturelle, en rapportant, comme ils font la plupart, des descriptions isolées d'animaux et de plantes, sans rien dire de la saison et du lieu où ils les trouvent. Ils leur ont ôté par cette négligence toute leur beauté ; car il n'y a point d'animal ni de plante dont le point harmonique ne soit fixé à cer-tain site, à certaine heure du jour ou de la nuit, au lever, au coucher du soleil, aux phases de la lune et aux tempêtes même, sans les autres con-trastes et convenances qui résultent de ceux-là.

Je suis si persuadé de l'existence de toutes ces harmonies, que je ne doute pas qu'en voyant la couleur d'un animal, on ne puisse déterminer à-peu-près celle du fond qu'il habite, et qu'en suivant ces indications on ne parvienne à faire des décou-vertes très-curieuses. Par exemple, on n'a point encore trouvé sur aucun rivage la corne d'ammon, ce fossile si commun et d'une grosseur si considé-

rable dans nos carrières. Je pense qu'il faudroit
chercher ce coquillage rembruni dans les lieux
marins herbus, tels que sont ceux où paissent les tortues de mer. Je ne crois pas qu'on se soit encore
avisé de draguer ces fonds, à cause de l'abondance
des plantes marines qui y croissent, et parce qu'ils
sont souvent à une grande profondeur et fort éloignés des côtes; tels sont ceux qui sont aux environs
du Cap Vert, ou, selon d'autres, vers la Floride,
et qui, dans certaines saisons, laissent flotter leurs
herbes en si grande quantité, que la mer en est
couverte dans des espaces de trente et quarante
lieues, de sorte que les vaisseaux ont bien de la
peine à y naviguer. Si on trouve les coquillages les
plus brillans sur les fonds sombres, on doit trouver un coquillage sombre sur des fonds verts.

Ces contrastes se rencontrent même dans les sols
bruts de la terre, comme je pourrois le démontrer
évidemment si le temps me le permettoit. On peut
s'en convaincre en faisant ce seul raisonnement. Si
une cause uniforme et mécanique avoit produit le
globe de la terre, il devroit être par-tout de la
même matière et de la même couleur; les collines,
les montagnes, les rochers, les sables devroient
être des amalgames ou des débris les uns des autres;
or, c'est ce qu'on ne trouve pas dans un canton même d'une petite étendue. En général, comme
nous l'avons dit, les terres sont blanches au nord

et rembrunies au midi, pour y réfléchir la chaleur
dans le premier cas, et l'absorber dans le second ;
mais, malgré ces dispositions générales, vous trouvez dans chaque lieu en particulier la plus grande
variété. Vous voyez dans le même canton des montagnes rouges, des roches noires, des terres blanches, des sables jaunes. Leur matière est aussi
variée que leur couleur ; il y a des granits, des
pierres calcaires, des gypses ou plâtres, et des
sables vitrifiables. A l'île de France les roches des
montagnes sont noirâtres, les terres des vallées
rouges, et les sables du rivage blancs. Les roches
y sont vitrifiables, et les sables calcaires. Lorsque
j'étois dans cette île, un particulier ayant voulu
établir une verrerie, il lui arriva le contraire de ce
qu'il s'étoit proposé ; car, ayant mis le feu à son
fourneau avec beaucoup de pompe et d'appareil,
le sable dont il comptoit faire du verre se changea
en chaux, et les pierres de son fourneau se vitri-
fièrent. Quoiqu'il soit rare de voir des terres blanches entre les tropiques, cependant les sables blancs
y sont communs sur les rivages. Il est certain que
cette couleur, par son éclat et sa réfraction à l'horizon, fait apercevoir de fort loin les terres basses,
comme l'a fort bien remarqué Jean-Hugues de
Linschoten, qui, sans ces vigies posées par la
nature sur la plupart des côtes sombres et basses de
l'Inde, y auroit échoué plusieurs fois. Sur les côtes

du pays de Caux, les sables sont gris, mais les
falaises sont blanches ; avec cela elles sont divisées
en bandes noires et horizontales de caillous, qui y
forment des contrastes très-apparens au loin.

Il y a des lieux où il se trouve des roches blanches
et des terres rouges., comme dans les carrières de
pierres de meulière ; il en résulte alors des effets
très-agréables, sur-tout avec leurs accessoires
naturels en végétaux et en animaux. Je m'écarterois
trop si j'entrois dans quelque détail à ce sujet : il me
suffit de recommander aux naturalistes d'étudier la
nature comme font les grands peintres ; c'est-à-dire,
en réunissant les harmonies des trois règnes. Tout
homme qui l'observera ainsi, verra un jour nouveau
se répandre sur ses lectures de voyages et d'histoire
naturelle, quoique leurs auteurs ne parlent presque
jamais de ces contrastes que par hasard et sans s'en
douter. Mais on sera soi-même à portée d'en trouver
les effets ravissans, dans ce qu'on appelle la nature
brute, c'est-à dire, celle où l'homme n'a point mis
la main. Voici un moyen assuré de les reconnoître :
c'est que toutes les fois qu'un objet naturel vous
présente un sentiment de plaisir, vous pouvez être
certain qu'il vous offre quelque concert harmonique.

Certainement les animaux et les plantes du même
climat n'ont pas reçu du soleil ni des élémens, des
livrées si variées et si caractéristiques. Il y a mille
observations nouvelles à faire sur leurs contrastes.

Qui ne les a pas vus dans leur lieu naturel, n'a point
encore connu leur beauté ou leur difformité. Non-
seulement ils sont en opposition avec les fonds de
leurs habitations, mais ils le sont encore entre eux
de genre à genre ; et il est remarquable que lorsque
ces contrastes sont établis, ils existent dans toutes
les parties des deux individus. Nous dirons quelque
chose de ceux des plantes dans l'étude suivante,
en effleurant simplement ce ravissant et inépuisable
sujet. Ceux des animaux sont encore plus étendus ;
ils sont opposés non-seulement en formes et en
allures, mais en instincts ; et, avec des différences
si marquées, ils aiment à se rapprocher les uns des
autres dans les mêmes lieux. C'est cette consonnance de goûts qui distingue, comme je l'ai dit, les
êtres en contrastes, de ceux qui sont contraires ou
ennemis. Ainsi, la mouche et le papillon pompent
le nectar des mêmes fleurs ; le cheval solipède, la
tête au vent et les crins flottans, aime à parcourir
d'une course légère les prairies où le taureau pesant
imprime son pied fourchu ; l'âne lourd et constant se plaît à gravir les rochers, où grimpe la chèvre légère et capricieuse ; le chat et le chien vivent
en paix aux mêmes foyers, lorsque la tyrannie de
l'homme n'a pas altéré leur naturel par des trai-
temens qui excitent entre eux des haines ou des
jalousies. Enfin, les contrastes existent non-seulement
dans les ouvrages de la nature en général, mais

dans chaque individu en particulier, et constituent,
ainsi que les consonnances, l'organisation des corps.
Si vous examinez un de ces corps, de quelque espèce
qu'il soit, vous y remarquerez des formes absolument opposées, et toutefois consonnantes. C'est
ainsi que dans les animaux les organes excrétoires
contrastent avec ceux de la nutrition. Les longues
queues des chevaux et des taureaux sont opposées à
la grosseur de leurs têtes et de leurs cous, et sup-
pléent aux mouvemens de ces parties antérieures,
trop pesantes pour écarter les insectes de leurs
corps. Au contraire, la large queue du paon contraste avec la longueur du cou et la petitesse de la
tête de ce superbe oiseau. Les proportions des
autres animaux présentent des oppositions qui ne
sont pas moins harmoniques ni moins convenables aux besoins de chaque espèce (1).

---

(1) Cette loi des contrastes est, à mon gré, une source
délicieuse d'observations et de découvertes. Les femmes, je
le répète, toujours plus près que nous de la nature, en font
un usage perpétuel dans les couleurs dont elles assortissent
leur parure, sans que jamais aucun naturaliste que je sache
ait observé que la nature l'employoit elle-même dans l'harmonie de tous ses ouvrages. On peut s'en convaincre sans
sortir de sa maison. Par exemple, quoiqu'il y ait parmi les
chiens une variété singulière de couleurs, jamais on n'en a
vu de verts, de rouges ou de bleus; mais ils sont pour l'ordinaire de deux teintes opposées, l'une claire et l'autre rem-

Les harmonies, les consonnances, les progressions et les contrastes doivent donc être comptés
parmi les premiers élémens de la nature. C'est à eux

brunie, afin que, quelque part qu'ils soient dans la maison,
ils puissent être aperçus sur les meubles, avec la couleur
desquels on les confondroit souvent. Mais quoique les couleurs de ces animaux soient prises, ainsi que celles de la plupart des quadrupèdes, dans les deux termes extrêmes de la
progression des couleurs, c'est-à-dire, le noir et le blanc, je
ne me rappelle pas avoir vu des chiens tout-à-fait blancs ou
tout-à-fait noirs. Les blancs ont toujours quelques mouchetures sur la peau, ne fût-ce que le bout de leur museau qui
est noir. Ceux qui sont noirs ou bruns ont des jabots blancs
ou des taches couleur de feu, en sorte que, quelque part
qu'ils soient, on les aperçoit aisément. J'ai remarqué encore
en eux cet instinct, sur-tout dans les chiens de couleur rembrunie, c'est qu'ils vont se coucher par-tout où ils voient
une étoffe blanche, préférablement à celles de toutes-les
autres couleurs. C'est ce qu'éprouvent souvent les dames;
car s'il y a un petit chien de couleur sombre dans un appar-
tement, il ne manque guère d'aller se reposer à leurs pieds
et sur leurs jupes. L'instinct qui porte le chien à chercher
le repos sur les étoffes blanches, vient du sentiment qu'il a
lui-même du contraste que cherchent les puces dont il est
souvent tourmenté. Les puces se jettent, par-tout où elles
sont, sur les couleurs blanches. Si vous entrez dans un lieu
où il y en ait beaucoup, avec des bas blancs, ils en seront
bientôt couverts. Elles se jettent même sur une simple
feuille de papier blanc. Voilà pourquoi les chiens blancs en
sont bien plus incommodés que les autres. J'ai observé ainsi
que par-tout où il y a des chiens de cette couleur, les noirs

que nous devons les sentimens d'ordre, de beauté
et de plaisir que nous éprouvons à la vue de ses
ouvrages, comme c'est de leur absence que naissent

---

et les bruns leur font fête, et les préfèrent aux autres pour
jouer avec eux, sans doute pour se délivrer des puces à
leurs dépens. Ceci soit dit cependant sans vouloir rendre
leur amitié suspecte de trahison. Sans l'instinct de ces petits
insectes noirs, légers et nocturnes, pour la couleur blanche,
il seroit impossible de les apercevoir et de les attraper. La
mouche commune de couleur sombre, se porte de même sur
tout ce qui est blanc et brillant. Voilà pourquoi elle ternit
toutes les glaces et les dorures des appartemens. La mouche
à viande aime, au contraire, à se poser sur les couleurs
livides des viandes qui se gâtent. Son corcelet bleu l'y fait
aisément remarquer. Si on étend ces contrastes plus loin,
on trouvera que non-seulement tous les insectes sanguivores
ont l'instinct d'opposer leurs couleurs à celles des sites où
ils vivent, mais même tous les animaux carnassiers; tandis
que, comme nous l'avons vu, tous les animaux foibles,
doux et innocens, ont des moyens et des instincts de consonnances avec les fonds qu'ils habitent : ainsi l'a voulu la
nature, afin que les premiers pussent être aperçus de leurs
ennemis, et que les seconds pussent leur échapper.

On peut tirer de ces loix naturelles une foule de conséquences utiles et agréables pour la propreté et la commodité
de nos appartemens. Par exemple, pour détruire aisément
les insectes qui troublent notre sommeil, et qui sont si communs à Paris, il faut que les alcoves, les tentures et les bois
de lit soient de couleurs blanches ou tendres : alors on les y
apercevra aisément. Quant à la commodité, on sent qu'il
est nécessaire de faire contraster les couleurs de nos meubles

ceux du désordre, de la laideur et de l'ennui. Ils s'étendent également à tous les règnes; et quoique je me sois borné, dans le reste de cet ouvrage, à n'en examiner les effets que dans le seul règne végétal, je ne saurois cependant résister au plaisir de les indiquer au moins dans la figure humaine. C'est en elle que la nature a rassemblé toutes les expressions harmoniques par excellence. J'en vais tracer une foible esquisse. A la vérité ce n'en est pas ici le lieu, et je n'ai même le loisir de mettre en ordre qu'une partie des observations que j'ai rassemblées sur ce vaste et intéressant sujet; mais le peu que

pour les distinguer les uns des autres avec facilité. Il m'arrive souvent, par exemple, de ne savoir ce que devient ma tabatière, parce qu'elle est noire comme la table où je la pose. Si la nature n'avoit pas eu plus d'intelligence que moi, la plupart de ses ouvrages disparoîtroient à notre vue. Il est bien étonnant que les philosophes qui ont fait de si curieuses recherches sur la nature des couleurs, n'aient point parlé de leurs contrastes, sans lesquels nous ne distinguerions rien; ou plutôt leur oubli n'est point surprenant : l'homme poursuit sans cesse l'illusion qui lui échappe, et néglige l'utile vérité qui repose à ses pieds.

Les harmonies des couleurs ont encore de grandes influences sur les passions : mais je n'ai rien à dire à cet égard dans un pays où les femmes les emploient avec tant d'empire; c'est aux femmes que je dois la première idée que j'ai eue d'étudier les élémens des loix par lesquels la nature elle-même cherche à nous plaire.

j'en dirai suffira pour détruire l'opinion que des hommes trop célèbres parmi nous ont mise en avant, savoir, que la beauté humaine étoit arbitraire. J'ose même me flatter que ces essais informes engageront les sages qui aiment la nature, et qui cherchent à connoître ses loix, à creuser dans les flancs de cette montagne profonde où la vérité s'est ensevelie. Leurs lumières multipliées les guideront sans peine le long de cette mine, dont je n'ai entamé en aveugle que les premiers filons. Elles les conduiront à des veines bien plus riches, puisque, pour ainsi dire, au fond d'une vallée et sur les sables d'un petit ruisseau, j'ai recueilli pour ma part quelques grains d'or.

DE LA FIGURE HUMAINE.

Toutes les expressions harmoniques sont réunies dans la figure humaine. Je me bornerai dans cet article à examiner quelques-unes de celles qui composent la tête de l'homme. Remarquez que sa forme approche de la sphérique, qui, comme nous l'avons vu, est la forme par excellence. Je ne crois pas que cette configuration lui soit commune avec celle d'aucun animal. Sur sa partie antérieure est tracé l'ovale du visage, terminé par le triangle du nez, et entouré des parties radiées de la chevelure. La tête est de plus supportée par un cou qui a beaucoup moins de diamètre qu'elle, ce qui la détache du corps par une partie concave.

Cette légère esquisse nous présente d'abord les
cinq termes harmoniques de la génération élémentaire des formes. Les cheveux présentent la ligne,
le nez le triangle, la tête la sphère, le visage l'ovale,
et le vide au-dessous du menton la parabole. Le cou
qui, comme une colonne, supporte la tête, offre
encore la forme harmonique, très-agréable, du
cylindre, composée du cercle et du quadrilatère.

Ces formes ne sont pas tracées d'une manière
sèche et géométrique, mais elles participent l'une
de l'autre, en s'amalgamant mutuellement, comme
il convenoit aux parties d'un tout. Ainsi les cheveux
ne sont pas droits comme des lignes, mais ils s'harmonient par leurs boucles avec l'ovale du visage. Le
triangle du nez n'est ni aigu, ni à angle droit; mais
par le renflement onduleux des narines, il s'accorde
avec la forme en cœur de la bouche, et s'évidant
près du front, il s'unit avec les cavités des yeux. Le
sphéroïde de la tête s'amalgame de même avec
l'ovale du visage. Il en est ainsi des autres parties,
la nature employant pour les joindre ensemble, les
arrondissemens du front, des joues, du menton et
du cou, c'est-à-dire des portions de la plus belle
des expressions harmoniques, qui est la sphère.

Il y a encore plusieurs proportions remarquables
qui forment entre elles des harmonies et des contrastes très-agréables : telle est celle du front, qui
présente un quadrilatère en opposition avec le

triangle formé par les yeux et la bouche, et celle
des oreilles, formées de courbes acoustiques très-
ingénieuses, qui ne se rencontrent point dans l'organe auditif des animaux, parce qu'il ne devoit pas
recueillir, comme celui de l'homme, toutes les
modulations de la parole. Mais je m'arrêterai aux
formes charmantes dont la nature a déterminé la
bouche et les yeux, qu'elle a mis dans la plus grande
évidence, parce qu'ils sont les deux organes actifs
de l'ame. La bouche est composée de deux lèvres,
dont la supérieure est découpée en cœur; cette
forme si agréable, que sa beauté a passé en proverbe, et dont l'inférieure est arrondie en portion
demi-cylindrique. On entrevoit au milieu des lèvres
les quadrilatères des dents, dont les lignes perpendiculaires et parallèles contrastent très-agréablement
avec les formes rondes qui les avoisinent, d'autant
mieux, comme nous l'avons vu, que le premier
terme génératif se trouvant joint au terme harmonique par excellence, c'est-à-dire la ligne droite à
la forme sphérique, il en résulte le plus harmonique des contrastes. Les mêmes rapports se trouvent
dans les yeux, dont les formes se rapprochent
encore plus des expressions harmoniques élémentaires, ainsi qu'il convenoit à l'organe principal.
Ce sont deux globes bordés aux paupières de cils
rayonnans comme des pinceaux, qui forment avec
eux un contraste ravissant, et présentent une con-

sonnance admirable avec le soleil, sur lequel ils semblent modelés, étant comme lui de figure ronde, ayant des rayons divergens dans leurs cils, des mouvemens de rotation sur eux-mêmes, et pouvant, comme l'astre du jour, se voiler de nuages au moyen de leurs paupières.

Les mêmes harmonies élémentaires sont dans les couleurs de la tête, ainsi que dans ses formes; car il y a dans le visage du blanc tout pur aux dents et aux yeux; puis des nuances de jaune, qui entrent dans sa carnation, comme le savent les peintres; ensuite du rouge, cette couleur par excellence, qui éclate aux lèvres et aux joues. On y remarque de plus le bleu des veines, et quelquefois celui des prunelles; et enfin le noir de la chevelure, qui, par son opposition, fait sortir les couleurs du visage comme le vide du cou détache les formes de la tête.

Vous remarquerez que la nature n'y emploie point de couleurs durement tranchées, mais elle les fait participer, comme les formes, les unes des autres. Ainsi le blanc du visage se fond ici avec le jaune, et là avec le rouge. Le bleu des veines tire sur le verdâtre : les cheveux ne sont pas communément d'un noir de jais; mais ils sont bruns, châtains, blonds, et en général d'une couleur où il entre un peu de la teinte carnative, afin que leur opposition ne fût pas trop dure. Vous observerez encore que,

comme elle emploie les portions sphériques pour
former les muscles qui en unissent les organes, et
pour distinguer particulièrement ces mêmes organes,
elle se sert du rouge aux mêmes usages. C'est ainsi
qu'elle en a étendu une nuance sur le front, qu'elle
a renforcée aux joues, et qu'elle a appliquée toute
pure à la bouche, cet organe du cœur, où elle
contraste agréablement avec la blancheur des dents.
L'union de cette couleur et de cette forme harmonique est la consonnance la plus forte de la beauté ;
et on peut remarquer que là où se renflent les formes
sphériques, là se renforce la couleur rouge, excepté
aux yeux.

Comme les yeux sont les principaux organes de
l'ame, ils sont destinés à en exprimer toutes les passions ; ce qui n'eût pu se faire avec la teinte harmonique rouge qui n'eût donné qu'une seule expression. La nature, pour y exprimer des passions contraires, y a réuni les deux couleurs les plus opposées, le blanc de l'orbite et le noir de l'iris, et
quelquefois de la prunelle, qui forment une opposition très-dure, lorsque les globes des yeux se développent dans tout leur diamètre ; mais au moyen
des paupières que l'homme resserre ou dilate à
son gré, il leur donne l'expression de toutes les
passions, depuis l'amour jusqu'à la fureur. Les
yeux dont les prunelles sont bleues, sont naturellement les plus doux, parce que l'opposition y est

moins tranchée avec le blanc de la conjonctive ; mais ils sont les plus terribles de tous dans la colère, par un contraste moral, qui nous fait regarder comme les plus dangereux de tous les objets, ceux qui nous promettent du mal après nous avoir fait espérer du bien. C'est donc à ceux qui les ont de prendre bien garde à ne pas être infidèles à ce caractère de bienveillance que leur a donné la nature ; car des yeux bleus expriment par leur couleur je ne sais quoi de céleste.

Quant aux mouvemens des muscles du visage, ils sont très-difficiles à décrire, quoique je sois persuadé qu'on en peut expliquer les loix. Si quelqu'un tente de le faire, il faut nécessairement qu'il les rapporte à des affections morales. Ceux de la joie sont horizontaux, comme si dans le bonheur l'ame vouloit s'étendre. Ceux du chagrin sont perpendiculaires, comme si dans le malheur elle cherchoit un refuge vers le ciel ou dans le sein de la terre. Il faut encore y faire entrer les altérations des couleurs et les contractions des formes, et on y reconnoîtra au moins la vérité du principe que nous avons posé, que l'expression du plaisir est dans l'harmonie des contraires, qui se confondent les uns dans les autres, en couleurs, en formes et mouvemens, et que celle de la douleur est dans la violence de leurs oppositions. Les yeux seuls ont des mouvemens ineffables ; et il est remarquable que dans les émotions extrêmes ils se couvrent de larmes, et semblent par-là avoir encore une analogie avec l'astre de la lumière, qui dans les tempêtes se voile de nuages pluvieux.

Les organes principaux des sens, qui sont au nombre de quatre dans la tête, ont des contrastes particuliers qui détachent leurs formes sphériques par des formes radiées, et leurs couleurs éclatantes par des teintes rembrunies. Ainsi l'organe brillant de la vue est contrasté par les sourcils ; ceux de l'odorat et du goût, par les moustaches ; celui de l'ouïe, par cette partie de la chevelure qu'on appelle *favoris*, qui sépare les oreilles du visage ; et le visage lui-même est distingué du reste de la tête par la barbe et par les cheveux.

Nous n'examinerons pas ici les autres proportions de la figure humaine dans la forme cylindrique du cou, opposée au sphéroïde de la tête et à la surface plane de la poitrine ; les formes hémisphériques du sein, qui contrastent avec celle-ci ; ainsi que les pyramides cylindriques des bras et des doigts avec l'omoplate des épaules, ni les consonnances des doigts avec les bras, par trois articulations semblables, ni une multitude d'autres courbes et d'autres harmonies qui n'ont pas même encore de nom dans aucune langue, quoiqu'elles soient dans tous les pays l'expression toute-puissante de la beauté. Le corps humain est le seul qui réunisse en lui les

modulations et les concerts les plus agréables des
cinq formes élémentaires et des cinq couleurs primordiales , sans qu'on y voie les oppositions âpres
et rudes des bêtes , telles que les pointes des hérissons , les cornes des taureaux, les défenses des
sangliers , les griffes des lions, les marbrures de
peau des chiens, et les couleurs livides et meurtries
des animaux venimeux. Il est le seul dont on aperçoive le premier trait , et qu'on voie à plein ; les
autres animaux étant revêtus de poils , de plumes
ou d'écailles , qui voilent leurs membres et leur
peau. Il est encore le seul qui , dans son attitude
perpendiculaire, montre tous ses sens à la fois ; car
on ne peut guère apercevoir que la moitié d'un quadrupède , d'un oiseau et d'un poisson dans la position horizontale qui leur est propre , parce que la
partie supérieure de leur corps cache l'inférieure.
Nous remarquerons aussi que la démarche de l'homme
n'a ni les secousses, ni la lenteur de progression de
la plupart des quadrupèdes , ni la rapidité de celle
des oiseaux ; mais elle est le résultat des mouvemens
les plus harmoniques, comme sa figure est celui
des formes et des couleurs les plus agréables (1).

_____

(1) Des écrivains célèbres ont avancé que les Nègres trouvoient leur couleur plus belle que celle des blancs ; mais ils
se sont trompés. J'ai interrogé à ce sujet des noirs que j'avois
à mon service à l'île de France, qui me parloient avec assez

Plus les consonnances multipliées de la figure humaine sont agréables, plus leurs dissonances sont déplaisantes. Voilà pourquoi il n'y a sur la terre rien

de liberté pour me dire leur sentiment, sur-tout sur une matière aussi indifférente à des esclaves, que la beauté des blancs. Je leur ai demandé quelquefois laquelle ils aimoient le mieux d'une femme blanche ou d'une femme noire : ils n'ont jamais hésité à donner la préférence à la première. J'ai vu même un Nègre qui avoit été déchiré de coups de fouet dans une habitation, se réjouir de ce que les cicatrices de ses plaies blanchissoient, parce qu'il espéroit par ce moyen cesser d'être nègre. Le misérable se seroit fait écorcher pour devenir blanc. Cette préférence, dira-t-on, est dans ce cas l'effet de la supériorité qu'ils trouvent aux Européens. Mais la tyrannie de leurs maîtres devroit leur en faire détester la couleur. D'ailleurs, les noirs et les négresses de nos colonies témoignent les mêmes goûts que nos paysans pour les étoffes qui ont des couleurs vives et tranchées. Leur suprême luxe est de s'entourer la tête d'un mouchoir rouge. La nature n'a point donné à la rose de l'Afrique d'autre teinte qu'à celle de l'Europe.

Si le jugement des esclaves noirs est suspect sur ce point, on peut s'en rapporter à celui des souverains de leur pays, qui n'ont point d'intérêt à dissimuler leur goût. Ils se reconnoissent à ce sujet, comme en d'autres, plus mal partagés que les Européens. Des rois d'Afrique se sont adressés plusieurs fois aux chefs des comptoirs anglais, hollandais et français, pour avoir des femmes blanches, leur promettant en récompense des priviléges considérables. Lamb, facteur anglais d'Ardra, prisonnier du roi de Dahomay, mandoit,

de plus beau qu'un bel homme, ni rien de plus laid
qu'un homme très-laid.

Voilà encore pourquoi il sera toujours impossible

---

en 1724, au gouverneur du fort anglais de Juida, que s'il
pouvoit envoyer à ce prince quelque femme blanche, ou
seulement mulâtre, elle acquerroit le plus grand pouvoir
sur son esprit. (*Histoire générale des Voyages, par l'abbé
Prévost, liv. 8, page 96.*) Un autre roi, d'une autre partie de
la côte d'Afrique, promit un jour à un missionnaire capucin
qui lui prêchoit l'Evangile, de renvoyer son sérail et de se
faire chrétien, s'il vouloit lui faire avoir une femme blanche.
Le zélé missionnaire se rendit sur-le-champ dans l'établis-
sement portugais le plus voisin, et s'étant informé dans ce
lieu s'il y avoit quelque demoiselle pauvre et vertueuse, on
lui indiqua la nièce d'un gentilhomme fort pauvre, qui
vivoit dans la plus grande retraite. Il l'attendit un dimanche
matin à la porte de l'église, lorsqu'elle sortoit de la messe
avec son oncle; et s'adressant à celui-ci devant tout le
peuple, il le somma au nom de Dieu et pour le bien de la
religion, de donner sa nièce en mariage au roi nègre. Le
gentilhomme et sa nièce y ayant consenti, le prince noir
épousa celle-ci, après avoir renvoyé toutes ses femmes et
s'être fait baptiser. (*Histoire de l'Ethiopie, par Labat.*)
Les voyageurs les plus éclairés rapportent plusieurs de ces
traits de préférence dans les souverains noirs de l'Afrique
et de l'Asie méridionale. Thomas Rhoë, ambassadeur d'Angleterre auprès du Mogol Sélim-Scha, raconte que ce puissant monarque faisoit beaucoup d'accueil aux jésuites portugais, missionnaires à sa cour, dans l'intention d'avoir
quelques femmes de leur pays dans son sérail. Il les combla

à l'art d'imiter parfaitement la figure humaine, par la difficulté d'en réunir toutes les harmonies, et par celle encore plus grande, de faire concourir

---

d'abord de priviléges, les logea dans le voisinage de son palais, et les admit à sa familiarité ; mais comme il pressentit que ces Pères étoient bien éloignés de servir ses passions, il mit en usage une ruse fort adroite pour les y obliger. Il leur témoigna du penchant pour embrasser le christianisme ; et feignant qu'il n'étoit retenu que par des raisons de politique, il ordonna à deux de ses neveux d'assister assidûment aux catéchismes des missionnaires. Quand ils furent suffisamment instruits, il leur enjoignit de se faire baptiser ; après quoi il leur dit : « Maintenant vous ne pouvez plus » épouser de femmes païennes et de ce pays, puisque vous » êtes chrétiens ; c'est aux Pères qui vous ont baptisés à » vous marier. Dites-leur qu'ils vous fassent venir pour » femmes des demoiselles portugaises ». Ces jeunes gens ne manquèrent pas d'en faire les demandes aux pères jésuites, qui, se doutant bien que le Mogol ne vouloit voir ses neveux mariés avec des demoiselles portugaises, que pour avoir des femmes blanches dans son sérail, refusèrent de se mêler de cette négociation. Ce refus leur attira une infinité de persécutions de la part de Sélim-Scha, qui commença par faire renoncer ses neveux au christianisme. (*Mémoires de Thomas Rhoë, collection de Thévenot.*)

La couleur noire de la peau est, comme nous le verrons bientôt, un bienfait du Ciel envers les peuples méridionaux, parce qu'elle éteint les reflets du soleil brûlant sous lequel ils vivent. Mais ces peuples n'en trouvent pas moins les femmes blanches plus belles que les noires, par la même

ensemble celles qui sont d'une nature différente. Par
exemple, la peinture réussit assez bien à peindre les
couleurs du visage, et la sculpture à en exprimer les
formes; mais si on veut réunir l'harmonie des couleurs et des formes dans un seul buste, cet ouvrage
sera très-inférieur à un simple tableau ou à une simple
sculpture, parce qu'il s'y rencontrera des dissonances
particulières des couleurs et des formes, et leur dissonance générale, qui est encore plus marquée. Si on
vouloit y joindre de plus les harmonies des mouvemens, comme dans les automates, on ne feroit qu'en
accroître la cacophonie; et si on vouloit le faire
parler, on y ajouteroit une quatrième dissonance

---

raison qui leur fait trouver le jour plus beau que la nuit,
parce que les harmonies des couleurs et des lumières se font
sentir dans le teint des blanches, au lieu qu'elles disparoissent presque entièrement dans celui des noires, qui ne
peuvent entrer avec elles en comparaison de beauté que par
les formes et la taille.

Les proportions de la figure humaine, après avoir été
prises, comme nous venons de le voir, des plus belles formes
de la nature, sont devenues à leur tour des modèles de
beauté pour l'homme. Qu'on y fasse attention, et l'on verra
que les formes qui nous plaisent davantage dans les arts,
comme celles des vases antiques, et les rapports de la hauteur et de la largeur dans les monumens, ont été tirées de la
figure humaine. On sait que la colonne ionique avec son
chapiteau et ses cannelures, fut imitée d'après la taille, la
coiffure et la robe des filles grecques.

qui feroit horreur. On feroit heurter alors le système intellectuel avec le systême physique. Ainsi je ne m'étonne pas que S. Thomas d'Aquin fût si effrayé de cette tête parlante, que son maître Albert-le-Grand avoit passé tant d'années à construire, qu'il la brisa sur le champ. Elle dut produire sur lui la même impression qu'une voix articulée qui sortiroit d'un corps mort. En général ces sortes de travaux font beaucoup d'honneur à un artiste; mais ils démontrent la foiblesse de son art, qui s'écarte d'autant plus de la nature, qu'il cherche à réunir plusieurs de ses harmonies : au lieu de les confondre comme elle, il ne fait que les mettre en opposition.

Tout ceci prouve la vérité du principe que nous avons posé, qui est que l'harmonie naît de la réunion de deux contraires, et la discorde de leur choc; et que plus les harmonies d'un objet sont agréables, plus ses discordances sont déplaisantes. Voilà l'origine de nos plaisirs et de nos déplaisirs au physique comme au moral, et pourquoi nous aimons et nous haïssons si souvent le même objet.

Il y a encore bien des choses intéressantes à dire sur la figure humaine, sur-tout en y joignant les sensations morales, qui donnent seules l'expression à ses traits. Nous en dirons quelque chose dans la suite de cet ouvrage, lorsque nous parlerons du sentiment. Quoi qu'il en soit, la beauté physique de l'homme est si frappante pour les animaux même,

que c'est à elle principalement qu'il doit attribuer
l'empire qu'il a sur eux par toute la terre : les foibles
viennent se réfugier sous sa protection, et les plus
forts tremblent à sa vue. Mathiole rapporte que
l'alouette se sauve au milieu des troupes d'hommes
lorsqu'elle aperçoit l'oiseau de proie. Cet instinct
m'a été confirmé par un officier, qui en vit une un
jour se réfugier, en pareille circonstance, au milieu d'un escadron de cavalerie très-distinguée, où
il servoit alors; mais celui de ses camarades, auprès
duquel elle étoit venue chercher un asyle, la fit
fouler aux pieds de son cheval; action barbare qui
lui attira avec raison la haine des plus honnêtes gens
de son corps. Pour moi, j'ai vu un cerf pressé par une
meute de chiens, chercher en bramant du secours
dans la pitié des passans, ainsi que Pline l'assure;
j'en ai eu moi-même l'expérience à l'île de France,
comme je l'ai rapporté dans la Relation que j'ai
donnée au public de ce voyage. J'ai vu dans des
métairies des poules d'Inde, pressées d'amour,
aller se jeter en piaulant aux pieds des paysans. Si
nous ne voyons pas des effets plus fréquens de la
confiance des animaux, c'est qu'ils sont effrayés dans
nos campagnes par le bruit de nos fusils, et par des
persécutions continuelles. On sait avec quelle familiarité les singes et les oiseaux s'approchent des voyageurs dans les forêts de l'Inde (1). J'ai vu au Cap

(1) Voyez Bernier et Mandeslo.

de Bonne-Espérance, dans la ville même du Cap,
les rivages de la mer couverts d'oiseaux de marine,
qui se reposoient sur les chaloupes, et un grand
pélican sauvage qui se jouoit auprès de la douane,
avec un gros chien, dont il prenoit la tête dans son
large bec. Ce spectacle me donna, dès mon arrivée,
le préjugé le plus favorable du bonheur de ce pays
et de l'humanité de ses habitans, et je ne fus pas
trompé. Mais les animaux dangereux sont saisis au
contraire de crainte à la vue de l'homme, à moins
qu'ils ne soient jetés hors de leur naturel par des
besoins extrêmes. Un éléphant se laisse conduire en
Asie par un petit enfant. Le lion d'Afrique s'éloigne
en rugissant de la hutte du Hottentot; il lui abandonne le terrein de ses ancêtres, et va chercher à
régner dans des forêts et des rochers inconnus à
l'homme. L'immense baleine, au milieu de son élément, tremble et fuit devant le petit canot d'un
Lapon. Ainsi s'exécute encore cette loi toute-puissante, qui conserva l'empire à l'homme au milieu
de ses malheurs : « Que tous les animaux de la
» terre (1), et tous les oiseaux du ciel, soient
» frappés de terreur et tremblent devant vous, avec
» tout ce qui se meut sur la terre : j'ai mis entre vos
» mains tous les poissons de la mer ».

Il est très-remarquable qu'il n'y a dans la nature,

(1) Genèse, chap. IX, v. 12.

ni animal, ni plante , ni fossile , ni même de globe,
qui n'ait sa consonnance et son contraste hors de
lui, excepté l'homme : aucun être visible n'entre
dans sa société, que comme serviteur ou comme
esclave.

On doit sans doute compter dans les proportions
humaines, cette loi si vulgaire et si admirable, qui
fait naître les femmes en nombre égal aux hommes.
Si le hasard présidoit à nos générations comme à
nos alliances, on ne verroit naître une année que
des enfans mâles, et une autre année que des enfans
femelles. Il y auroit des nations qui seroient toutes
d'hommes, d'autres toutes de femmes; mais par
toute la terre les deux sexes naissent dans le même
temps en nombre égal. Une consonnance si régu-
lière prouve évidemment qu'une providence veille
sur nos sociétés, malgré les désordres de leur police.
On peut la regarder comme un témoignage de la
vérité en faveur de notre religion, qui fixe aussi
l'homme à une seule épouse dans le mariage, et
qui, par cette conformité aux loix naturelles, qui
lui est particulière, paroît seule émanée de l'auteur
de la nature. On en peut conclure au contraire que
les religions qui permettent la pluralité des femmes
sont dans l'erreur.

Ah ! que ceux qui n'ont cherché dans l'union des
deux sexes que les voluptés des sens, n'ont guère
connu les loix de la nature ! Ils n'ont cueilli que les

fleurs de la vie, sans en avoir goûté les fruits. Le
beau sexe, disent nos gens de plaisir : ils ne connoissent pas les femmes sous d'autre nom. Mais il
est seulement beau pour ceux qui n'ont que des
yeux. Il est encore, pour ceux qui ont un cœur, le
sexe générateur qui porte l'homme neuf mois dans
ses flancs au péril de sa vie, et le sexe nourricier
qui l'alaite et le soigne dans l'enfance. Il est le sexe
pieux qui le porte aux autels tout petit, et qui lui
inspire avec le lait l'amour d'une religion que la
cruelle politique des hommes lui rendroit souvent
odieuse. Il est le sexe pacifique qui ne verse point
le sang de ses semblables; le sexe consolateur qui
prend soin des malades, et qui les touche sans les
blesser. L'homme a beau vanter sa puissance et sa
force; si ses mains robustes manient le fer, celles
de la femme, plus adroites et plus utiles, savent
filer le lin et les toisons des brebis. L'un combat les
noirs chagrins par les maximes de la philosophie,
l'autre les éloigne par l'insouciance et les jeux. L'un
résiste aux maux du dehors par la force de sa raison, l'autre, plus heureuse, leur échappe par la
mobilité de la sienne. Si le premier met quelquefois
sa gloire à affronter les dangers dans les batailles,
celle-ci triomphe à en attendre de plus certains, et
souvent de plus cruels, dans son lit et sous les
pavillons de la volupté. Ainsi ils ont été créés afin
de supporter ensemble les maux de la vie, et pour

former par leur union la plus puissante des consonnances et le plus doux des contrastes.

Je suis forcé, par le plan de mon ouvrage, d'aller en avant et de m'abstenir de réfléchir sur des sujets aussi intéressans que le mariage et la beauté de l'homme et de la femme. Cependant je hasarderai encore quelques observations tirées de mes matériaux, afin de donner à d'autres le desir d'approfondir cette riche carrière qui est pour ainsi dire toute neuve.

Tous les philosophes qui ont étudié l'homme, ont trouvé avec raison qu'il étoit le plus misérable de tous les animaux. La plupart ont senti qu'il lui falloit un compagnon pour subvenir à ses besoins, et ils ont mis une portion de son bonheur dans l'amitié, ce qui est une preuve évidente de la foiblesse et de la misère humaine ; car si l'homme étoit fort de sa nature, il n'auroit besoin ni d'aide ni de compagnon. Les éléphans et les lions vivent solitairement dans les forêts. Ils n'ont pas besoin d'amis parce qu'ils sont forts. Il est très-remarquable que lorsque les anciens ont parlé d'une amitié parfaite, ils ne l'ont établie qu'entre deux amis et non entre plusieurs, quelle que soit la foiblesse de l'homme, qui a souvent besoin que tant d'êtres semblables à lui concourent à son bonheur. Il y a plusieurs raisons de cette restriction, dont les principales viennent de la nature du cœur humain, qui, par sa foiblesse

même, ne peut saisir à la fois qu'un seul objet, et
qui, étant composé de passions opposées qui se
balancent sans cesse, est en quelque sorte actif et
passif, et a besoin d'aimer et d'être aimé, de consoler et d'être consolé, d'honorer et d'être honoré, &c.
Ainsi toutes les amitiés célèbres dans le monde n'ont
jamais existé qu'entre deux amis ; telles ont été celles
de Castor et de Pollux, de Thésée et de Pirithoüs,
d'Hercule et d'Iolas, d'Oreste et de Pylade, d'Alexandre et d'Ephestion, &c.... Nous observerons
encore que ces amitiés uniques ont toujours été
associées aux actions vertueuses et héroïques ; mais
quand elles se sont partagées entre plusieurs personnes, elles ont été remplies de discordes, et n'ont
été fameuses que par le mal qu'elles ont fait au
genre humain ; telle fut celle du triumvirat chez les
Romains. Lorsque dans ces alliances les associés se
sont multipliés, le mal qu'ils ont fait a été proportionné à leur nombre. Ainsi la tyrannie des décem-
virs à Rome eut encore quelque chose de plus cruel
que celle des triumvirs ; car elle faisoit le mal pour
ainsi dire sans passion et de sang froid.

Il y a aussi des triummillevirats, et des décem-
millevirats : ce sont les corps. Ils sont bien nom-
més corps à juste titre ; car ils ont souvent un autre
centre que la patrie, dont ils ne devroient être que
les membres. Ils ont aussi d'autres vues, d'autres
ambitions, d'autres intérêts. Ils sont, par rapport

au reste des citoyens, inconstans; divisés, sans but,
et souvent aussi sans patriotisme, ce que des troupes
réglées sont par rapport à des troupes légères. Ils
les empêchent de se présenter dans les avenues où
ils s'avancent, et ils les débusquent à la longue de
celles qui sont sur leur chemin. Combien de révolutions n'ont pas faites les Strélitz en Russie, les gardes
Prétoriennes à Rome, les Janissaires à Constantinople, et ailleurs des corps encore plus politiques!
Ainsi, par une juste réaction de la providence,
l'esprit de corps a été aussi fatal aux patries, que
l'esprit de patrie l'a été lui-même au genre humain.

Si le cœur de l'homme ne peut se remplir que
d'un seul objet, que penser des amitiés de nos jours,
qui sont si multipliées? Certainement, si un homme
a trente amis, il ne peut donner à chacun d'eux que
la trentième partie de son affection, et en recevoir
réciproquement autant de leur part. Il faut donc
qu'il les trompe et qu'il en soit trompé; car personne ne veut être ami par fraction. Mais pour dire
la vérité, ces amitiés-là sont de véritables ambitions,
des relations intéressées et purement politiques,
qui ne s'occupent qu'à se faire illusion mutuellement, pour s'accroître aux dépens de la société, et
qui lui feroient beaucoup de mal, si elles étoient
plus unies entre elles, et si elles n'étoient pas balan-
cées par d'autres qui leur sont opposées. Ainsi,
c'est à des guerres intestines qu'aboutissent, à-peu-

près , toutes les liaisons générales. D'un autre côté , je ne parle pas des inconvéniens qui résultent des unions particulières trop intimes. Les amitiés les plus célèbres de l'antiquité n'ont pas été, à cet égard, exemptes de soupçon , quoique je sois persuadé qu'elles ont été aussi vertueuses que ceux qui en étoient les objets.

L'auteur de la nature a donné à chacun de nous dans notre espèce un ami naturel, propre à supporter tous les besoins de notre vie , et à subvenir à toutes les affections de notre cœur et à toutes les inquiétudes de notre tempérament. Il dit dans le commencement du monde : « Il n'est pas bon que » l'homme soit seul : faisons-lui une aide semblable à » lui , et il créa la femme (1)». La femme plaît à tous nos sens par sa forme et par ses graces. Elle a dans son caractère tout ce qui peut intéresser le cœur humain dans tous les âges. Elle mérite, par les soins longs et pénibles qu'elle prend de notre enfance , nos respects comme mère , et notre reconnoissance comme nourrice ; ensuite, dans la jeunesse , notre amour comme maîtresse ; dans l'âge viril , notre tendresse comme épouse, notre confiance comme économe , notre protection comme foible ; et dans la vieillesse, nos égards comme la mère de notre postérité, et notre intimité comme une amie qui a été la compagne de notre bonne et de notre mau-

(1) Genèse, chap. ii, v. 18.

vaise fortune. Sa légèreté et ses caprices même
balancent en tout temps la gravité et la constance
trop réfléchie de l'homme, et en acquièrent réciproquement de la pondération. Ainsi, les défauts
d'un sexe et les excès de l'autre se compensent
mutuellement. Ils sont faits, si j'ose dire, pour s'en-
castrer les uns dans les autres, comme les pièces
d'une charpente, dont les parties saillantes et rentrantes forment un vaisseau propre à voguer sur la
mer orageuse de la vie, et à se raffermir par les
coups même de la tempête. Si nous ne savions pas,
par une tradition sacrée, que la femme fut tirée du
corps de l'homme, et si cette grande vérité ne se
manisfestoit pas chaque jour par la naissance merveilleuse des enfans des deux sexes en nombre égal,
nous l'apprendrions encore par nos besoins. L'homme
sans la femme, et la femme sans l'homme, sont des
êtres imparfaits dans l'ordre naturel. Mais, plus il
y a de contraste dans leurs caractères, plus il y a
d'union dans leurs harmonies. C'est, comme nous en
avons dit quelque chose, de leurs oppositions en
talens, en goûts, en fortunes, que naissent les plus
fortes et les plus durables amours. Le mariage est
donc l'amitié de la nature, et la seule union véritable qui ne soit point exposée, comme celles qui
existent entre les hommes, à l'égarement, à la riva-
lité, aux jalousies, et aux changemens que le temps
apporte à nos inclinations.

Mais pourquoi y a-t-il parmi nous si peu de mariages heureux ? C'est que les sexes y sont dénaturés.
C'est que les femmes prennent chez nous les mœurs
des hommes par leur éducation, et les hommes les
mœurs des femmes par leurs habitudes. Ce sont les
maîtres, les sciences, les coutumes, les occupations
des hommes qui ont ôté aux femmes les graces et
les talens de leur sexe. Il y a un moyen sûr de ramener les uns et les autres à la nature; c'est de leur
inspirer de la religion. Je n'entends pas par religion le goût des cérémonies, ni de la théologie,
mais la religion du cœur, pure, simple, sans faste,
telle qu'elle est si bien annoncée dans l'Évangile.

Non-seulement la religion rendra aux deux sexes
leur caractère moral, mais leur beauté physique.
Ce ne sont ni les climats, ni les alimens, ni les
exercices du corps qui forment la beauté humaine;
c'est le sentiment moral de la vertu qui ne peut
exister sans religion. Les alimens et les exercices
contribuent sans doute beaucoup à la grandeur et
au développement du corps; mais ils n'influent en
rien sur la beauté du visage, qui est la vraie physionomie de l'ame. Il n'est pas rare de voir des
hommes grands et vigoureux d'une laideur rebutante, des tailles de géant et des physionomies de
singe.

La beauté du visage est tellement l'expression
des harmonies de l'ame, que par tout pays les classes

de citoyens obligées par leur condition de vivre
avec les autres dans un état de contrainte, sont
sensiblement les plus laides de la société. On peut
vérifier cette observation, particulièrement parmi
les nobles de plusieurs de nos provinces, qui vivent
entre eux dans des jalousies perpétuelles de rangs,
et avec les autres citoyens, dans un état constant
de guerre, pour la conservation de leurs préroga-
tives. La plupart de ces nobles ont un teint bilieux
et brûlé. Ils sont maigres, refrognés, et sensiblement plus laids que les habitans du même canton,
quoiqu'ils respirent le même air, qu'ils vivent des
mêmes alimens, et qu'ils jouissent en général d'une
meilleure fortune. Ainsi, il s'en faut bien qu'ils soient
gentilshommes de nom et d'effet. Il y a même une
nation voisine de la nôtre, dont les sujets sont aussi
renommés en Europe par leur orgueil que par leur
laideur. Tous ces hommes deviennent laids par les
mêmes causes que la plupart de nos enfans, qui,
étant si aimables dans le premier âge, enlaidissent
en allant au collége, par les misères et les ennuis
de leurs institutions. Je ne parle pas de leur caractère moral qui éprouve la même révolution que leur
physionomie, celle-ci étant toujours une conséquence de l'autre.

Il n'en est pas de même des nobles de quelques
cantons de nos provinces, et de ceux de quelques
états de l'Europe. Ceux-ci, vivant en bonne intelli-

gence entre eux et avec leurs compatriotes, sont en général les hommes les plus beaux de leur nation, parce que leur ame sociale et bienveillante n'est point dans un état constant de contrainte et d'anxiété. On peut rapporter aux mêmes causes morales la beauté des traits de la physionomie des Grecs et des Romains, qui nous ont laissé en général de si nobles modèles dans leurs statues et dans leurs médaillons. Ils étoient beaux, parce qu'ils étoient heureux; ils vivoient en bonne union avec leurs égaux, et avec popularité avec leurs citoyens. D'ailleurs il n'y avoit point parmi eux d'institutions tristes, semblables à celles de nos colléges, qui défigurent à la fois toute la jeunesse d'une nation. Il s'en faut bien que les descendans de ces mêmes peuples ressemblent aujourd'hui à leurs ancêtres, quoique le climat de leur pays n'ait point changé. C'est encore à des causes morales qu'il faut rapporter les physionomies singulièrement remarquables par leur dignité, des grands seigneurs de la cour de Louis XIV, comme on le voit à leurs portraits. En général, les gens de qualité étant par leur état au-dessus du reste de la nation, ne vivent pas sans cesse entre eux et avec les autres sujets au couteau tiré, comme la plupart de nos petits gentilshommes campagnards. D'ailleurs, ils sont pour l'ordinaire élevés dans la maison paternelle, sous l'heureuse influence de l'éducation domestique, et loin de toute jalousie étrangère.

Mais ceux du siècle de Louis XIV avoient cet avantage par-dessus leurs descendans, qu'ils se piquoient
de bienfaisance et d'affabilité populaire, et d'être
les patrons des talens et des vertus, par-tout où ils
les rencontroient. Il n'y a peut-être pas une grande
maison de ce temps-là qui ne puisse se glorifier
d'avoir poussé en avant et mis en évidence, quelque homme des familles du peuple, ou de la simple noblesse, qui est devenu célèbre dans les arts,
dans les lettres, dans l'église ou dans les armes, par
leur moyen. Ces grands agissoient ainsi à l'imitation
du roi, ou peut-être par un reste d'esprit de grandeur du gouvernement féodal qui finissoit alors.
Quoi qu'il en soit, ils ont été beaux, parce qu'ils ont
eux-mêmes été contens et heureux; et ce noble
mouvement de leur ame vers la bienfaisance, a
imprimé à leur physionomie un caractère majestueux, qui les distinguera toujours des siècles qui
les ont précédés, et encore plus de celui qui les a
suivis.

Ces observations ne sont pas de simples objets de
curiosité; elles sont bien plus importantes qu'on ne
le croit; car il s'ensuit que pour former dans une
nation de beaux enfans, et par conséquent de beaux
hommes au physique et au moral, il ne faut pas,
comme le veulent quelques médecins, assujétir l'espèce humaine à des purgations régulières et à certains jours de la lune. Les enfans astreints à ces

sortes de régimes, comme sont la plupart de ceux de nos médecins et de nos apothicaires, ont tous des figures de papier mâché; et quand ils sont grands, ils ont des teints pâles, et des tempéramens caco-chymes comme leurs pères. Pour rendre les enfans beaux, il faut les rendre heureux au physique, et sur-tout au moral. Il faut éloigner d'eux tous les sujets de chagrin, non pas en excitant en eux de dangereuses passions, comme on fait aux enfans gâtés, mais en les empêchant au contraire de se livrer avec excès à celles qui leur sont propres, que la société fait fermenter sans cesse, et sur-tout en ne leur en inspirant pas de plus fâcheuses que celles que leur a données la nature, telles que les études ennuyeuses et vaines, les émulations, les rivali-tés, &c.... Nous nous étendrons davantage ailleurs sur ce sujet important.

La laideur d'un enfant vient presque toujours de sa nourrice ou de son précepteur. J'ai quelquefois observé parmi tant de classes de la société, plus ou moins défigurées par nos institutions, des familles d'une singulière beauté. Lorsque j'en ai recherché la cause, j'ai trouvé que ces familles, quoique du peuple, étoient plus heureuses au moral que celles des autres citoyens; que leurs enfans y étoient nourris par leurs mères; qu'ils apprenoient leur métier dans la maison paternelle; qu'ils y étoient élevés avec beaucoup de douceur; que leurs parens se chérissoient mutuellement, et qu'ils vivoient tous ensemble, malgré les peines de leur état, dans une liberté et dans une union qui les rendoient bons, heureux et contens. J'en ai tiré cette autre conséquence, que nous jugions souvent bien faussement du bonheur de la vie. En voyant, d'une part, un jardinier avec une figure d'empereur romain, et de l'autre un grand seigneur avec le masque d'un esclave, je pensois d'abord que la nature s'étoit trompée. Mais l'expérience prouve que tel grand seigneur est, depuis sa naissance jusqu'à sa mort, dans une suite de positions qui ne lui permettent pas de faire sa volonté trois fois par an : car il est obligé, dès l'enfance, de faire celle de ses précepteurs et de ses maîtres; et dans le reste de sa vie, celle de son prince, des ministres, de ses rivaux, et souvent celle de ses ennemis. Ainsi, il trouve une multitude de chaînes dans ses dignités même. D'un autre côté, il y a tel jardinier qui passe sa vie sans éprouver la moindre contradiction. Comme le centenier de l'Évangile, il dit à un serviteur : Venez ici, et il y vient; et à un autre : Faites cela, et il le fait. Ceci prouve que la Providence a fait à nos passions même une part bien différente de celle que la société leur présente; car souvent elle nous donne le plus dur esclavage à supporter au comble des honneurs, et dans les plus petites conditions, elle nous fait commander avec le plus d'empire.

Au reste, ceux qui ont été défigurés par les
atteintes vicieuses de nos éducations et de nos habitudes, peuvent réformer leurs traits ; et je dis ceci
sur-tout pour nos femmes qui, pour en venir à
bout, mettent du blanc et du rouge, et se font des
physionomies de poupées sans caractère. Au fond
elles ont raison, car il vaut mieux le cacher, que de
montrer celui des passions cruelles qui souvent les
dévorent, sur-tout aux yeux de tant d'hommes qui
ne l'étudient que pour en abuser. Elles ont un
moyen sûr de devenir des beautés d'une expression touchante. C'est d'être intérieurement bonnes ,.
douces, compatissantes, sensibles, bienfaisantes et
pieuses. Ces affections d'une ame vertueuse impri-
meront dans leurs traits des caractères célestes,
qui seront beaux jusque dans l'extrême vieillesse.

J'ose dire même, que plus les gens laids auront
des traits de laideur occasionnés par les vices de
leur éducation, plus ceux qu'ils acquerront par
l'habitude de la vertu, produiront en eux de contrastes sublimes ; car, lorsque nous trouvons de la
bonté sous un extérieur de dureté, nous sommes
aussi agréablement surpris que lorsque nous rencontrons sous des buissons épineux, des violettes
ou des primevères. Telle étoit la sensation qu'on
éprouvoit en abordant le refrogné M. de Turenne ,
et telle est de nos jours , celle qu'inspire le premier
aspect d'un prince du Nord, aussi célèbre par sa

bonté que le roi son frère l'a été par des victoires. Je ne doute pas que l'extérieur repoussant de ces deux grands hommes, n'ait contribué à donner encore plus de saillie à l'excellence de leur cœur. Telle fut encore la beauté de Socrate, qui, avec les traits d'un débauché, ravissoit ceux qui le regardoient, quand il parloit de la vertu.

Mais il ne faut pas feindre sur son visage de bonnes qualités, qu'on n'a pas dans le cœur. Cette beauté fausse produit un effet plus rebutant que la laideur la plus décidée; car, lorsque attirés par une bonté apparente, nous rencontrons la mauvaise foi et la perfidie, nous sommes saisis d'horreur, comme lorsque sous des fleurs nous trouvons un serpent. Tel est le caractère odieux qu'on reproche en général aux courtisans.

La beauté morale est donc celle que nous devons nous efforcer d'acquérir, afin que ses rayons divins puissent se répandre dans nos actions et dans nos traits. On a beau vanter dans un prince même la naissance, les richesses, le crédit, l'esprit; le peuple, pour le connoître, veut le voir au visage. Le peuple n'en juge que par la physionomie : elle est par tout pays la première, et souvent la dernière lettre de recommandation.

DES CONCERTS.

Le concert est un ordre formé de plusieurs harmonies de divers genres. Il diffère de l'ordre simple, en ce que celui-ci n'est souvent qu'une suite d'harmonies de la même espèce.

Chaque ouvrage particulier de la nature présente en différens genres, des harmonies, des consonnances, des contrastes, et forme un véritable concert. C'est ce que nous développerons dans l'Etude des plantes. Nous pouvons remarquer dès à présent, au sujet de ces harmonies et de ces contrastes, que les végétaux dont les fleurs ont le moins d'éclat sont habités par les animaux dont les couleurs sont les plus brillantes ; et au contraire, que les végétaux dont les fleurs sont les plus colorées servent d'asyle aux animaux les plus rembrunis. C'est ce qui est évident dans les pays situés entre les tropiques, dont les arbres et les herbes qui ont peu de fleurs apparentes, nourrissent des oiseaux, des insectes, et jusqu'à des singes qui ont les plus vives couleurs. C'est dans les terres de l'Inde que le paon étale son magnifique plumage sur des buissons dont la verdure est brûlée par le soleil ; c'est dans les mêmes climats que les aras, les loris, les perroquets émaillés de mille couleurs, se perchent sur les rameaux gris des palmiers, et que des nuées de petites perruches vertes comme des émeraudes, viennent s'abattre sur

l'herbe des campagnes jaunies par les longues
ardeurs de l'été. Dans nos pays tempérés, au contraire, la plupart de nos oiseaux ont des couleurs
ternes, parce que la plupart de nos végétaux ont
des fleurs et des fruits vivement colorés. Il est très-
remarquable que ceux de nos oiseaux et de nos
insectes qui ont des couleurs vives, habitent, pour
l'ordinaire, des végétaux sans fleurs apparentes.
Ainsi, le coq de bruyère brille sur la verdure grise
des pins dont les pommes lui servent de nourriture.
Le chardonneret fait son nid dans le rude chardon
à bonnetier. La plus belle de nos chenilles qui est
marbrée d'écarlate, se trouve sur une espèce de
tithymale qui croît, pour l'ordinaire, dans les sables
et dans les grès de la forêt de Fontainebleau. Au
contraire, nos oiseaux à teintes rembrunies habitent des arbrisseaux à fleurs éclatantes. Le bouvreuil à tête noire fait son nid dans l'épine blanche,
et cet aimable oiseau consonne et contraste encore
très-agréablement avec cet arbrisseau épineux, par
son poitrail ensanglanté et par la douceur de son
chant. Le rossignol au plumage brun aime à se
nicher dans le rosier, suivant la tradition des poètes
orientaux, qui ont fait de jolies fables sur les amours
de ce mélancolique oiseau pour la rose. Je pourrois
offrir ici une multitude d'autres harmonies semblables, tant sur les animaux de notre pays, que des
pays étrangers. J'en ai recueilli un assez grand

nombre; mais j'avoue qu'elles sont trop incomplè-
tes, pour que j'en puisse former le concert entier
d'une plante. J'en dirai cependant quelque chose
de plus étendu à l'article des végétaux. Je ne citerai
ici qu'un exemple, qui prouve incontestablement
l'existence de ces loix harmoniques de la nature :
c'est qu'elles subsistent dans les lieux même qui ne
sont pas vus du soleil. On trouve toujours dans les
souterrains de la taupe des débris d'oignons de
colchique, auprès du nid de ses petits. Or, qu'on
examine toutes les plantes qui ont coutume de
croître dans nos prairies, on n'en verra point qui
aient plus d'harmonies et de contrastes avec la couleur noire de la taupe, que les fleurs blanches, purpurines et liliacées du colchique. Le colchique
donne encore un puissant moyen de défense à la
foible taupe contre le chien son ennemi naturel,
qui quête toujours après elle dans les prairies ; car
cette plante l'empoisonne s'il en mange. Voilà pourquoi on appelle aussi le colchique tue-chien. La
taupe trouve donc des vivres pour ses besoins et
une production contre ses ennemis dans le colchique, ainsi que le bouvreuil dans l'épine blanche.
Ces harmonies ne sont pas seulement des objets
très-agréables de spéculation ; on en peut tirer une
foule d'utilités; car il s'ensuit, par exemple, de ce
que nous venons de dire, que, pour attirer des
bouvreuils dans un bocage, il faut y planter de

l'épine blanche, et que pour chasser les taupes d'une prairie, il n'y a qu'à y détruire les oignons de colchique.

Si on ajoute à chaque plante ses harmonies élémentaires, telles que celles de la saison où elle paroît, du site où elle végète, les effets des rosées et les reflets de la lumière sur son feuillage, les mouvemens qu'elle éprouve par l'action des vents, ses contrastes et ses consonnances avec d'autres plantes et avec les quadrupèdes, les oiseaux et les insectes qui lui sont propres; on verra se former autour d'elle un concert ravissant dont les accords nous sont encore inconnus. Ce n'est cependant qu'en suivant cette marche qu'on peut parvenir à jeter un coup-d'œil dans l'immense et merveilleux édifice de la nature. J'exhorte les naturalistes, les amateurs des jardins, les peintres, les poètes même à l'étudier ainsi, et à puiser à cette source intarissable de goût et d'agrément. Ils verront de nouveaux mondes se présenter à eux; et sans sortir de leur horizon, ils feront des découvertes plus curieuses que n'en renferment nos livres et nos cabinets, où les productions de l'univers sont morcelées et sequestrées dans les petits tiroirs de nos systêmes mécaniques.

Je ne sais maintenant quel nom je dois donner aux convenances que ces concerts particuliers ont avec l'homme. Il est certain qu'il n'y a point d'ou-

vrage de la nature qui ne renforce son concert particulier, ou, si l'on veut, son caractère naturel, par
l'habitation de l'homme, et qui n'ajoute à son tour
à l'habitation de l'homme quelque expression de
grandeur, de gaîté, de terreur ou de majesté. Il n'y
a point de prairie qu'une danse de bergères ne rende
plus riante, ni de tempête que le naufrage d'une
barque ne rende plus terrible. La nature élève le
caractère physique de ses ouvrages à un caractère
moral sublime, en les réunissant autour de l'homme.
Ce n'est pas ici le lieu de m'occuper de ce nouvel
ordre de sentimens. Il me suffira d'observer que
non-seulement elle emploie des concerts particuliers pour exprimer en détail les caractères de ses
ouvrages ; mais quand elle veut exprimer ces mêmes
caractères en grand, elle rassemble une multitude
d'harmonies et de contrastes du même genre, pour
en former un concert général qui n'a qu'une seule
expression, quelque étendu que soit le champ de
son tableau.

Ainsi, par exemple, pour exprimer le caractère
malfaisant d'une plante vénéneuse, elle y rassemble
des oppositions heurtées de formes et de couleurs
qui sont des signes de malfaisance ; telles que les
formes rentrantes et hérissées, les couleurs livides,
les verts âtres et frappés de blanc et de noir, les
odeurs virulentes..... Mais quand elle veut caractériser des paysages entiers qui sont malsains, elle y

réunit une multitude de dissonances semblables. L'air y est couvert de brouillards épais; les eaux ternies n'y exhalent que des odeurs nauséabondes; il ne croît sur ses terres putréfiées que des végétaux déplaisans, tels que le dracunculus, dont la fleur présente la forme, la couleur et l'odeur d'un ulcère. Si quelques arbres s'élèvent dans son atmosphère nébuleuse, ce ne sont que des ifs, dont les troncs rouges et enfumés semblent avoir été incendiés, et dont le noir feuillage ne sert d'asyle qu'aux hiboux. Si on voit quelques autres animaux chercher des retraites sous leurs ombres, ce sont des cent-pieds couleur de sang, ou des crapauds qui se traînent sur le sol humide et pourri. C'est par ces signes ou par d'autres équivalens que la nature écarte l'homme des lieux nuisibles.

Veut-elle lui donner sur la mer le signal d'une tempête : comme elle a opposé dans les bêtes féroces le feu des yeux à l'épaisseur des sourcils, les bandes et les marbrures dont elles sont peintes à la couleur fauve de leur peau, et le silence de leurs mouvemens aux rugissemens de leurs voix, elle rassemble de même dans le ciel et sur les eaux une multitude d'oppositions heurtées qui annoncent de concert la destruction. Des nuages sombres traversent les airs en formes horribles de dragons. On y voit jaillir çà et là le feu pâle des éclairs. Le bruit du tonnerre qu'ils portent dans leurs flancs retentit comme le rugissement du lion céleste ; l'astre du jour, qui paroît à peine à travers leurs voiles pluvieux et multipliés, laisse échapper de longs rayons d'une lumière blafarde. La surface plombée de la mer se creuse et se sillonne de larges écumes blanches. De sourds gémissemens semblent sortir de ses flots. Les noirs écueils blanchissent au loin, et font entendre des bruits affreux, entrecoupés de lugubres silences. La mer qui les couvre et les découvre tour à tour, fait apparoître à la lumière du jour leurs fondemens caverneux. Le lomb de Norwège se perche sur la pointe de leurs rochers, et fait entendre ses cris alarmans, semblables à ceux d'un homme qui se noie. L'orfraie-marine s'élève au haut des airs, et n'osant s'abandonner à l'impétuosité des vents, elle lutte, en jetant des voix plaintives, contre la tempête qui fait ployer ses ailes. La noire procellaria voltige en rasant l'écume des flots, et cherche au fond de leurs mobiles vallées des abris contre la fureur des vents. Si ce petit et foible oiseau aperçoit un vaisseau au milieu de la mer, il vient se réfugier le long de sa carène ; et pour prix de l'asyle qu'il lui demande, il lui annonce la tempête avant qu'elle arrive.

La nature proportionne toujours les signes de destruction à la grandeur du danger. Ainsi, par exemple, les signes de tempête du Cap de Bonne-Espérance surpassent en beaucoup de points ceux de nos côtes. Il s'en faut bien que le célèbre Vernet, qui nous a offert tant de tableaux effrayans de la mer, nous en ait peint toutes les horreurs. Chaque tempête a son caractère particulier dans chaque parage : autres sont les tempêtes du Cap de Bonne-Espérance et celles du Cap Horn, de la mer Baltique et de la Méditerranée, du banc de Terre-Neuve et de la côte d'Afrique. Elles diffèrent encore suivant les saisons, et même suivant les heures du jour. Celles de l'été ne sont point les mêmes que celles de l'hiver ; et autre est le spectacle d'une mer irritée, luisante en plein midi sous les rayons du soleil, et celui de la même mer éclairée au milieu de la nuit d'un seul coup de tonnerre. Mais vous reconnoissez dans toutes, les oppositions heurtées dont j'ai parlé.

J'ai remarqué une chose dans les tempêtes du Cap de Bonne-Espérance, qui appuie admirablement tout ce que j'ai avancé jusqu'ici sur les principes de la discorde et de l'harmonie, et qui peut faire naître de profondes réflexions à quelqu'un de plus habile que moi. C'est que la nature accompagne souvent les signes du désordre qui bouleverse ses mers, par des expressions agréables d'harmonie qui en redoublent l'horreur. Ainsi, par exemple, dans les deux tempêtes que j'y ai essuyées, je n'y ai point vu le ciel obscurci par de sombres nuages, ni ces nuages sillonnés par le feu alternatif des

éclairs ; ni une mer sale et plombée comme dans les
tempêtes de nos climats. Le ciel, au contraire, y
étoit d'un bleu fin, et la mer azurée ; il n'y avoit
d'autres nuages en l'air que de petites fumées rousses,
obscures à leur centre, et éclairées sur leurs bords
de l'éclat jaune du cuivre poli. Elles partoient d'un
seul point de l'horizon, et traversoient le ciel avec
la rapidité d'un oiseau. Quand le tonnerre brisa
notre grand mât, au milieu de la nuit, il ne roula
point, et ne fit d'autre bruit que celui d'un canon
qu'on auroit tiré près de nous. Deux autres coups
qui avoient précédé celui-ci, n'en avoient pas fait
davantage. C'étoit au mois de juin, c'est-à-dire,
dans l'hiver du Cap de Bonne-Espérance. J'y éprou-
vai une autre tempête en repassant dans le mois de
janvier, qui est le milieu de l'été de ce pays-là. Le
fond du ciel en étoit bleu comme dans la première,
et on ne voyoit que cinq ou six nuages sur l'horizon ;
mais chacun d'eux, blanc, noir, caverneux, et d'une
grandeur énorme, ressembloit à une portion des
Alpes suspendue en l'air. Celle-ci étoit bien moins
violente que l'autre, avec ses petites fumées rousses.
Dans toutes les deux, la mer étoit azurée comme
le ciel ; et sur les crêtes de ses grands flots, hérissées
en jets d'eau, se formoient des arcs-en-ciel très-
colorés. Ces tempêtes, au milieu de la lumière, sont
plus affreuses qu'on ne peut dire. L'ame se trouble
de voir des signes de calme devenus des signes de

II. V

tempête ; l'azur dans les cieux, et l'arc-en-ciel sur les flots. Les principes de l'harmonie paroissent bouleversés ; la nature semble s'y revêtir d'un caractère perfide, et couvrir la fureur sous les apparences de la bienveillance. Les écueils de ces parages ont les mêmes contrastes. Jean-Hugues de Linschoten, qui vit de près ceux de la Juive, dans le canal de Mosambique, contre lesquels il pensa périr, dit qu'ils sont hideux à voir, étant noirs, blancs et verts. Ainsi la nature augmente les caractères de la terreur, en y mêlant des expressions agréables.

Il y a encore en ceci quelque chose d'essentiel à observer, c'est qu'elle met dans les grandes scènes d'épouvante, le terrible de près et l'agréable au loin, le bouleversement sur la mer, et la sérénité dans le ciel. Elle donne aussi une grande extension au sentiment du désordre ; car on ne prévoit point de fin à de pareilles tempêtes. Tout dépend de la première impulsion que nous éprouvons. Le sentiment de l'infini qui est en nous, et qui veut toujours se propager au loin, cherche à fuir le mal physique qui l'environne ; mais repoussé, en quelque sorte, par la sérénité de l'horizon trompeur, il revient sur lui-même, et donne plus de profondeur aux affections pénibles qu'il éprouve, dont la source lui paroît invariable. Tel est le géant des tempêtes, que la nature avoit placé à l'entrée des mers de l'Inde, et que Le Camoëns a si bien décrit. La nature

produit des effets contraires dans nos climats; car
elle redouble, l'hiver, notre repos dans nos maisons, en couvrant le ciel de nuées sombres et pluvieuses. Tout dépend de la première impulsion que
reçoit l'ame. Lucrèce a eu raison de dire que notre
plaisir et notre sécurité augmentent sur le rivage à
la vue d'une tempête. Ainsi, un peintre qui voudroit renforcer dans un tableau l'agrément d'un
paysage et le bonheur de ses habitans, n'auroit qu'à
représenter au loin un vaisseau battu par les vents
et par une mer irritée; le bonheur des bergers y
redoubleroit par le malheur des matelots. Mais s'il
vouloit, au contraire, augmenter l'horreur d'une
tempête, il faudroit qu'il opposât au malheur des
matelots le bonheur des bergers, et qu'il mît le vaisseau entre le spectateur et le paysage. Le premier
sentiment dépend de la première impulsion; et le
fond contrastant de la scène, loin de le dénaturer,
ne fait que lui donner plus d'énergie en le répercu-
tant sur lui-même. Ainsi on peut, avec les mêmes
objets placés diversement, produire des effets directement opposés.

Si la nature, en plaçant quelques harmonies
agréables dans des scènes de discorde, en redouble
la confusion, telles que la couleur verte dans les
écueils de la Juive, ou l'azur dans les tempêtes du
Cap, elle jette souvent quelque discordance dans
ses concerts les plus aimables, pour en relever

l'agrément. Ainsi une chute d'eau bruyante qui se
précipite dans une tranquille vallée, ou un âpre et
noir rocher qui s'élève au milieu d'une plaine de
verdure, ajoute à la beauté d'un paysage. C'est ainsi
qu'un signe sur un beau visage le rend plus piquant.
D'habiles artistes ont imité heureusement ces contrastes harmoniques. Quand Callot a voulu redoubler l'horreur de ses scènes infernales, il a mis au
milieu de leurs démons la tête d'une jolie femme
sur la carcasse d'un animal. Au contraire, de fameux
peintres, chez les Grecs, pour rendre Vénus plus
intéressante, la représentoient avec les yeux un
peu louches.

La nature n'emploie d'affreux contrastes que
pour éloigner l'homme de quelque site périlleux.
Dans tout le reste de ses ouvrages, elle ne rassemble
que des médium harmoniques. Je ne m'engagerai
pas dans l'examen de leurs divers concerts, c'est
un sujet d'une richesse inépuisable. Il suffit à mon
ignorance d'avoir indiqué quelques-uns de leurs
principes. Cependant j'essaierai de tracer une légère
esquisse de la manière dont elle harmonie nos moissons, qui, étant les ouvrages de notre agriculture,
semblent livrées à la monotonie qui caractérise la
plupart des ouvrages de l'homme.

Il est d'abord remarquable que nous y trouverons
cette charmante nuance de vert, qui naît de l'alliance
de deux couleurs primordiales opposées, qui sont

le jaune et le bleu. Cette couleur harmonique se décompose à son tour par une autre métamorphose, vers le temps de la moisson, en trois couleurs primordiales, qui sont le jaune des blés, le rouge des coquelicots, et l'azur des bluets. Ces deux plantes se trouvent toujours dans les blés de l'Europe, quelque soin que les laboureurs prennent de les sarcler et de les vanner. Elles forment, par leur harmonie, une teinte pourpre très-riche, qui se détache admirablement sur la couleur fauve des moissons. Si on étudie ces deux plantes à part, on trouvera entre elles beaucoup de contrastes particuliers ; car le bluet a ses feuilles menues, et le pavot les a larges et découpées : le bluet a les corolles de ses fleurs rayonnantes et d'un bleu tendre, et le pavot a les siennes larges et d'un rouge foncé : le bluet jette ses tiges divergentes, et le pavot les porte droites. On trouve encore dans les blés, la nielle qui s'élève à la hauteur de leurs épis, avec de jolies fleurs purpurines en trompettes, et le convulvolus à fleurs couleur de chair, qui grimpe autour de leurs chalumeaux, et les entoure de verdure comme des thyrses. Il y a encore plusieurs autres végétaux qui ont coutume d'y croître, et d'y former d'agréables contrastes ; la plupart exhalent de douces odeurs, et quand le vent les agite, vous diriez, à leurs ondulations, d'une mer de verdure et de fleurs. Joignez-y un certain frissonnement d'épis fort agréable, qui invite au sommeil par un doux murmure.

Ces aimables forêts ne sont pas sans habitans.
On voit courir sous leurs ombrages le scarabée vert
à raies d'or, et le monocéros couleur de café
brûlé. Ce dernier insecte se plaît dans les fumiers
de cheval, et il porte sur sa tête un soc dont il
remue la terre comme un laboureur. Il y a encore
plusieurs contrastes charmans dans les mouches et
les papillons qui sont attirés par les fleurs des
moissons, et dans les mœurs des oiseaux qui les
habitent. L'hirondelle voyageuse plane sans cesse
à leur surface ondoyante, comme sur un lac,
tandis que l'alouette sédentaire s'élève à pic au-
dessus d'elles en chantant à la vue de son nid.
La perdrix domiciliée et la caille passagère y nourrissent également leurs petits. Souvent un lièvre
place son gîte dans leur voisinage, et y broute en
paix les laitrons.

Ces animaux ont avec l'homme des relations
d'utilité par leur fécondité et leurs fourrures. Il est
remarquable qu'on les trouve dans toutes les moissons de l'Europe, et que leurs espèces sont variées
comme les différens sites que l'homme devoit habiter; car il y a des espèces différentes de cailles,
de perdrix, d'alouettes, d'hirondelles et de lièvres,
pour les plaines, les montagnes, les landes, les
prairies, les forêts et les rochers.

Quant aux blés, ils ont des rapports innom-

brables avec les besoins de l'homme et de ses animaux domestiques. Ils ne sont ni trop hauts ni trop
bas pour sa taille. Ils sont faciles à manier et à
recueillir. Ils donnent des grains à sa poule , du
son à son porc , du fourrage et des litières à son
cheval et à son bœuf. Chaque plante qui y croît
a des vertus particulièrement assorties aux maladies
auxquelles les laboureurs sont sujets. Le pavot des
champs guérit la pleurésie , il procure le sommeil ,
il appaise les hémorrhagies et les crachemens de
sang. Le bluet est diurétique , vulnéraire , cordial
et rafraîchissant ; il guérit les piqûres des bêtes
venimeuses et l'inflammation des yeux. Ainsi, un
laboureur trouve toute sa pharmacie dans ses
guérets.

La culture des blés lui présente bien d'autres
concerts agréables avec la vie humaine. Il connoît
à leurs ombres les heures du jour , à leurs accrois-
semens les rapides saisons , et il ne compte ses
années fugitives que par leurs récoltes innocentes.
Il ne craint point, comme dans les villes, un hymen
infidèle , ou une postérité trop nombreuse. Ses
travaux sont toujours surpassés par les bienfaits de
la nature. Dès que le soleil est au signe de la
Vierge, il rassemble ses parens , il invite ses voisins,
et dès l'aurore il entre avec eux , la faucille à la
main , dans ses blés mûrs. Son cœur palpite de joie
en voyant ses gerbes s'accumuler , et ses enfans

danser autour d'elles couronnés de *bluets* et *de co-*
quelicots : leurs jeux lui rappellent ceux de son
premier âge, et la mémoire de ses vertueux ancêtres qu'il espère revoir un jour dans un monde
plus heureux. Il ne doute pas qu'il n'y ait un Dieu
à la vue de ses moissons ; et aux douces époques
qu'elles ramènent à son souvenir, il le remercie
d'avoir lié la société passagère des hommes par une
chaîne éternelle de bienfaits.

Prés fleuris, majestueuses et murmurantes forêts,
fontaines mousseuses, sauvages rochers fréquentés
de la seule colombe, aimables solitudes qui nous
ravissez par d'ineffables concerts, heureux qui
pourra lever le voile qui couvre vos charmes secrets ! mais plus heureux encore celui qui peut les
goûter en paix dans le patrimoine de ses pères !

DE QUELQUES AUTRES LOIX DE LA NATURE, PEU CONNUES.

Il y a encore quelques loix physiques peu appro-
fondies, quoiqu'on les ait entrevues et qu'on en
ait beaucoup parlé. Telle est celle de l'attraction.
On l'a reconnue dans les planètes et dans quelques
métaux, comme dans le fer et l'aimant, dans l'or et
le mercure. Je crois que l'attraction est commune à
tous les métaux, et même à tous les fossiles, mais
qu'elle agit, en chacun d'eux, dans des circons-
tances particulières qui n'ont pas encore été obser-

vées. Peut-être que chacun des métaux se tourne vers divers points de la terre, comme le fer aimanté vers le nord et vers les lieux où il y a des mines de fer. Il faudroit peut-être, pour en faire l'expérience, que chacun d'eux fût armé de son attraction, ce qui arrive, ce me semble, quand il est joint avec son contraire. Qui sait si une aiguille d'or, frottée de mercure, n'auroit pas des pôles attractifs, comme une aiguille de fer en a lorsqu'elle est frottée d'aimant ? Elle pourroit indiquer avec cette préparation, ou telle autre qui lui seroit plus convenable, les lieux où il y a des mines de ce riche métal. Peut-être détermineroit-elle des points généraux de direction à l'orient ou à l'occident, qui serviroient à indiquer les longitudes plus constamment que les variations de l'aiguille aimantée. S'il y a un point au pôle sur lequel le globe semble tourner, il peut y en avoir un sous l'équateur d'où il a commencé à tourner, et qui a déterminé son mouvement de rotation. Il est très-remarquable, par exemple, que toutes les mers sont remplies de coquillages univalves d'une infinité d'espèces très-différentes, qui ont tous leurs spirales qui vont en croissant du même côté, c'est-à-dire de gauche à droite, comme le mouvement du globe, lorsqu'on tourne l'embouchure du coquillage au nord et vers la terre. Il n'y en a qu'un bien petit nombre d'espèces d'exceptées, et que,

pour cette raison, on appelle *uniques*. Les spirales
de celles-ci vont de droite à gauche. Une direction
si générale et des exceptions si particulières dans
les coquilles, ont sans doute leurs causes dans la
nature, et leurs époques dans les siècles inconnus
où leurs germes furent créés. Elles ne peuvent
venir de l'action actuelle du soleil qui agit sur elles
par mille aspects différens. Sont-elles ainsi dirigées
par rapport à quelque courant général de l'Océan,
ou à quelque point inconnu d'attraction de la terre
au nord ou au midi, à l'orient ou à l'occident?
Ces rapports paroîtront étranges et peut-être frivoles à nos savans; mais tout est lié dans la nature:
souvent une observation légère y mène à d'importantes découvertes. Une petite lame de fer qui se
tourne vers le nord guide les flottes sur les déserts
de l'Océan; et un roseau d'une espèce inconnue
jeté sur les rivages des Açores, fit soupçonner à
Christophe Colomb l'existence d'un autre monde.

Quoi qu'il en soit, il est certain qu'il y a un
grand nombre de ces points particuliers d'attraction
répandus sur la terre, tels que les matrices qui
renouvellent les mines des métaux, en attirant à
elles les parties métalliques dispersées dans les
élémens. C'est par des matrices attractives que ces
mines sont inépuisables, comme on l'a remarqué
en plusieurs endroits, entre autres à l'île d'Elbe
située dans la Méditerranée. Cette petite île n'est

qu'une mine de fer dont on avoit déja tiré, du temps de Pline, une immense quantité de métal, sans qu'on s'aperçût, dit-il, qu'il y diminuât èn aucune manière. Les métaux ont encore d'autres attractions; et, si j'ose dire en passant mon opinion, je les regarde eux-mêmes comme les matrices principales de tous les corps fossiles, et comme des moyens toujours actifs que la nature emploie pour réparer les montagnes et les rochers que l'action des autres élémens, mais sur-tout les travaux imprudens des hommes, tendent sans cesse à dégrader.

Je remarquerai ici au sujet des mines d'or, qu'elles sont placées, ainsi que celles de tous les métaux, non-seulement dans les parties les plus élevées des continens, mais dans des montagnes à glace.

Les fameuses mines d'or du Pérou et du Chili sont, comme on sait, dans les Cordilières; les mines d'or du Mexique sont situées aux environs de la montagne de Sainte-Marthe, qui est couverte de neige toute l'année. Les fleuves de l'Europe qui roulent de l'or sur leurs rivages, sortent des montagnes à glace. Le Pô en Italie a sa source dans celles du Piémont. Mais, sans nous écarter de la France, on y compte dix fleuves ou rivières qui y charrient des paillettes d'or dans leurs sables, et qui ont tous leur origine dans des montagnes à glace.

Tel est le Rhin depuis Strasbourg jusqu'à Philis-
bourg , le Rhône dans le pays de Gex , le Doubs
dans la Franche-Comté, qui tous trois ont leurs
sources dans les montagnes à glace de la Suisse. La
Cèse et le Gardon descendent de celles des Cé-
vennes. L'Ariège, dans le pays de Foix; la Garonne,
dans les environs de Toulouse; le Salat , dans le
comté de Couserans , et les ruisseaux de Ferriet et
du Bénagues, ont tous leurs sources dans les montagnes glacées des Pyrénées.

Cette observation peut s'étendre , comme je le
crois, à toutes les mines d'or du monde , même à
celles de l'Afrique dont les rivières qui charrient le
plus de poudre d'or , comme le Sénégal , descendent
des montagnes de la Lune.

On pourra m'objecter qu'on a trouvé autrefois
beaucoup d'or en Europe , dans des lieux où il n'y
avoit point de montagnes à glace ; qu'on en recueille
à la surface même de la terre , comme au Brésil ;
et il n'y a que quelques années qu'on en trouva une
pépite ou morceau de plusieurs livres sur le bord
d'une rivière de la contrée de Cinaloa , dans le
nouveau Mexique. Mais si j'ose hasarder mes con-
jectures sur l'origine de cet or épars à la surface
de la terre, dans l'ancien continent de l'Europe,
et sur-tout dans celui du Nouveau-Monde, je crois
qu'il provient des effusions totales des glaces des
montagnes , qui arrivèrent au temps du déluge, et

que, comme les dépouilles de l'Océan couvrirent les parties occidentales de l'Europe, que celles des terres végétales se répandirent sur la partie orientale de l'Asie, celles des minéraux des montagnes furent entraînées sur d'autres contrées où on trouvoit, dans les premiers temps, leurs débris par grains et pépites tout entiers. Ce qu'il y a de certain, c'est que quand Christophe Colomb découvrit les îles Lucayes et les Antilles, il trouva bien chez leurs insulaires de l'or de mauvais aloi qui provenoit du commerce qu'ils avoient avec les habitans de la terre ferme; mais il n'y en avoit point de mines dans leur territoire, malgré le préjugé où l'on étoit et où bien des gens sont encore, que le soleil formoit ce précieux métal dans les terres de la zône torride. Pour moi, je trouve, comme je viens de l'observer, l'or bien plus commun dans le voisinage des montagnes à glace, quelle que soit leur latitude, et je soupçonne, par analogie, qu'il doit y en avoir des mines fort riches dans le nord. Il est probable que les eaux du déluge en entraînèrent des portions considérables dans les contrées septentrionales. On lit, je crois, dans le livre de l'arabe Job, ces expressions remarquables: « L'or vient de l'aquilon. » Il est certain que le premier commerce des Indes avec l'Europe s'est fait par le nord, comme l'a fort bien prouvé le baron de Stralenberg, suédois exilé, après la bataille de Pultava , dans la Sibérie , dont il nous a donné une savante description. Il dit qu'on y peut suivre encore à la trace la route des anciens Indiens qui remontoient le fleuve Petzora qui va se décharger dans la mer Blanche. On trouve le long de ses bords plusieurs de leurs tombeaux qui renferment quelquefois des manuscrits écrits sur des étoffes de soie en langue du Thibet , et on aperçoit sur les rochers de ses rivages , des caractères qu'ils y ont tracés en rouge ineffaçable. De ce fleuve ils gagnoient avec des barques de cuir , par les lacs , la mer Baltique , ou côtoyoient les côtes septentrionales et occidentales de l'Europe. Cette route étoit connue aux Indiens du temps même des Romains , puisque Cornélius Népos rapporte qu'un roi de Suèves fit présent à Métellus Céler de deux Indiens que la tempête avoit jetés , avec leur canot de cuir, sur les côtes voisines de l'embouchure de l'Elbe. On ne peut pas se figurer ce que les Indiens , habitans d'un pays chaud , alloient chercher si loin au nord. Qu'auroient-ils fait dans l'Inde des fourrures de la Sibérie ?. Il paroît qu'ils alloient y chercher de l'or , qui pouvoit alors y être commun à la surface de la terre.

Quoi qu'il en soit , on peut présumer de ce que les mines d'or sont placées dans les lieux les plus élevés du continent, que leurs matrices recueillent dans l'atmosphère les parties volatilisées de l'or,

qui s'y élèvent avec les émanations fossiles et aquatiques que les vents y apportent de toutes parts.
Mais elles exercent sur les hommes des attractions
encore bien plus fortes.

Il semble que la nature, en ensevelissant les foyers
de ce riche métal sous des neiges, ait voulu lui donner des remparts encore plus inaccessibles que le
sein des rochers, de peur que la cupidité des
hommes ne vînt enfin à bout de les détruire entièrement. Il est devenu le plus fort lien de nos sociétés,
et l'objet perpétuel des travaux de notre vie si rapide.
Hélas! si la nature vouloit punir aujourd'hui cette
soif insatiable des nations de l'Europe pour un métal
aussi inutile aux véritables besoins de l'homme, ce
seroit de changer le territoire de quelqu'une d'entr'elles en or. Tous les autres peuples y accour-
roient bientôt, et ne tarderoient pas à en extermi-
ner les habitans. Les Péruviens et les Mexicains en
ont fait une cruelle expérience.

Il y a des métaux moins estimés, mais bien plus
utiles, dont les attractions élémentaires pourroient
peut-être nous procurer de grandes commodités.

Les pitons des montagnes et leurs longues crêtes
sont remplis, ainsi que nous l'avons vu, de fer ou
cuivre, mélangé d'un corps vitreux, de granit ou
de quartz, qui attire les pluies et les orages comme
de véritables aiguilles électriques. Il n'y a point de
marin qui n'ait vu mille fois ces pitons et ces crêtes

couverts d'un chapeau de nuage qui se fixe tout
autour, et les fait souvent disparoître à la vue, sans
en soupçonner la cause. D'un autre côté, nos savans
ont pris sur les cartes ces escarpemens pour les
débris d'une terre primitive, sans se douter de leurs
effets. Ils auroient dû observer que ces pyramides
et ces crêtes métalliques, ainsi que la plupart des
mines de fer et de cuivre, se rencontrent toujours
aux lieux élevés et à la source de tous les fleuves,
dont elles sont les causes premières par leurs attractions. L'inattention générale à ce sujet vient de ce
que les marins observent et ne raisonnent point, et
que les savans raisonnent et n'observent point. Certainement si l'expérience des uns avoit été jointe à
la sagacité des autres, il en seroit né des prodiges.
Je suis persuadé qu'à l'imitation de la nature on
pourroit venir à bout de former, avec des pierres
électriques, des fontaines artificielles qui attireroient
les nuages pluvieux dans des lieux secs et arides,
comme les chaînes et les barres de fer attirent les
orages. A la vérité il faudroit que des princes fissent
les frais de ces grandes et utiles expériences ; mais
elles conserveroient leur mémoire à jamais. Les
Pharaons, qui ont bâti les pyramides de l'Egypte,
ne se seroient pas attiré les malédictions de leurs
peuples, comme le dit Pline, pour des travaux
énormes et inutiles, s'ils avoient élevé dans les sables
de la Haute-Egypte quelque pyramide électrique

qui y eût formé une fontaine artificielle. L'Arabe qui viendroit y boire aujourd'hui béniroit encore leurs noms, qui étoient déjà oubliés et inconnus du temps des Romains, suivant le témoignage de Pline. Pour moi je pense que plusieurs métaux seroient propres à produire de pareils effets. Un officier supérieur au service du roi de Prusse, m'a raconté qu'ayant remarqué que le plomb attiroit les vapeurs, il se servit de son attraction pour assécher l'atmosphère d'un magasin à poudre. Ce magasin avoit été construit sous terre, dans la gorge d'un bastion, et on n'en pouvoit faire usage à cause de son humidité. Il fit doubler d'une voûte de plomb le dessus de la charpente où étoient posés les barils de poudre : les vapeurs du souterrain s'y rassemblèrent par gouttes, se répandirent en rigoles sur les côtés, et laissèrent les barils à sec.

Il est à présumer que chaque métal et chaque fossile a sa répulsion comme son attraction ; car ces deux loix se rencontrent toujours ensemble. Les contraires se cherchent.

Il y a encore une multitude d'autres loix harmoniques inconnues ; telles sont les proportions des grandeurs et des durées de l'existence dans les êtres végétatifs et sensibles, qui sont très-différentes, quoique leurs nourritures et leurs climats soient les mêmes. L'homme, dans sa jeunesse, voit mourir de vieillesse le chien, son contemporain, et la brebis

II.   X

qu'il a nourrie étant agneau. Quoique le premier ait vécu à sa table, et l'autre des herbes de son pré, ni la fidélité de l'un, ni la sobriété de l'autre n'ont pu prolonger leurs jours ; tandis que des animaux, qui ne vivent que de charognes et de rapines, vivent des siècles, comme le corbeau. On ne peut se guider dans ces recherches, qu'en suivant l'esprit de convenance qui est la base de notre propre raison, comme il l'est de la raison de la nature. C'est en le consultant que nous verrons que si tel animal carnassier vit long-temps, comme le corbeau, c'est que ses services et son expérience sont long-temps nécessaires pour nettoyer la terre dans des lieux dont les immondices se renouvellent sans cesse, et qui sont souvent à de grandes distances. Si au contraire un animal innocent vit peu, c'est que sa chair et sa peau sont nécessaires à l'homme. Si le chien de la maison met souvent au désespoir, par sa mort, nos enfans, dont il a été le commensal et le contemporain, sans doute la nature a voulu leur donner, par la perte d'un animal si digne des affections du cœur humain, les premières expériences des privations dont la vie humaine est exercée.

Quelquefois la durée de la vie d'un animal est proportionnée à la durée du végétal qui le nourrit. Une multitude de chenilles naissent et meurent avec les feuilles qu'elles pâturent. Il y a des insectes qui n'existent que cinq heures, tel est l'éphémère. Cette espèce de mouche, grande comme la moitié du petit doigt, naît d'un ver fluviatile, qu'on trouve particulièrement aux embouchures des fleuves, sur les bords de l'eau, dans la vase, où il creuse des tuyaux pour y chercher sa subsistance. Ce ver vit trois ans, et au bout de ce terme, vers la Saint-Jean, il se change presque subitement en mouche, qui paroît au monde sur les six heures du soir, et meurt à onze heures de nuit. Il n'avoit besoin que de ce temps pour s'accoupler et déposer ses œufs sur les vases découvertes. Il est très-remarquable qu'il s'accouple et fait sa ponte précisément dans le temps des plus basses marées de l'année, lorsque les fleuves découvrent à leurs embouchures la plus grande partie de leur lit. Il reçoit alors des ailes pour aller déposer ses œufs aux lieux que les eaux abandonnent, et pour étendre, comme mouche, le domaine de sa postérité, dans le temps où, comme ver, il a le moins de terrein. J'ai remarqué aussi dans le dessin et les coupes miscroscopiques, qu'en a donnés le savant Thévenot dans les dernières parties de sa collection, que, dans l'état de mouche, il n'a aucun des organes extérieurs et intérieurs de la nutrition. Ils lui auroient été inutiles pour le peu de temps qu'il avoit à vivre.

La nature n'a rien fait en vain. Il ne faut pas croire qu'elle ait créé des vies instantanées, et des êtres infiniment petits pour remplir les chaînes imagi-

naires de l'existence. Les philosophes qui lui supposent ces prétendus plans d'universalité que rien
ne démontre, et qui la font descendre dans l'infiniment petit par des intentions aussi frivoles, la font
agir à-peu-près comme une mère qui donne pour
jouets à ses enfans de petits carrosses et de petits
meubles qui ne servent à rien, mais qui sont faits à
l'imitation de ceux du ménage de la maison.

Les haines et les instincts des animaux émanent
de loix d'un ordre supérieur, qui nous seront toujours impénétrables dans ce monde ; mais quand ces
convenances intimes nous échappent, il faut les rapporter, ainsi que les autres, à la convenance générale
des êtres, et sur-tout à celle de l'homme. Rien n'est
si lumineux dans l'étude de la nature, que de référer
tout ce qui existe à la bonté de Dieu et aux besoins de
l'homme. Non-seulement cette manière de voir nous
découvre une multitude de loix inconnues, mais elle
donne des bornes à celles que nous connoissons et
que nous croyons universelles. Si la nature, par
exemple, étoit régie par les seules loix de l'attraction,
comme le supposent ceux qui en ont fait la base de
tant de systêmes, tout y seroit en repos. Les corps ten-
dant vers un centre commun, s'y accumuleroient et
se rangeroient autour de lui en raison de leur pesanteur. Les matières qui composent le globe seroient
d'autant plus pesantes qu'elles approcheroient davantage du centre ; et celles qui sont à sa surface

seroient mises de niveau. Le bassin des mers seroit
comblé des débris des terres ; et cette vaste architecture , formée d'harmonies si variées, ne présenteroit bientôt plus qu'un globe aquatique. Tous les
corps, enchaînés par une chute commune, seroient
condamnés à une éternelle immobilité. D'un autre
côté, si la loi de projection, qui sert à expliquer
les mouvemens des astres, en supposant qu'ils tendent à s'échapper par la tangente de la courbe qu'ils
décrivent; si , dis-je , cette loi avoit lieu, tous les
corps qui ne sont pas adhérens à la terre, s'en éloi-
gneroient comme les pierres s'échappent des frondes;
notre globe lui-même obéissant à cette loi, s'éloi-
gneroit du soleil pour jamais. Tantôt il traverseroit
dans sa route infinie , des espaces immenses où
on n'apercevroit aucun astre pendant le cours de
plusieurs siècles ; tantôt, traversant les lieux où
le hasard auroit rassemblé les matrices de la création , il passeroit au milieu des parties élémentaires
des soleils, agrégées par les loix centrales de l'attraction , ou dispersées en étincelles et en rayons
par celles de la projection. Mais en supposant que
ces deux forces contraires se soient combinées assez
heureusement en sa faveur, pour le fixer avec son
tourbillon dans un coin du firmament, où ces forces
agissent sans se détruire , il présenteroit son équateur au soleil avec autant de régularité qu'il décrit
son cours annuel autour de lui. On ne verroit jamais

résulter de ces deux mouvemens constans, cet
autre mouvement si varié, par lequel il incline
chaque jour un de ses pôles vers le soleil, jusqu'à
ce que son axe ait formé sur le plan de son cercle
annuel un angle de vingt-trois degrés et demi, puis
cet autre mouvement rétrograde, par lequel il lui
présente avec la même régularité le pôle opposé.
Loin de lui offrir alternativement ses pôles, afin que
sa chaleur féconde en fonde les glaces tour à tour,
il les tiendroit ensevelis dans des nuits et des hivers
éternels, avec une partie des zônes tempérées,
tandis que le reste de sa circonférence seroit brûlé
par les feux trop constans des tropiques.

Mais quand on supposeroit, avec ces loix constantes d'attraction et de projection, une troisième
loi versatile, qui donne à la terre le mouvement
qui produit les saisons, et une quatrième qui lui
donne son mouvement diurne de rotation sur elle-
même, et qu'aucune de ces loix si opposées ne
surpassât jamais les autres, et ne la déterminât à la
fin à obéir à une seule impulsion, on ne pourroit
jamais dire qu'elles eussent déterminé les formes et
les mouvemens des corps qui sont à sa surface.
D'abord la force de projection ou centrifuge n'y
auroit laissé aucun de ceux qui en sont détachés.
D'un autre côté, la force d'attraction ou la pesanteur n'eût pas permis aux montagnes de s'élever,
et encore moins aux métaux, qui en sont les par-

ties les plus pesantes, d'être placés à leurs sommets, où on les trouve ordinairement. Si on suppose que ces loix soient l'*ultimatum* du hasard, et
qu'elles se soient tellement combinées qu'elles n'en
forment plus qu'une seule, par la même raison
qu'elles font mouvoir la terre autour du soleil, et
la lune autour de la terre, elles devroient agir de
la même manière sur les corps particuliers qui sont
à la surface du globe. On devroit voir les rochers
isolés, les fruits détachés des arbres, les animaux
qui n'ont point de griffes tourner autour de lui en
l'air, comme nous voyons les parties qui composent
l'anneau de Saturne tourner autour de cette planète. C'est là pesanteur, répète-t-on, qui agit uniquement à la surface du globe, qui empêche les
corps de s'en détacher. Mais si elle y absorbe les
autres puissances, pourquoi a-t-elle permis aux montagnes de s'y élever, comme nous l'avons déjà dit?
Comment la force centrifuge a-t-elle soulevé à une
hauteur prodigieuse la longue crête des Cordilières,
et laisse-t-elle immobile l'écharpe volatile de neiges
qui la couvre? Pourquoi, si l'action de la pesanteur
est aujourd'hui universelle, n'influe-t-elle pas sur
les corps mous des animaux, lorsque, renfermés
dans le sein maternel ou dans l'œuf, ils sont dans
un état de fluidité? Tous les nombreux enfans de la
terre, animaux et végétaux, devroient être arrondis
en boule comme leur mère. Les parties les plus

pesantes de leurs corps devroient au moins être
situées en bas, sur-tout dans ceux qui se remuent;
au contraire, elles sont souvent en haut, et soute-
nues par des jambes bien plus légères que le reste
de l'animal, comme on le voit au cheval et au bœuf.
Quelquefois elles sont entre la tête et les pieds,
comme à l'autruche, ou à l'extrémité du corps,
dans la tête, comme à l'homme. D'autres, telles que
les tortues, sont applatis; d'autres, tels que les
reptiles, sont alongés en forme de fuseaux; tous
enfin ont des formes infiniment variées. Les végétaux même, qui semblent entièrement soumis à
l'action des élémens, ont des configurations diver-
sifiées à l'infini. Mais comment les animaux ont-ils
en eux-mêmes les principes de tant de mouvemens
si différens? Comment la pesanteur ne les a-t-elle
pas cloués à la surface de la terre? Ils devroient tout
au plus y ramper. Comment se fait-il que les loix
qui régissent le cours des astres, ces loix dont on
étend aujourd'hui l'influence jusqu'aux opérations
de notre ame, permettent aux oiseaux de s'élever
dans les airs, de voler à leur gré à l'occident, au
nord, au midi, malgré les puissances réunies de
l'attraction et de la projection du globe?

C'est la convenance qui a réglé ces loix, et
qui en a généralisé ou suspendu les effets, suivant
les besoins des êtres. Quoique la nature emploie
une infinité de moyens, elle ne permet à l'homme

d'en connoître que la fin. Ses ouvrages sont soumis
à des destructions rapides ; mais elle lui laisse toujours apercevoir la constance immortelle de ses
plans. C'est-là où elle veut arrêter son esprit et
son cœur. Elle ne veut pas l'homme ingénieux et
superbe ; elle le veut heureux et bon. Par-tout elle
affoiblit les maux nécessaires, et par-tout elle multiplie les biens, souvent superflus. Dans ses harmonies, formées de contraires, elle a opposé
l'empire de la mort à celui de la vie ; mais la vie
dure tout un âge, et la mort un instant. Elle fait
jouir l'homme long-temps des développemens si
agréables des êtres ; mais elle lui cache, avec des
précautions maternelles, leurs états passagers de
dissolution. Si un animal meurt, si des plantes se
décomposent dans un marais, des émanations pu-
trides et des reptiles d'une forme rebutante nous
en écartent. Une infinité d'êtres secondaires sont
créés pour en hâter les décompositions. Si les montagnes et les rochers caverneux offrent des apparences de ruine, les hiboux, les oiseaux de proie,
les bêtes féroces qui y font leurs retraites nous en
éloignent. La nature repousse loin de nous les spectacles et les ministres de la destruction, et nous
invite à ses harmonies. Elle les multiplie, suivant
nos besoins, bien au-delà des loix qu'elle semble
s'être prescrites, et de la mesure que nous devions
en attendre. C'est ainsi que les rochers arides et

stériles répètent par leurs échos les murmures des
eaux et des forêts, et que les surfaces planes des
eaux, qui n'ont ni forêts, ni collines, en représentent les couleurs et les formes dans leurs reflets.

C'est par une suite de cette bienveillance surabon-
dante de la nature, que l'action du soleil est mul-
tipliée par-tout où elle étoit la plus nécessaire, et
qu'elle est affoiblie dans tous les lieux où elle auroit
été nuisible. Le soleil est d'abord cinq ou six jours
de plus dans notre hémisphère septentrional, parce
que cet hémisphère renferme la plus grande partie
des continens, et qu'il est le plus habité. Son disque
y paroît sur l'horizon avant qu'il soit levé et après
qu'il est couché ; ce qui, joint à ses crépuscules,
augmente considérablement la grandeur naturelle de
nos jours. Plus il fait froid, plus la réfraction de ses
rayons s'étend ; voilà pourquoi elle est plus grande
le matin que le soir, l'hiver que l'été, et au commencement du printemps qu'à celui de l'automne.
Quand l'astre du jour nous a quittés pendant la nuit,
la lune vient nous réfléchir sa lumière, avec des variétés dans ses phases, qui ont des rapports encore
ignorés avec un grand nombre d'espèces d'animaux,
et sur-tout de poissons qui ne voyagent que la nuit
aux époques qu'elle leur indique. Plus le soleil
s'éloigne d'un pôle, plus ses rayons y sont réfractés.
Mais quand il l'a abandonné tout-à-fait, c'est alors
que sa lumière y est suppléée d'une manière admi-

rable. D'abord la lune, par un mouvement incompréhensible, va l'y remplacer, et y paroît perpétuellement sur l'horizon, sans se coucher, comme
l'observèrent en 1596, à la Nouvelle-Zemble, les
malheureux Hollandais, qui y passèrent l'hiver par
le 76ᵉ degré de latitude septentrionale. C'est dans
ces affreux climats que la nature multiplie ses ressources, pour rendre aux êtres sensibles le bénéfice
de la lumière et de la chaleur. Le ciel y est éclairé
d'aurores boréales qui lancent, jusqu'au zénith, des
rayons d'une lumière dorée, blanche, rouge et mou-
vante. Le pôle y étincelle d'étoiles plus lumineuses
que le reste du firmament. Les neiges qui y couvrent
la terre en abritent une partie des plantes, et par
leur éclat affoiblissent l'obscurité de la nuit. Les
arbres y sont revêtus de mousses épaisses, qui s'en-
flamment à la moindre étincelle : la terre même en
est tapissée, sur-tout dans les bois, à une si grande
hauteur, qu'il m'est arrivé plus d'une fois d'enfoncer
en été jusqu'aux genoux dans ceux de la Russie.
Enfin, les animaux qui y habitent sont revêtus de
fourrures jusqu'au bout des ongles. Lorsqu'il s'agit
ensuite de rendre la chaleur à ces climats, le soleil
y reparoît bien long-temps avant son terme naturel.
Ainsi les Hollandais dont j'ai parlé le virent avec
surprise sur l'horizon de la Nouvelle-Zemble, le
vingt-quatre janvier, c'est-à-dire quinze jours plutôt
qu'ils ne s'y attendoient. Sa vue inespérée les rem-

plit de joie, et déconcerta les calculs de leur savant
pilote, l'infortuné Barents. C'est alors que l'astre du
jour y redouble sa chaleur et sa lumière, par les
parhélies, qui, comme autant de miroirs formés
dans les nuages, réfléchissent son disque sur la
terre. Il appelle de l'Afrique les vents du sud, qui,
passant sur le Zara, dont les sables sont alors em-
brasés par le voisinage du soleil à leur zénith, se
chargent de particules ignées, et viennent heurter,
comme des béliers de feu, cette effroyable coupole
de glace qui couvre l'extrémité de notre hémisphère.
Ses énormes voussoirs, dissous par la chaleur de
ces vents, et ébranlés par leurs violentes secousses,
se détachent par quartiers aussi élevés que des montagnes ; et flottant au gré des courans qui les entraî-
nent vers la ligne, ils s'avancent quelquefois jusqu'au 45e degré, en rafraîchissant les mers méridionales par leurs vastes effusions. Ainsi les glaces du
pôle donnent de la fraîcheur aux mers chaudes de
l'Afrique, comme les sables de l'Afrique donnent
des vents chauds aux glaces du pôle.

Mais comme le froid est à son tour un très-grand
bien dans la zône torride, la nature emploie mille
moyens pour en étendre l'influence dans cette zône,
et pour y affoiblir la chaleur et la lumière du soleil.
D'abord elle y détruit les réfractions de l'atmosphère:
le soleil n'y a presque point de crépuscule avant son
lever, et sur-tout après son coucher. Lorsqu'il est

au zénith, il se voile de nuages pluvieux qui ombragent la terre et qui la rafraîchissent par leurs eaux ; de plus, ces nuages étant souvent orageux, les explosions de leurs feux dilatent la couche supérieure de l'atmosphère, qui est glaciale à deux mille cinq cents toises d'élévation sous la ligne, comme on le voit aux neiges qui couvrent perpétuellement à cette hauteur les sommets de quelques montagnes des Cordilières. Ils font couler, par leurs explosions et leurs secousses, des colonnes de cet air congelé de l'atmosphère supérieure dans l'inférieure, qui en est subitement rafraîchie, comme nous l'éprouvons en été dans nos climats, immédiatement après les orages. Les effusions des glaces des pôles rafraîchissent de même les mers du midi, et les vents polaires soufflent fréquemment sur les parties les plus chaudes de leurs rivages. La nature a placé de plus, dans le sein de la zône torride et dans son voisinage, des chaînes de montagnes à glace, qui accélèrent et redoublent les effets des vents polaires, sur-tout le long des mers, où la fermentation étoit le plus à craindre par les alluvions des corps des animaux et des végétaux que les eaux y déposent sans cesse. Ainsi la chaîne du mont Taurus, toujours couverte de neige, commence en Afrique sur les rivages brûlans du Zara, et côtoyant la Méditerranée passe en Asie, où elle jette çà et là de longs bras qui embrassent les golfes de l'océan Indien. De

même, en Amérique, la longue chaîne des Cordilières du Pérou et du Chili, avec les crêtes élevées
dont elle traverse le Brésil, rafraîchit les longs et
brûlans rivages de la mer du Sud et du golfe du
Mexique.

Ces dispositions élémentaires ne sont qu'une
partie des ressources de la nature, pour tempérer
la chaleur dans les pays chauds. Elle y ombrage la
terre de végétaux rampans et d'arbres en parasols,
dont quelques-uns, comme les cocotiers des îles
Sechelles et les talipots de Ceylan, ont des feuilles
de douze à quinze pieds de long, et de sept à huit
de largeur.

Elle y couvre les animaux de poils ras, et les
colore en général, ainsi que la verdure, de teintes
sombres et rembrunies, afin de diminuer les reflets
de la chaleur et de la lumière. Cette dernière considération nous engage à faire ici quelques réflexions
sur les effets des couleurs : le peu que nous en
dirons nous convaincra que leurs générations ne sont
pas produites au hasard, que c'est par des raisons
très-sages que la moitié d'entre elles vont en se composant vers la lumière, et l'autre moitié, en se dé-
composant vers les ténèbres, et que toutes les harmonies de ce monde naissent de choses contraires.

Les naturalistes regardent les couleurs comme
des accidens. Mais si nous considérons les usages
généraux où les emploie la nature, nous serons

persuadés qu'il n'y a pas même sur les rochers une seule nuance de placée en vain. Observons d'abord les principaux effets des deux couleurs extrêmes, la blanche et la noire, par rapport à la lumière. L'expérience prouve que de toutes les couleurs la blanche est celle qui réfléchit le mieux les rayons du soleil, parce qu'elle les renvoie, sans aucune teinte, aussi purs qu'elle les reçoit; et la noire, au contraire, est la moins propre à leur réflexion, parce qu'elle les éteint. Voilà pourquoi les jardiniers blanchissent les murs de leurs espaliers, pour accélérer la maturité de leurs fruits par la réverbération du soleil, et que les opticiens noircissent les parois de la chambre obscure, afin que leurs reflets n'altèrent pas le tableau lumineux qui s'y peint.

La nature, en conséquence, emploie fréquemment au nord la couleur blanche, pour augmenter la lumière et la chaleur du soleil. La plupart des terres y sont blanchâtres ou d'un gris clair. Les roches, les sables y sont remplis de micas et de parties spéculaires. De plus, la blancheur des neiges qui les couvrent en hiver, et les parties vitreuses et cristallines de leurs glaces sont très-propres à y affoiblir l'action du froid, en y réfléchissant la lumière et la chaleur de la manière la plus avantageuse. Les troncs des bouleaux, qui y composent la plus grande partie des forêts, ont l'écorce blanche

comme du papier. Dans quelques endroits même,
la terre est tapissée de végétaux tout blancs. « Dans
» la partie orientale, dit un savant Suédois, des
» hautes montagnes qui séparent la Suède de la Nor-
» wège, exposée à la plus grande rigueur du froid,
» il y a une forêt épaisse, et singulière en ce que le
» pin qui y croît est rendu noir par une espèce de
» lichen filamenteux qui y pend en abondance,
» tandis que la terre est couverte par-tout aux envi-
» rons d'un lichen blanc qui imite la neige par son
» éclat (1) ». La nature y donne la même couleur
à la plupart des animaux, comme aux ours blancs,
aux loups, aux perdrix, aux lièvres, aux hermines;
les autres y blanchissent sensiblement en hiver, tels
que les renards et les écureuils, qui sont roux en
été, et petit-gris en hiver. Si nous considérions
même la figure filiforme de leurs poils, leurs vernis
et leur transparence, nous verrions qu'ils sont formés de la manière la plus propre à réfléchir et à
réfranger les rayons lumineux. On n'en doit pas
considérer la blancheur comme une dégénération
ou un affoiblissement de l'animal, ainsi que l'ont
fait les naturalistes par rapport aux cheveux des
hommes, qui blanchissent dans la vieillesse par un
défaut de substance, disent-ils; car il n'y a rien de

(1) Extrait de l'Histoire naturelle du Renne, par Charles
Frédéric Hoffberg, traduit par M. le chevalier de Keralio.

si touffu que la plupart de ces fourrures, ni rien de si vigoureux que les animaux qui les portent. L'ours blanc est une des plus fortes et des plus terribles bêtes du monde; il faut souvent plusieurs coups de fusil pour l'abattre.

La nature, au contraire, a coloré de rouge, de bleu, et de teintes sombres et noires, les terres, les végétaux, les animaux, et même les hommes qui habitent la zône torride, pour y éteindre les feux de l'atmosphère brûlante qui les environne. Les terres et les sables de la plus grande partie de l'Afrique, située entre les tropiques, sont d'un rouge brun, et les rochers en sont noirs. Les îles de France et de Bourbon, qui sont sur les lisières de cette zône, ont en général cette nuance. J'y ai vu des poules et des perroquets dont non-seulement le plumage, mais la peau étoit teinte en noir. J'y ai vu aussi des poissons tout noirs, sur-tout parmi les espèces qui vivent à fleur-d'eau sur les récifs, telles que les vieilles et les raies. Comme les animaux blanchissent en hiver au nord à mesure que le soleil s'en éloigne, ceux du midi se colorent de teintes foncées à mesure que le soleil s'approche d'eux. Quand il est au zénith, les moineaux du pays ont des pièces d'estomac et les plumes de la tête toutes rouges. Il y a des oiseaux qui y changent de couleur trois fois par an, ayant, pour ainsi dire, des habits de printemps, d'été et d'hiver, suivant que le soleil est à la ligne, au

II. Y

tropique du Cancer ou à celui du Capricorne (1).

Il y a encore ceci de très-remarquable et de conséquent à l'emploi que la nature fait de ces couleurs
au nord et au midi ; c'est que par tout pays la partie
du corps d'un animal qui est la plus blanche, est
le ventre, parce qu'il faut plus de chaleur au ventre
pour la digestion et les autres fonctions ; et au contraire, la tête est par-tout la plus fortement colorée,
sur-tout dans ceux des pays chauds, parce que cette

---

(1) Ainsi la couleur blanche augmente l'effet des rayons
du soleil, et la noire l'affoiblit. Les habitans de Malte blanchissent l'intérieur de leurs appartemens, afin, disent-ils,
qu'on puisse apercevoir les scorpions, qui y sont assez communs. En cela, ils font deux fautes, à mon avis ; la première, de se méprendre de couleur, car les scorpions, qui
y sont gris, paroîtroient encore mieux sur un fond sombre ;
la seconde, plus importante, c'est d'y augmenter tellement
la réverbération de la lumière, que la vue en est sensiblement affectée. C'est à cette cause que j'attribue les maux
d'yeux qui sont très-communs dans cette île. Nos bourgeois
mettent en été des chapeaux blancs à la campagne, et ils se
plaignent de maux de tête. Tous ces accidens arrivent faute
d'étudier la nature. A l'île de France, ils emploient pour
lambris du bois du pays, qui devient tout noir avec le
temps ; mais cette teinte est trop triste. Il semble que la
nature ait prévu à cet égard les services que l'homme devoit
tirer de l'intérieur des arbres : leur bois est brun dans la
plupart de ceux des pays chauds, et blanc dans ceux des
pays du nord, comme les sapins et les bouleaux.

partie a le plus besoin de fraîcheur dans l'économie animale.

On ne peut pas dire que les ventres des animaux conservent leur blancheur parce qu'ils sont abrités du soleil, et que leurs têtes se colorent parce qu'elles y sont le plus exposées. Il semble, par des raisons d'analogie, que l'effet naturel de la lumière devroit être de revêtir de son éclat tous les objets qu'elle touche, et que partant les terres, les végétaux et les animaux de la zone torride devroient être blancs; et que la nuit, au contraire, agissant plusieurs mois de suite sur les pôles, devroit en rembrunir tous les objets. La nature ne s'assujettit point à des loix mécaniques. Quel que soit l'effet physique de la présence du soleil ou de son absence, elle a ménagé au nord des taches très-noires sur les corps les plus blancs, et au midi des taches blanches sur des corps fort noirs. Elle a noirci le bout de la queue des hermines de Sibérie, afin que ces petits animaux tout blancs, marchant sur la neige où ils laissent à peine des traces de leurs pattes, pussent se reconnoître lorsqu'ils vont à la suite les uns des autres dans les reflets lumineux des longues nuits du nord. Peut-être aussi cette noirceur opposée au blanc est-elle un de ces caractères tranchés qu'elle a donnés aux bêtes de proie, tels que le bout du museau noir et les griffes noires à l'ours blanc. L'hermine est une espèce de belette.

Il y a aussi des renards tout noirs dans le nord, mais ils sont dédommagés de l'influence de la couleur blanche par la plus chaude et la plus épaisse des fourrures; c'est la plus précieuse de toutes celles du nord. D'ailleurs cette espèce de renards y est fort rare. La nature les a peut-être revêtus de noir, parce qu'ils vivent dans des souterrains, au milieu des sables chauds, ou dans le voisinage de quelques volcans, ou par quelque autre raison qui m'est inconnue, mais convenable à leurs besoins. C'est ainsi qu'elle a vêtu de blanc le paille-en-cul des tropiques, parce que cet oiseau, qui vole à une très-grande élévation sur la mer, passe une partie de sa vie dans le voisinage d'une atmosphère glacée. Ces exceptions ne détruisent point la convenance générale de ces deux couleurs; au contraire, elles la confirment, puisque la nature s'en sert pour diminuer ou augmenter la chaleur de l'animal, suivant la température du lieu où il vit.

Je laisse maintenant expliquer aux physiciens comment le froid fait végéter les poils des animaux du nord, et comment la chaleur raccourcit ou fait tomber ceux des animaux du midi, contre toutes les loix de la physique systématique et même expérimentale; car nous savons, par notre expérience, que l'hiver retarde l'accroissement des cheveux et de la barbe de l'homme, et que l'été l'accélère.

Je crois entrevoir une loi bien différente de la loi

des analogies, que nous attribuons si communément
à la nature, parce qu'elle s'allie à notre foiblesse, en
nous donnant lieu de tout expliquer à l'aide d'un
petit nombre de principes. Cette loi, infiniment
variée dans ses moyens, est celle des compensations (1). Elle est une conséquence de la loi universelle de la convenance des êtres, et une suite de
l'union des contraires dont les harmonies de l'univers sont composées. Ainsi il arrive souvent que les
effets, loin d'être les résultats des causes, leur sont
opposés. Par exemple, il a plu à la nature de vêtir
de blanc plusieurs oiseaux des régions chaudes,
tels que l'aigrette des Antilles et le perroquet des
Moluques appelé cacatoës; mais elle aura donné à
leur plumage une disposition qui en affoiblit la ré-

(1) En réfléchissant sur ces compensations qui sont très-
nombreuses, et entre autres, sur celle de la lumière du
soleil, qui rembrunit les corps pour en affoiblir les reflets,
j'ai pensé que le feu devoit pareillement produire la matière
la plus propre à diminuer sa propre activité. C'est en effet
ce que j'ai éprouvé plusieurs fois, en jetant sur la flamme
de mon foyer un peu de cendre. Je suis parvenu par ce
moyen à l'amortir tout-à-coup presque sans fumée. Je me
rappelle à ce sujet avoir vu un jour, dans un port de mer,
le feu prendre à une grande chaudière pleine de goudron
qu'on faisoit chauffer pour espalmer des vaisseaux. Des
gens sans expérience y jetèrent d'abord de l'eau; mais la
matière bouillante et boursoufflée se répandit aussi-tôt en
torrens de feu au-dessus des bords de la chaudière. Je croyois

flexion. Il est même très-remarquable qu'elle a coiffé les têtes de ces oiseaux d'aigrettes et de panaches qui les ombragent, parce que, comme nous l'avons observé, la tête est la partie du corps qui a le plus besoin de fraîcheur dans l'économie animale. Telle est notre poule huppée, qui vient originairement de Numidie. Je ne crois pas même qu'on trouve ailleurs que dans les pays méridionaux, des oiseaux dont la tête soit panachée. S'il y en a quelques-uns au nord, comme les huppes, ils n'y paroissent qu'en été. La plupart de ceux du nord, au contraire, ont le ventre et les pattes revêtus de palatines formées de duvet semblable à la plus fine des laines. Il y a encore ceci de remarquable sur les oiseaux et les quadrupèdes blancs du midi qui vivent dans une atmosphère chaude ; c'est que je crois qu'ils ont tous la peau

---

qu'il n'en resteroit pas une cuillerée au fond, lorsqu'un vieux matelot accourut, et l'éteignit sur-le-champ en y jetant quelques pelletées de cendre. Je crois donc qu'en unissant ce moyen avec celui de l'eau, on en pourroit tirer un grand secours dans les incendies ; car la cendre, non-seulement amortiroit la flamme sans exciter ces fumées affreuses qui s'en élèvent lorsque les pompes commencent à y jouer, mais lorsqu'elle seroit une fois mouillée, elle retarderoit l'évaporation de l'eau, qui est presque subite quand le feu a fait de grands progrès. Je serois charmé que cette observation méritât l'attention de ceux qui peuvent lui donner, par leur expérience et leurs lumières, toute l'utilité dont elle est susceptible.

noire, ce qui suffit pour amortir la réflexion de la
couleur dont ils sont revêtus. Robert Knox, en parlant de quelques quadrupèdes blancs de l'île de
Ceylan, dit qu'ils ont la peau toute noire. Je me
rappelle moi-même avoir vu au port de l'Orient, un
cacatoës tout déplumé à l'estomac, dont la peau
étoit noire comme celle d'un nègre. Quand cet
oiseau blanc, avec son bec noir et son estomac
noir et nu, dressoit son aigrette et battoit des ailes,
il avoit l'air d'un roi des Indes avec sa couronne et
son manteau de plumes.

Cette loi des compensations a donc des moyens
très-variés, qui détruisent la plupart des loix que
nous avons établies en physique; mais il faut la
soumettre elle-même à la convenance générale;
sans quoi, si nous voulions la rendre universelle,
elle nous jetteroit à son tour dans l'erreur commune.
Elle a fait naître en géométrie plusieurs axiomes
fort douteux, quoique fort célèbres, tels que celui-
ci : « L'action est égale à la réaction »; ou cet autre
qui en est une conséquence : « L'angle de réflexion
est égal à l'angle d'incidence ». Je ne m'arrêterai
pas à prouver dans combien de cas ces axiomes-là
sont erronés, combien d'actions dans la nature sont
sans réactions, combien d'actions ont des réactions
inégales, combien d'angles de réflexion sont déran-
gés par les plans même d'incidence. Il me suffit de
répéter ici ce que nous avons dit plusieurs fois,

c'est que la foiblesse de notre esprit et la vanité de notre éducation nous portent sans cesse à généraliser. Cette méthode est la cause de toutes nos erreurs, et peut-être de tous nos vices. La nature donne à chaque être ce qui lui convient dans la convenance la plus parfaite, suivant la latitude pour laquelle il est destiné; et lorsque les saisons en varient la température, elle en varie aussi les convenances. Ainsi il y a des convenances qui sont immuables, et d'autres qui sont versatiles.

Souvent la nature emploie des moyens contraires pour produire le même effet. Elle fait du verre avec le feu; elle en fait avec l'eau, comme le cristal; elle en produit encore par l'organisation des animaux, tels que certains coquillages qui sont transparens; elle forme le diamant par des procédés qui nous sont entièrement inconnus. Concluez maintenant de ce qu'une matière est vitrifiée, qu'elle est l'ouvrage du feu, et bâtissez sur cet aperçu le système du monde! Nous ne pouvons même saisir que des instans harmoniques dans l'existence des êtres. Ce qui est vitrifiable devient calcaire, et ce qui est calcaire se change en verre par l'action du même feu. Tirez donc de ces simples modifications du règne fossile, des caractères constans pour en déterminer les classes générales!

Souvent aussi la nature se sert du même moyen pour produire des effets tout-à-fait contraires. Par exemple, nous avons vu que pour augmenter la chaleur sur les terres du nord, et pour l'affoiblir sur celles du midi, elle employoit des couleurs opposées ; elle y produit les mêmes effets en couvrant les unes et les autres de rochers. Ces rochers sont très-nécessaires à la végétation. J'ai souvent remarqué dans ceux de la Finlande, des lisières de verdure qui bordoient leur base du côté du midi ; et dans ceux de l'île de France, j'ai trouvé ces lisières du côté opposé au soleil.

On peut faire les mêmes observations dans notre climat : en été, quand tout est sec, on trouve fréquemment de l'herbe verte au pied des murs qui regardent le nord ; elle disparoît en hiver, mais alors on en revoit d'autre le long de ceux qui sont exposés au midi. Nous avons déjà remarqué que les zônes glaciales et la zône torride réunissoient la plus grande quantité d'eaux dont les évaporations adoucissent également l'âpreté du chaud et du froid, avec cette différence, que les plus grands lacs sont vers les pôles, et les plus grands fleuves vers la ligne. Il y a, à la vérité, quelques lacs dans l'intérieur de l'Afrique et de l'Amérique ; mais ils sont placés dans des atmosphères élevées au centre des montagnes, et ne peuvent point se corrompre par l'action de la chaleur ; mais les plaines et les lieux bas sont arrosés par les plus grands courans d'eaux vives qu'il y ait au monde, tels que le Zaïre, le Sénégal, le Nil, le Méchassipi, l'Orenoque, l'Amazone, &c. La nature ne se propose par-tout que les convenances des êtres. Cette remarque est très-importante dans l'étude de ses ouvrages ; autrement, à la similitude de ses moyens ou à leur exception, on pourroit douter de la constance de ses loix, au lieu d'en rejeter la majestueuse obscurité sur la multiplicité de ses ressources et sur la profondeur de notre ignorance.

Cette loi de convenance a été la source de toutes nos découvertes. Ce fut elle qui porta Christophe Colomb en Amérique, parce que, comme dit Herrera (1), il pensoit, contre l'opinion des anciens, que les cinq zônes devoient être habitées, puisque Dieu n'avoit pas fait la terre pour être déserte. C'est elle qui règle nos idées sur les objets absolument hors de notre examen ; c'est par elle que, quoique nous ignorions s'il y a des hommes dans les planètes, on peut assurer qu'il y a des yeux parce qu'il y a de la lumière. C'est elle qui a fait naître le sentiment de la justice dans le cœur de tous les hommes, et qui leur a dit qu'il y avoit un autre ordre de choses après cette vie. Enfin, elle est la plus forte preuve de l'existence de Dieu ; car, au milieu de tant de convenances si ingénieuses, que nos passions même si inquiètes n'eussent jamais pu en imaginer de

_____

(1) Herrera, Histoire des Indes occidentales, liv. 1, chap. 2.

semblables, et si nombreuses que chaque jour nous
en présente de nouvelles, la première de toutes,
qui est la Divinité, doit sans doute exister, puisqu'elle est la convenance générale de toutes les
convenances particulières.

C'est celle-là sur-tout dont nous cherchons, même
involontairement, à reconnoître l'existence par-tout
et à nous assurer de toutes les manières. Voilà pourquoi les collections les plus nombreuses en histoire
naturelle, les galeries de tableaux les plus rares, les
jardins remplis des plantes les plus curieuses, les
livres les mieux écrits, enfin tout ce qui nous présente les rapports les plus merveilleux de la nature,
après nous avoir ravis en admiration, finissent par
nous ennuyer. Nous leur préférons bien souvent
une montagne agreste, un rocher raboteux, quelque
solitude sauvage qui puisse nous offrir des rapports
nouveaux et encore plus directs. Souvent, en sortant du magnifique Cabinet d'Histoire naturelle du
Jardin des Plantes, nous nous arrêtons machinale-
ment à voir un jardinier creuser dans un champ un
trou avec sa bêche, ou un charpentier doler avec
sa hache une pièce de bois; il semble que nous
allions voir quelques harmonies nouvelles sortir du
sein de la terre ou des flancs d'un chêne. Nous comp-
tons pour rien celles dont nous venons de jouir, si
elles ne nous mènent à d'autres que nous ne connoissons pas. Mais on nous donneroit l'histoire

complète des étoiles du firmament et des planètes
invisibles qui les environnent, nous y apercevrions
une foule de plans inénarrables d'intelligence et de
bonté, que notre cœur soupireroit encore : sa seule
fin est la Divinité même.

ÉTUDE XI.

Application de quelques loix générales de
la nature aux plantes.

Avant de parler des plantes, nous nous permet-
trons quelques réflexions sur le langage de la botanique.

Nous sommes encore si nouveaux dans l'étude
de la nature, que nos langues manquent de termes
pour en exprimer les harmonies les plus communes :
cela est si vrai, que quelque exactes que soient les
descriptions des plantes, faites par les plus habiles
botanistes, il est impossible de les reconnoître dans
les campagnes, si on ne les a déjà vues en nature,
ou au moins dans un herbier. Ceux qui se croient
les plus habiles en botanique, n'ont qu'à essayer de
peindre sur le papier une plante qu'ils n'auront
jamais vue, d'après une description exacte des plus
grands maîtres, ils verront combien leur copie
s'écartera de l'original. Cependant des hommes de
génie se sont épuisés à donner aux parties des plantes
des noms caractéristiques ; ils ont même choisi la
plupart de ces noms dans la langue grecque, qui a
beaucoup d'énergie. Il en est résulté un autre incon-

vénient, c'est que ces noms qui sont la plupart composés, ne peuvent se rendre en français; et c'est
une des raisons pour lesquelles une grande partie
des ouvrages de Linnæus est intraduisible. A la
vérité, ces expressions savantes et mystérieuses répandent un air vénérable sur l'étude de la botanique; mais la nature n'a pas besoin de ces ressources de l'art des hommes pour s'attirer nos
respects. La sublimité de ses loix peut se passer de
l'emphase et de l'obscurité de nos expressions. Plus
on porte la lumière dans son sein, plus on la trouve
admirable.

Après tout, la plupart de ces noms étrangers,
employés sur-tout par le vulgaire des botanistes,
n'expriment pas même les caractères les plus communs des végétaux. Ils emploient, par exemple,
fréquemment ces expressions vagues, *suavè rubente,
suavè olente*, « d'un rouge agréable, d'une odeur
» suave », pour caractériser des fleurs, sans exprimer la nuance de leur rouge, ni l'espèce de leur
parfum. Ils sont encore plus embarrassés, quand ils
veulent rendre les couleurs rembrunies des tiges,
des racines ou des fruits : *atro-rubente*, disent-ils,
fusco-nigrescente, « d'un rouge obscur, d'un roux
» noircissant ». Quant aux formes des végétaux,
c'est encore pis, quoiqu'ils aient fabriqué des mots
composés de quatre ou cinq mots grecs pour les
décrire.

J. J. Rousseau me communiqua un jour des
espèces de caractères algébriques qu'il avoit imaginés pour exprimer très-brièvement les couleurs et
les formes des végétaux. Les uns représentoient les
formes des fleurs, d'autres celles des feuilles, d'autres celles des fruits. Il y en avoit en cœur, en triangle,
en losange, &c. Il n'employoit que neuf ou dix de
ces signes pour former l'expression d'une plante.
Il y en avoit de placés les uns au-dessus des autres ;
avec des chiffres qui exprimoient les genres et les
espèces de plantes, en sorte que vous les eussiez
pris pour les termes d'une formule algébrique.
Quelque ingénieuse et expéditive que fût cette méthode, il me dit qu'il y avoit renoncé, parce qu'elle
ne lui présentoit que des squelettes. Ce sentiment
convenoit à un homme dont le goût étoit égal au
génie, et peut faire réfléchir ceux qui veulent donner
des abrégés de toutes choses, sur-tout des ouvrages
de la nature. Cependant l'idée de Jean-Jacques
mérite d'être perfectionnée, quand elle ne serviroit
qu'à faire naître, un jour, un alphabet propre à
exprimer la langue de la nature. Il ne s'agiroit que
d'y introduire des accens, pour rendre les nuances
des couleurs, et toutes les modifications des saveurs, des parfums et des formes. Après tout, ces
caractères ne pourroient être rendus avec précision,
si les qualités de chaque végétal ne sont d'abord
déterminées exactement par des paroles : autrement

la langue des botanistes, à laquelle on reproche aujourd'hui de ne parler qu'à l'oreille, ne se feroit plus entendre qu'aux yeux.

Voici ce que j'ai à proposer sur un objet aussi intéressant, et qui se conciliera avec les principes généraux que nous poserons ensuite. Le peu que j'en dirai pourra servir à s'exprimer, non-seulement dans la botanique et dans l'étude des autres sciences naturelles, mais dans tous les arts où nous manquons à chaque instant de termes pour rendre les nuances et les formes des objets.

Quoique nous n'ayons que le seul terme de *blanc* pour exprimer la couleur blanche, la nature nous en présente de bien des sortes. La peinture, sur ce point, est aussi aride que la langue.

J'ai ouï raconter qu'un fameux peintre d'Italie se trouva un jour fort embarrassé pour peindre dans un tableau trois figures habillées de blanc. Il s'agissoit de donner de l'effet à ces figures, vêtues uniformément, et de tirer des nuances de la couleur la plus simple et la moins composée de toutes. Il jugeoit la chose impossible, lorsqu'en passant dans un marché au blé, il aperçut l'effet qu'il cherchoit. C'étoit un groupe formé par trois meûniers, dont l'un étoit sous un arbre, le second dans la demi-teinte de l'ombre de cet arbre, et le troisième aux rayons du soleil ; en sorte que, quoiqu'ils fussent tous trois habillés de blanc, ils se déta-

choient fort bien les uns des autres. Il peignit donc
un arbre au milieu des trois personnages de son
tableau, et en éclairant l'un d'eux des rayons du
soleil, et couvrant les deux autres des différentes
teintes de l'ombre, il trouva le moyen de donner
différentes nuances à la blancheur de leurs vêtemens. Au fond, c'étoit éluder la difficulté plutôt
que la résoudre. C'est en effet ce que font les peintres en pareils cas. Ils diversifient leurs blancs par
des ombres, des demi-teintes et des reflets ; mais
ces blancs ne sont pas purs, et sont toujours altérés
de jaune, de bleu, de vert, ou de gris. La nature
en emploie de plusieurs espèces sans en corrompre
la pureté, en les pointillant, les chagrinant, les
rayant ou les vernissant, &c.... Ainsi, les blancs
du lis, de la marguerite, du muguet, du narcisse, de
l'anemona-nemorosa, de la hyacinthe, sont différens
les uns des autres. Le blanc de la marguerite a
quelque chose de celui de la cornette d'une ber-
gère ; celui de la hyacinthe tient de l'ivoire ; et celui
du lis, demi-transparent et cristallin, ressemble à
de la pâte de porcelaine. Je crois donc qu'on peut
rapporter tous les blancs produits par la nature ou
par les arts, à ceux des pétales de nos fleurs. On
auroit ainsi dans les végétaux une échelle des
nuances du blanc le plus pur.

On peut se procurer de même toutes les nuances
pures et imaginables du jaune, du rouge et du bleu,

d'après les fleurs des jonquilles, des safrans, des bassinets des prés, des roses, des coquelicots, des bluets des blés, des pieds-d'alouette, &c. On peut trouver également parmi nos fleurs toutes les nuances composées, telles que celles des violettes et des digitales pourprées, qui sont formées des différentes harmonies du rouge et du bleu. La seule couleur composée du bleu et du jaune, qui forme le vert des herbes, est si variée dans nos campagnes, que chaque plante en a, pour ainsi dire, sa nuance particulière. Je ne doute pas que la nature n'ait étalé avec autant de diversité les autres couleurs de sa palette, dans le sein des fleurs ou sur la peau des fruits. Elle y emploie quelquefois des teintes fort différentes sans les confondre; mais elle les pose les unes sur les autres, en sorte qu'elles font la gorge de pigeon : tels sont les beaux pluchés qui garnissent la corolle de l'anémone; ailleurs, elle en glace la superficie, comme certaines mousses à fond vert qui sont glacées de pourpre; elle en veloute d'autres, comme les pensées; elle saupoudre des fruits de fleur de farine, comme la prune pourprée de monsieur; ou elle les revêt d'un duvet léger pour adoucir leur vermillon, comme la pêche; ou elle lisse leur peau et donne à leurs couleurs l'éclat le plus vif, comme au rouge de la pomme de calville.

Ce qui embarrasse le plus les naturalistes dans la dénomination des couleurs, ce sont celles qui sont rembrunies, ou plutôt, c'est ce qui ne les embarrasse guère ; car ils se tirent d'affaire avec les expressions vagues et indécises, de noirâtre, de gris, de couleur de cendre, de brun, qu'ils expriment, à la vérité, en mots grecs ou latins. Mais ces mots ne servent souvent qu'à altérer leurs images, en ne représentant rien du tout ; car que veulent dire, de bonne foi, ces mots, *atro-purpurente*, *fusco-nigrescente*, &c. qu'ils emploient si souvent ?

On peut faire des milliers de teintes très-différentes, auxquelles ces expressions générales pourront convenir. Comme ces nuances peu éclatantes sont en effet très-composées, il est fort difficile de les caractériser avec les expressions de notre nomenclature ordinaire. Mais on peut en venir aisément à bout en les rapportant aux diverses couleurs de nos végétaux domestiques. J'ai remarqué dans les écorces de nos arbres et de nos arbrisseaux, dans les capsules et les coques de leurs fruits, ainsi que dans les feuilles mortes, une variété incroyable de ces nuances ternes et sombres, depuis le jaune jusqu'au noir, avec tous les mélanges et accidens des autres couleurs. Ainsi, au lieu de dire en latin, un jaune noircissant, ou une couleur cendrée, pour déterminer quelque nuance particulière de couleur dans les arts ou dans la nature, on diroit un jaune de couleur de noix sèche, ou un gris d'écorce de hêtre. Ces expressions seroient d'autant plus exactes,

Z 2

que la nature emploie invariablement ces sortes de teintes dans les végétaux, comme des caractères déterminans et des signes de maturité, de vigueur ou de dépérissement, et que nos paysans reconnoissent les diverses espèces de bois de nos forêts à la simple inspection de leurs écorces. Ainsi, non-seulement la botanique, mais tous les arts, pourroient trouver dans les végétaux un dictionnaire inépuisable de couleurs constantes, qui ne seroit point embarrassé de mots composés, barbares et techniques, mais qui présenteroit sans cesse de nouvelles images. Il en résulteroit beaucoup d'agrément pour nos livres de sciences, qui s'embelliroient de comparaisons et d'expressions tirées du règne le plus aimable de la nature. C'est à quoi n'ont pas manqué les grands poètes de l'antiquité, qui y ont rapporté la plupart des événemens de la vie humaine. C'est ainsi qu'Homère compare les générations rapides des foibles mortels aux feuilles qui tombent dans une forêt à la fin de l'automne, la fraîcheur de la beauté à celle de la rose, et la pâleur dont se couvre le visage d'un jeune homme blessé à mort dans les combats, ainsi que l'attitude de sa tête penchée, à la couleur et à la flétrissure d'un lis dont la racine a été coupée par la charrue. Mais nous ne savons que répéter les expressions des hommes de génie, sans oser suivre leurs pas. Il y a plus, c'est que la plupart des naturalistes regardent les couleurs même des végétaux comme de simples accidens. Nous verrons bientôt combien leur erreur est grande, et combien ils se sont écartés des plans sublimes de la nature, en suivant leurs méthodes mécaniques.

On peut rapprocher de même les odeurs et les saveurs de toute espèce et de tout pays, de celles des plantes de nos jardins et de nos campagnes. La renoncule de nos prés a l'acrimonie du poivre de Java. La racine de la caryophyllata ou benoite, et les fleurs de nos œillets, ont l'odeur du girofle d'Amboine. Pour les saveurs et odeurs composées, on peut les rapporter à des odeurs et saveurs simples, dont la nature a mis les élémens dans tous les climats, et qu'elle a réunis dans la classe des végétaux. Je connois une espèce de morelle que mangent les Indiens, qui étant cuite, a le goût de la viande de bœuf. Ils l'appellent brette. Nous avons parmi les becs-de-grue une espèce dont la feuille a l'odeur du gigot de mouton rôti. Le muscari, espèce de petite hyacinthe qui croît dans nos buissons au commencement du printemps, a une odeur très-forte de prune. Ses petites fleurs monopétales d'un bleu tendre, sans lèvres ni découpures, ont aussi la forme de ce fruit. C'est par des rapprochemens de cette nature, que l'anglais Dampier et le père du Tertre nous ont donné, à mon gré, les notions les plus justes des fruits et des fleurs qui croissent

entre les tropiques, en les rapportant à des fleurs
et des fruits de nos climats. Dampier, par exemple,
pour décrire la banane, la compare, dépouillée de
sa peau épaisse et à cinq pans, à une grosse saucisse;
sa substance et sa couleur, à celle du beurre frais
en hiver; son goût, à un mélange de pomme et de
poire de bon-chrétien, qui fond dans la bouche
comme une marmelade. Quand ce voyageur vous
parle de quelque bon fruit des Indes, il vous fait
venir l'eau à la bouche. Il a un jugement naturel,
supérieur à la fois aux méthodes des savans et aux
préjugés du peuple. Par exemple, il soutient avec
raison, contre l'opinion commune des marins, que
le plantain ou banane est le roi des fruits, sans en
excepter le coco. Il nous apprend que c'est aussi
l'opinion des Espagnols, et qu'une multitude de
familles vivent entre les tropiques de ce fruit agréable, sain et nourrissant, qui dure toute l'année, et
qui ne demande aucun apprêt. Le P. du Tertre
n'est pas moins heureux et moins juste dans ses
descriptions botaniques (1). Ces deux voyageurs
vous donnent tout d'un coup, avec des similitudes

---

(1) Et dans celles des animaux. Voici comme il commence celle du crabe de terre. « Tout le corps de cet animal
» semble n'être composé que de deux mains tronquées par
» le milieu et rejointes ensemble; car des deux côtés vous y
» voyez les quatre doigts, et les deux mordans qui servent
» comme de pouce ». *Hist. des Ant. t. 6, ch. 3, sect. 1.*

triviales, une idée précise d'un végétal étranger, que vous ne trouverez point dans les noms grecs de nos plus habiles botanistes. Cette manière de décrire la nature par des images et des sensations communes, est méprisée de nos savans ; mais je la regarde comme la seule qui puisse faire des tableaux ressemblans, et comme le vrai caractère du génie. Quand on l'a, on peut peindre tous les objets naturels, et se passer de méthodes ; et quand on ne l'a pas, on ne fait que des phrases.

Disons maintenant quelque chose de la forme des végétaux ; c'est ici que la langue de la botanique, et même celles des autres arts, sont fort stériles. La géométrie, qui s'en est particulièrement occupée, n'a guère calculé qu'une douzaine de courbes régulières, qui ne sont connues que d'un petit nombre de savans ; et la nature en emploie dans les seules formes des fleurs une multitude infinie : nous en indiquerons bientôt quelques usages. Ce n'est pas que je veuille faire d'une étude pleine d'agrément, une science transcendante et digne seulement des Newton. Comme la nature a mis, je pense, ainsi que les couleurs, les saveurs et les parfums, tous les modèles de formes dans les feuilles, les fleurs et les fruits de tous les climats, soit dans les arbres, soit dans les herbes ou les mousses ; on pourroit rapporter les formes végétales des autres parties du monde, à celles de notre pays qui nous sont

les plus familières. Ces rapprochemens seroient
bien plus intelligibles que nos mots grecs composés,
et manifesteroient de nouvelles relations dans les
différentes classes du même règne. Ils ne seroient
pas moins nécessaires pour exprimer les agrégations des fleurs sur leurs tiges, des tiges autour de
la racine, et les groupes des jeunes plantes autour
de la plante principale. Nous pouvons dire que les
noms de la plupart de ces agrégations et dispositions végétales sont encore à trouver; les plus grands
maîtres n'ayant pas été heureux à les caractériser,
ou, pour parler nettement, ne s'en étant pas occupés. Par exemple, lorsque Tournefort (1) parle,
dans son Voyage du Levant, d'un héliotrope de
l'île de Naxos qu'il caractérise ainsi, *heliotropum
humifusum, flore minimo, semini magno*, « l'hélio-
» trope couché, à fleur très-petite et à grande se-
» mence »; il dit, « qu'il a ses fleurs disposées en épi
» finissant en queue de scorpion ». Il y a deux fautes
dans ces expressions; car les fleurs de cet héliotrope, semblables par leur agrégation aux fleurs de
l'héliotrope de nos climats et de celui du Pérou, ne
sont point disposées en épi, puisqu'elles sont rangées sur une tige horizontale et d'un seul côté, et
qu'elles se recourbent en dessous comme la queue
d'un limaçon, et non en dessus comme la queue

(1) Tournefort, Voyage au Levant, tome 2.

d'un scorpion. La même inexactitude d'image se
retrouve dans la description qu'il nous donne de la
stachis cretica latifolia, « la stachis de Crète à large
» feuille » : ses fleurs, dit-il, sont disposées par
» anneaux ». On ne conçoit pas qu'il veuille faire
entendre qu'elles sont disposées comme les divisions d'un roi d'échecs. C'est cependant sous cette
forme que les représente le dessin d'Aubriet, son
dessinateur. Je ne connois point en botanique d'expression qui rende ce caractère d'agrégations sphériques par étages séparés de pleins et de vides, et
qui se termine en pyramide. Barbeu du Bourg, qui
a beaucoup d'imagination, mais peu d'exactitude,
appelle cette forme *verticillée,* je ne sais pas pourquoi. Si c'est du mot latin *vertex,* tête ou sommet,
parce que ces fleurs, ainsi agrégées, forment plusieurs sommets, cette dénomination conviendroit
mieux à plusieurs autres plantes, et n'exprime point
d'ailleurs les vides, les pleins, et la diminution progressive des étages des fleurs de la stachis. Tournefort la fait venir du mot latin *verticillus;* « c'est,
» dit-il, un petit poids percé d'un trou où l'on engage
» le bas d'un fuseau à filer, afin de le faire tourner
» avec plus de facilité ». C'est aller chercher bien
loin une similitude fort imparfaite, avec un outil
très-peu connu. Ceci soit dit toutefois sans manquer
à l'estime que je porte à un homme comme Tournefort, qui nous a frayé les premiers chemins de la

botanique, et qui avoit de plus une profonde érudition. Mais on peut juger par cette négligence des grands maîtres, combien d'expressions vagues, inexactes et incohérentes remplissent la nomenclature de la botanique, et jettent d'obscurité dans ses descriptions.

Après tout, me dira-t-on, comment caractériser l'agrégation des fleurs des deux plantes dont nous venons de parler? C'est en les rapportant à des agrégations semblables à celles des plantes de nos climats. Il n'y a en cela aucune difficulté : ainsi, par exemple, on rapporteroit l'assemblage des fleurs de l'héliotrope grec à celui des fleurs de l'héliotrope français et péruvien; et celui des fleurs de la stachis de Crète, à celui des fleurs du marrube ou du pouliot. On y ajouteroit ensuite les différences en couleur, odeur, saveur, qui en diversifient les espèces. On n'a pas besoin de composer des mots étrangers pour rendre des formes qui nous sont familières. Je défie même de rendre avec des paroles grecques ou latines, et avec les périphrases les plus savantes, la simple couleur d'une écorce d'arbre. Mais si vous me dites qu'elle ressemble à celle d'un chêne, j'en ai tout d'un coup la nuance.

Ces rapprochemens de plantes ont encore ceci de très-utile, qu'ils nous offrent un ensemble de l'objet inconnu, sans lequel nous ne pouvons nous en former d'idée déterminée. C'est un des défauts de la botanique, de ne nous présenter les caractères des végétaux que successivement; elle ne les assemble pas, elle les décompose. Elle les rapporte bien à un ordre classique, mais point à un ordre individuel. C'est cependant le seul que la foiblesse de notre esprit nous permet de saisir. Nous aimons l'ordre, parce que nous sommes foibles et que la moindre confusion nous trouble; or, il n'y a point d'ordre plus facile à adopter que celui qui se rapproche d'un ordre qui nous est familier, et que la nature nous présente par-tout. Essayez de décrire un homme trait par trait, membre par membre; quelque exact que vous soyez, vous ne m'en ferez jamais le portrait : mais si vous le rapportez à quelque personnage connu, si vous me dites, par exemple, qu'il a la taille et l'encolure d'un Dom Quichotte, un nez de saint Charles Borromée, &c. vous me le peindrez en quatre mots. C'est à l'ensemble d'un objet que les ignorans, c'est-à-dire, presque tous les hommes, s'attachent d'abord à le connoître.

Il seroit donc essentiel d'avoir en botanique un alphabet de couleurs, de saveurs, d'odeurs, de formes et d'agrégations, tiré de nos plantes les plus communes. Ces caractères élémentaires nous serviroient à nous exprimer exactement dans toutes les parties de l'histoire naturelle, et à nous présenter des rapports curieux et nouveaux.

En attendant que des hommes plus savans que

nous veuillent s'en occuper, nous allons entrer en matière, malgré l'embarras du langage.

Lorsqu'on voit végéter une multitude de plantes, de formes différentes, sur le même sol, on est tenté de croire que celles du même climat naissent indifféremment par-tout. Mais il n'y a que celles qui viennent dans les lieux qui leur ont été particulièrement assignés par la nature, qui y acquièrent toute la perfection dont elles sont susceptibles. Il en est de même des animaux : on élève des chèvres dans des pays de marais, et des canards dans des montagnes ; mais la chèvre ne parviendra jamais en Hollande, à la beauté de celle que la nature couvre de soie dans les rochers d'Angora ; ni le canard d'Angora n'aura jamais la taille et les couleurs de celui qui vit dans les canaux de la Hollande.

Si nous jetons un simple coup-d'œil sur les plantes, nous verrons qu'elles ont des relations avec les élémens qui les font croître, qu'elles en ont entre elles lorsqu'elles se groupent les unes avec les autres, qu'elles en ont avec les animaux qui s'en nourrissent, et enfin avec l'homme qui est le centre de tous les ouvrages de la création. J'appelle ces relations harmonies, et je les distingue en élémentaires, en végétales, en animales et en humaines. J'établirai par cette division un peu d'ordre dans l'examen que nous en allons faire. On peut bien penser que je ne les parcourrai pas en détail : celles

d'une seule espèce nous fourniroient des spéculations que nous n'épuiserions pas dans le cours de
la vie ; mais je m'arrêterai assez à leurs harmonies
générales, pour nous convaincre qu'une intelligence
infinie règne dans cette aimable partie de la création comme dans le reste de l'univers. Nous ferons
ainsi l'application des loix que nous avons établies
précédemment, et nous en entreverrons une multitude d'autres également dignes de nos recherches
et de notre admiration. Lecteur, ne soyez point
étonné de leur nombre ni de leur étendue ; pénétrez-vous bien de cette vérité : Dieu n'a rien fait
en vain. Un savant, avec sa méthode, se trouve
arrêté dans la nature à chaque pas ; un ignorant,
avec cette clef, peut en ouvrir toutes les portes.

HARMONIES ÉLÉMENTAIRES DES PLANTES.

Les plantes ont autant de parties principales,
qu'il y a d'élémens avec lesquels elles entretiennent
des relations. Elles en ont par les fleurs, avec le
soleil qui féconde et mûrit leur semence ; par les
feuilles, avec les eaux qui les arrosent ; par les
tiges, avec les vents qui les agitent ; par les racines,
avec le terrein qui les porte ; et par les graines, avec
les lieux où elles doivent naître. Ce n'est pas que
ces parties principales n'aient encore des relations
indirectes avec les autres élémens, mais il nous
suffira de nous arrêter à celles qui sont immédiates.

Harmonies élémentaires des plantes avec
le soleil, par les fleurs.

Quoique les botanistes aient fait de grandes et
laborieuses recherches sur les plantes, ils ne se sont
occupés d'aucun de ces rapports. Enchaînés par
leurs systêmes, ils se sont attachés particulièrement
à les considérer du côté des fleurs, et ils les ont
rassemblées dans la même classe, quand ils leur ont
trouvé ces ressemblances extérieures, sans chercher même quel pouvoit être l'usage particulier des
différentes parties de la floraison. A la vérité, ils ont
reconnu celui des étamines, des anthères et des
stigmates pour la fécondation du fruit; mais, celui-
là et quelques autres qui regardent l'organisation
intérieure exceptés, ils ont négligé ou méconnu les
rapports que la plante entière a avec le reste de la
nature.

Cette division partielle les a fait tomber dans la
plus étrange confusion; car en regardant les fleurs
comme les caractères principaux de la végétation,
et en comprenant dans la même classe celles qui
étoient semblables, ils ont réuni des plantes fort
étrangères les unes aux autres, et ils en ont séparé
au contraire qui étoient évidemment du même genre.
Tel est, dans le premier cas, le chardon de bonnetier appelé *dipsacus*, qu'ils rangent avec les scabieuses, à cause de la ressemblance de quelques parties

de sa fleur, quoiqu'il présente dans ses branches, ses feuilles, son odeur, sa semence, ses épines et le reste de ses qualités, un véritable chardon; et tel est, dans le second, le marronier d'Inde, qu'ils ne comprennent pas dans la classe des châtaigniers, parce qu'il a des fleurs différentes. Classer les plantes par les fleurs, c'est-à-dire, par les parties de leur fécondation, c'est classer les animaux par celles de la génération.

Cependant, quoiqu'ils aient rapporté le caractère d'une plante à sa fleur, ils ont méconnu l'usage de sa partie la plus éclatante, qui est celui de la corolle. Ils appellent corolle ce que nous appelons les feuilles d'une fleur, du mot latin *corolla*, parce que ces feuilles sont disposées en forme de petites couronnes dans un grand nombre d'espèces, et ils ont donné le nom de pétales aux divisions de cette couronne. A la vérité, quelques-uns l'ont reconnue propre à couvrir les parties de la fécondation avant le développement de la fleur; mais son calice y est bien plus propre, par son épaisseur, par ses barbes, et quelquefois par les épines dont il est revêtu. D'ailleurs, quand la corolle laisse les étamines à découvert, et qu'elle reste épanouie pendant des semaines entières, il faut bien qu'elle serve à quelque autre usage, car la nature ne fait rien en vain.

La corolle paroît être destinée à réverbérer les rayons du soleil sur les parties de la fécondation, et

nous n'en douterons pas, si nous en considérons la
couleur et la forme dans la plupart des fleurs. Nous
avons remarqué dans l'Etude précédente, que de
toutes les couleurs, la blanche étoit la plus propre à
réfléchir la chaleur : or, elle est en général celle que
la nature donne aux fleurs qui éclosent dans des
saisons et des lieux froids, comme nous le voyons
dans les perce-neiges, les muguets, les hyacinthes,
les narcisses et l'anemona-nemorosa, qui fleurissent
au commencement du printemps. Il faut aussi ranger
dans cette couleur celles qui ont des nuances légères
de rose ou d'azur, comme plusieurs hyacinthes ;
ainsi que celles qui ont des teintes jaunes et éclatantes, comme les fleurs de pissenlits, des bassinets
des prés et des giroflées de murailles. Mais celles
qui s'ouvrent dans des saisons et des lieux chauds,
comme les nielles, les coquelicots et les bluets
qui croissent l'été dans les moissons, ont des couleurs fortes, telles que le pourpre, le gros rouge
et le bleu, qui absorbent la chaleur sans la réfléchir beaucoup. Je ne sache pas cependant qu'il y
ait de fleur tout-à-fait noire ; car alors ses pétales,
sans réflexions, lui seroient inutiles. En général,
de quelque couleur que soit une fleur, la partie
inférieure de sa corolle qui réfléchit les rayons du
soleil, est d'une teinte beaucoup plus pâle que le
reste. Elle y est même si remarquable, que les
botanistes qui regardent en général les couleurs

dans les fleurs comme de simples accidens, la distinguent sous le nom « d'onglet ». L'onglet est par
rapport à la fleur, ce que le ventre est par rapport
aux animaux : sa nuance est presque toujours plus
claire que celle du reste du pétale.

Les formes des fleurs ne sont pas moins propres
que leurs couleurs à réfléchir la chaleur. Leurs
corolles divisées en pétales, ne sont qu'un assemblage de miroirs dirigés vers un foyer. Elles en ont
tantôt quatre qui sont plans, comme la fleur du
chou dans les crucifères; ou un cercle entier,
comme les marguerites dans les radiées; ou des
portions sphériques, comme les roses; ou des sphères entières, comme les grelots du muguet; ou des
cônes tronqués, comme la digitale, dont la corolle
est faite comme un dé à coudre. La nature a mis au
foyers de ces miroirs plans, sphériques, elliptiques,
paraboliques, &c. les parties de la fécondation
des plantes, comme elle a mis celles de la génération dans les animaux, aux endroits les plus chauds
de leurs corps. Ces courbes, que les géomètres
n'ont pas encore examinées, sont dignes de leurs
plus profondes recherches. Il est même bien étonnant
qu'ils aient employé tant de savoir pour trouver des
courbes imaginaires et souvent inutiles, et qu'ils
n'aient pas cherché à étudier celles que la nature
emploie avec tant de régularité et de variété dans
une infinité d'objets. Quoi qu'il en soit, les bota-

nistes s'en sont encore moins souciés. Ils comprennent celles des fleurs sous un petit nombre de classes, sans avoir aucun égard à leur usage, ni même le soupçonner. Ils ne font attention qu'à la division de leurs pétales, qui ne change souvent rien à la configuration de leurs courbes, et ils réunissent fréquemment sous le même nom celles qui sont le plus opposées. C'est ainsi qu'ils comprennent sous le nom de « monopétales », le sphéroïde du muguet et la trompette du convolvulus.

Nous observerons à ce sujet une chose très-remarquable, c'est que souvent telle est la courbe que forme le limbe ou extrémité supérieure du pétale, telle est celle du plan du pétale même; de sorte que la nature nous présente la coupe de chaque fleur dans le contour de ses pétales, et nous donne à la fois son plan et son élévation. Ainsi, les roses et rosacées ont le limbe de leurs pétales en portion de cercle, comme la courbure de ces mêmes fleurs; les œillets et les bluets qui ont leurs bords déchiquetés, ont les plans de leurs fleurs plissés comme des éventails en formant une multitude de foyers. On peut, au défaut de quelque fleur naturelle, vérifier ces curieuses remarques sur les dessins des peintres qui ont dessiné le plus exactement les plantes, et qui sont en bien petit nombre. Tel est, entre autres, Aubriet, qui a dessiné celles du Voyage au Levant de Tournefort (1), avec le goût d'un peintre et la précision d'un botaniste. On y verra la confirmation de ce que je viens de dire. Par exemple, la *scorzonera græca saxatilis et maritima foliis varie laciniatis*, qui y est représentée ; a ses pétales ou demi-fleurons équarris par le bout, et plans dans leur surface. La fleur de la *stachis cretica latifolia* qui est une monopétale en tuyau, a la partie supérieure de sa corolle ondée ainsi que son tuyau. La *campanula græca saxatilis jacobeæ foliis*, présente ces consonnances d'une manière encore plus frappante. Cette campanule que Tournefort regarde comme la plus belle qu'il ait jamais vue, et qu'il sema au Jardin des Plantes, où elle a réussi, est de forme pentagonale. Chacun de ses plans est formé de deux portions de cercle, dont les foyers se réunissent sans doute sur la même anthère ; et le limbe de cette campanule est découpé en cinq parties, dont chacune est taillée en arcade gothique comme chaque pan de la fleur. Ainsi, pour connoître tout d'un coup la courbure d'une fleur ; il suffit d'examiner le bord de son pétale. Ceci est fort utile à observer ; car il seroit autrement fort difficile de déterminer les foyers des pétales : d'ailleurs les fleurs perdent leurs courbures internes dans les herbiers. Je crois ces consonnances générales ; cependant je

---

(1) Tournefort, Voyage au Levant, tome 1.

ne voudrois pas assurer qu'elles fussent sans exception. La nature peut s'en écarter dans quelques espèces, pour des raisons qui me sont inconnues. Nous
ne saurions trop le répéter, elle n'a de loi générale
et constante que la convenance des êtres. Les relations que nous venons de rapporter entre la courbure des limbes et celle des pétales, paroissent
d'ailleurs fondées sur cette loi universelle, puisqu'elles présentent des convenances si agréables à
rapprocher.

Les pétales paroissent tellement destinés à réchauf-
fer les parties de la fécondation, que la nature en
a mis un cercle autour de la plupart des fleurs composées, qui sont elles-mêmes des agrégations de
petits tuyaux en nombre infini, qui forment autant
de fleurs particulières appelées fleurons. C'est ce
qu'on peut remarquer dans les pétales qui environnent les disques des marguerites et des soleils. On
les retrouve encore autour de la plupart des ombellifères : quoique chaque petite fleur qui les compose,
ait ses pétales particuliers; il y en a un cercle de
plus grands qui entoure leur assemblage, ainsi qu'on
peut le voir aux fleurs du daucus.

La nature a encore d'autres moyens de multiplier les reflets de la chaleur dans les fleurs. Tantôt
elle les place sur des tiges peu élevées, afin qu'elles
soient échauffées par les réflexions de la terre ;
tantôt elle glace leur corolle d'un vernis brillant,

comme dans les renoncules jaunes des prés, appelées bassinets. Quelquefois elle en soustrait la corolle
et fait sortir les parties de la fécondation des parois
d'un épi, d'un cône ou d'une branche d'arbre.
Les formes d'épi et de cône paroissent les plus
propres à réverbérer sur elles l'action du soleil, et
à assurer leur fructification; car elles leur présentent
toujours quelque côté abrité du froid. Il est même
très-remarquable que l'agrégation de fleurs en cône
ou en épi est fort commune aux herbes et aux arbres
du nord, et est fort rare dans ceux du midi. La
plupart des graminées que j'ai vues dans les pays du
midi, ne portent point leurs grains en épi, mais en
panaches flottans, et divisés par une multitude de
tiges particulières, comme le millet et le riz. Le
maïs ou blé de Turquie, y porte à la vérité un gros
épi, mais cet épi est long-temps enfermé dans un
sac; et quand il en sort, il pousse au-dessus de sa
tête un long chevelu qui semble uniquement destiné à abriter ses fleurs du soleil. Enfin, ce qui confirme que les fleurs des plantes sont ordonnées à
l'action de la chaleur suivant chaque pays, c'est que
beaucoup de nos plantes d'Europe végètent fort bien
aux îles Antilles, et n'y grènent jamais. Le père
du Tertre y a observé (1) que les choux, le sain-foin,
la sariette, le basilic, l'ortie, le plantain, l'absinthe,

_____

(1) Hist. naturelle des îles Antilles, par le P. du Tertre.

la sauge, l'hépatique, l'amaranthe, et toutes nos espèces de graminées, y croissent à merveille, mais n'y donnoient jamais de graines. Ces observations prouvent que ce n'est ni l'air, ni la terre qui leur est contraire, mais le soleil, qui agit trop vivement sur leurs fleurs : car la plupart de ces plantes les portent agrégées en épis, qui augmentent beaucoup la répercussion des rayons solaires. Je crois cependant qu'on pourroit les naturaliser dans ces îles, ainsi que beaucoup d'autres végétaux de nos climats tempérés, en choisissant dans les variétés de leurs espèces celles dont les fleurs ont le moins de champ, et dont les couleurs sont les plus foncées, ou celles dont les panicules sont divergens.

Ce n'est pas que la nature n'ait encore d'autres ressources pour faire croître des plantes du même genre dans des saisons et des climats différens. Elle en rend les fleurs susceptibles de réfléchir la chaleur à différens degrés de latitude, sans presque rien changer à leurs formes. Tantôt elle les place sur des tiges élevées, pour les soustraire à la réflexion du sol. C'est ainsi qu'elle a mis entre les tropiques la plupart des fleurs apparentes sur des arbres. J'y en ai vu bien peu dans les prairies; mais beaucoup dans les forêts. Dans ces pays il faut lever les yeux en haut pour y voir des fleurs ; dans le nôtre il faut les baisser à terre. Elles sont chez nous sur des herbes et sur des arbrisseaux. Tantôt elle les fait éclore à

l'ombre des feuilles; telles sont celles des palmiers,
des bananiers et des jacquiers, qui croissent immédiatement au tronc de l'arbre. Telles sont aussi chez
nous ces larges cloches blanches, appelées chemises
de Notre-Dame, qui se plaisent à l'ombre des saules.
Il y en a d'autres, comme la plupart des fleurs des
convolvulus, qui ne s'ouvrent que la nuit; d'autres
viennent à terre et à découvert, comme les pensées,
mais elles ont leurs pavillons sombres et veloutés.
Il y en a qui reçoivent l'action du soleil quand il est
bien élevé, comme la tulipe; mais la nature a pris
les précautions de ne faire paroître cette large fleur
qu'au printemps, de peindre ses pétales de couleurs fortes, et de barbouiller de noir le fond de sa
coupe (1). D'autres sont disposées en girandoles,

(1) Cette fleur, par sa couleur, est en Perse l'emblême
des parfaits amans. Chardin dit que quand un jeune homme
présente, en Perse, une tulipe à sa maîtresse, il veut lui
donner à entendre que, comme cette fleur, il a le visage en
feu et le cœur en charbon. Il n'y a point d'ouvrage de la
nature qui ne fasse naître dans l'homme quelque affection
morale. La société nous en ôte à la longue le sentiment,
mais on le retrouve chez les peuples qui vivent encore près
de la nature. Plusieurs alphabets ont été imaginés à la Chine,
dans les premiers temps, d'après les ailes des oiseaux, les
poissons, les coquillages et les fleurs; on en peut voir les
caractères très-curieux dans *la Chine illustrée*, du P. Kircher.
C'est par une suite de ces mœurs naturelles que les Orientaux emploient tant de similitudes et de comparaisons dans

et ne reçoivent l'effet des rayons solaires que sous
un rumb de vent. Telle est la girandole du lilas,
qui, regardant par ses différentes faces le levant,
le midi, le couchant et le nord, présentent sur le
même bouquet des fleurs en bouton, entr'ouvertes,
épanouies, et toutes les nuances ravissantes de la
floraison.

Il y a des fleurs, comme les composées, qui,
étant dans une situation horizontale, et tout-à-fait
à découvert, voient, comme notre horizon, le soleil
depuis son lever jusqu'à son coucher; telle est la
fleur du pissenlit. Mais elle a un moyen bien particulier de s'abriter de la chaleur : elle se referme
quand elle devient trop grande. On a observé qu'elle
s'ouvre en été à cinq heures et demie du matin, et
réunit ses pétales vers le centre à neuf heures. La

leurs langages. Quoique notre éloquence métaphysique n'en
fasse pas grand cas, elles ne laissent pas de produire de grands
effets. J. J. Rousseau a parlé de celui que fit sur Darius
l'ambassadeur des Scythes, qui lui présenta, sans lui rien
dire, un oiseau, une grenouille, une souris et cinq flèches.
Hérodote rapporte que le même Darius fit dire aux Grecs
de l'Ionie, qui en ravageoient les côtes, que s'ils ne cessoient
leurs brigandages, il les traiteroit comme des pins. Les
Grecs, qui commençoient à devenir de beaux-esprits et à
perdre de vue la nature, ne savoient ce que cela signifioit.
Enfin ils apprirent que Darius leur donnoit à entendre qu'il
les extermineroit entièrement, parce que quand les pins
sont une fois coupés, ils ne repoussent plus.

fleur de laitue des jardins, qui est au contraire dans un plan vertical, s'ouvre à sept heures et se ferme à dix. C'étoit par une suite d'observations semblables que le célèbre Linnæus avoit formé une horloge botanique; car il avoit trouvé des plantes qui ouvroient leurs fleurs à toutes les heures du jour et de la nuit. On cultive au Jardin des Plantes une espèce d'aloès serpentin sans épines, dont la fleur, grande et belle, exhale une forte odeur de vanille dans le temps de son épanouissement, qui est fort court. Elle ne s'ouvre que vers le mois de juillet, sur les cinq heures du soir : on la voit alors entr'ouvrir peu à peu ses pétales, les étendre, s'épanouir et mourir. A dix heures du soir elle est totalement flétrie, au grand étonnement des spectateurs, qui y accourent en foule; mais on n'admire que ce qui est rare. La fleur de notre épine commune (qui n'est pas celle de l'aubépine), est encore plus extraordinaire; car elle fleurit si vîte, qu'à peine a-t-on le temps d'observer son développement.

Toutes ces observations démontrent clairement les relations des corolles avec la chaleur. J'en ajouterai une dernière, qui prouve évidemment leur usage; c'est que le temps de leur existence est réglé sur la quantité de chaleur qu'elles doivent rassembler. Plus il fait chaud, moins elles ont de durée. Presque toutes tombent dès que la plante est fécondée.

Mais si la nature soustrait le plus grand nombre des fleurs à l'action trop violente du soleil, elle en destine d'autres à paroître dans tout l'éclat de ses rayons sans en être offensées. Elle a donné aux premières des réverbères rembrunis, ou qui se ferment suivant le besoin ; elle donne aux autres des parasols. Telle est l'impériale, dont les fleurs en cloches renversées croissent à l'ombre d'un panache de feuilles. Le chrysanthemum-peruvianum, ou pour parler plus simplement, le tournesol, qui se tourne sans cesse vers le soleil, se couvre, comme le Pérou, d'où il est venu, de nuages de rosée, qui rafraîchissent ses fleurs pendant la plus grande ardeur du jour. La fleur blanche du lychnis, qui vient l'été dans nos champs, et qui ressemble de loin à une croix de Malte, a une espèce d'étranglement ou de petite collerette, placée à son centre, en sorte que ses grands pétales brillans, renversés en dehors, n'agissent point sur ses étamines. Le narcisse blanc a pareillement un petit entonnoir. Mais la nature n'a pas besoin de créer de nouvelles parties pour donner de nouveaux caractères à ses ouvrages. Elle les tire à la fois de l'être et du néant, et les rend positifs ou négatifs à son gré. Elle a donné des courbes à la plupart des fleurs, pour réunir la chaleur à leur centre ; elle emploie quand elle veut les mêmes courbes pour l'en écarter ; elle en met les foyers en dehors. C'est ainsi que sont disposés les pétales du lis, qui sont autant de sections de parabole. Malgré la grandeur et la blancheur de sa coupe, plus il s'épanouit, plus il écarte de lui les feux du soleil; et pendant qu'au milieu de l'été, en plein midi, toutes les fleurs brûlées de ses ardeurs s'inclinent et penchent leurs têtes vers la terre, le lis, comme un roi, élève la sienne, et contemple face à face l'astre qui brille au haut des cieux.

Je vais rapporter en peu de mots les relations positives ou négatives des fleurs, par rapport au soleil, aux cinq formes élémentaires que j'ai posées dans l'Étude précédente, comme les principes de l'harmonie des corps. C'est bien moins un plan que je prescris aux botanistes, qu'une invitation d'entrer dans une carrière aussi riche en observations, et de corriger mes erreurs en nous faisant part de leurs lumières.

Il y a donc des fleurs à réverbères perpendiculaires, coniques, sphériques, elliptiques, paraboliques ou plans. On peut rapporter à ces courbes celles de la plupart des fleurs. Il y a aussi des fleurs à parasol, mais celles-ci sont en plus grand nombre; car les effets négatifs dans toute harmonie sont bien plus nombreux que les effets positifs. Par exemple, il n'y a qu'un seul moyen de venir à la vie, et il y en a des milliers pour en sortir. Cependant nous opposerons à chaque relation positive des fleurs avec le soleil, une relation négative principale, afin qu'on puisse comparer leurs effets dans chaque latitude.

Les fleurs à réverbères perpendiculaires sont celles qui naissent adossées à un cône, à des chatons alongés, ou à un épi : telles sont celles des cèdres, des mélèzes, des sapins, des bouleaux, des genévriers, de la plupart des graminées du nord, des végétaux des montagnes froides et élevées, comme les cyprès et les pins; ou de ceux qui fleurissent chez nous dès la fin de l'hiver, comme les coudriers et les saules. Une partie des fleurs dans cette position est abritée du vent du nord, et reçoit la réflexion du soleil du côté du midi. Il est remarquable que tous les végétaux qui portent des cônes, des chatons ou des épis, les présentent à l'extrémité de leurs tiges, exposés à toute l'action du soleil. Il n'en est pas de même de ceux qui croissent entre les tropiques, dont la plupart, comme les palmiers, portent leurs fleurs divergentes, attachées à des grappes pendantes et ombragées par leurs rameaux. Les graminées des pays chauds ont aussi presque tous leurs épis divergens : tels sont les mils d'Afrique. L'épi solide du maïs d'Amérique est couronné par un chevelu qui abrite ses fleurs du soleil. On a représenté dans les planches voisines un épi de froment de l'Europe, et un épi de riz de l'Asie méridionale, afin qu'on les puisse comparer.

Les fleurs à réverbères coniques réfléchissent sur

Pl. III.   Fleurs Perpendiculaires.

J. G. Pretre del.   Pierron Sculp.

1. Epi de Bled. 2. Epi de Riz.

Pl. IV. Fleurs à Reverbères.

J.G.Pretre del.   Pierron Sculp.

1. Convolvulus de jour. 2. Rose simple.
3. Marguerite. 4. Tulipe 5. Capucine.

les parties de la floraison un cône entier de lumière.
Son action est très-forte; aussi il est remarquable
que la nature n'a donné cette configuration de pétale
qu'aux fleurs qui croissent à l'ombre des arbres,
comme aux convolvulus qui grimpent autour de
leurs troncs, et qu'elle a rendu cette fleur de peu
de durée, car à peine elle subsiste un demi-jour;
et quand sa fécondation est achevée, son limbe se
reploie en dedans, et se referme comme une bourse.
La nature l'a cependant fait croître dans les pays
méridionaux, mais elle l'y a teinte de violet et de
bleu pour affoiblir son effet. De plus, cette fleur
ne s'y ouvre guère que pendant la nuit. Je présume
que c'est à ce caractère nocturne qu'on peut distinguer principalement les convolvulus des pays
chauds de ceux de nos climats, qui s'ouvrent pendant le jour. On a représenté dans les planches le
convolvulus de jour ou de nos climats, ouvert, et
celui de nuit ou des pays chauds fermé; l'un avec
un caractère positif avec la lumière, et l'autre avec
un caractère négatif.

Les fleurs qui participent le plus de cette forme
conique, sont celles qui naissent à l'entrée du printemps, comme la fleur d'arum, qui est faite en
cornet, ou celles qui viennent dans les montagnes
élevées, comme l'oreille d'ours des Alpes : lorsque
la nature l'emploie en été, c'est presque toujours
avec des caractères négatifs, tels que dans les fleurs

de la digitale qui sont inclinées et teintes en gros
rouge ou en bleu.

Les fleurs à réverbères sphériques sont celles
dont les pétales sont figurés en portions de sphère.
On peut s'amuser, non sans plaisir, à considérer
que ces pétales à portion de sphère ont à leurs
foyers les anthères de la fleur portées sur des filets
plus ou moins alongés pour cet effet. Il est encore
digne de remarque que chaque pétale est assorti à
son anthère particulière, ou quelquefois à deux ou
même à trois; en sorte que le nombre des pétales
dans une fleur divise presque toujours exactement
celui des anthères. Pour les pétales, ils ne passent
guère le nombre de cinq dans les fleurs en rose,
comme si la nature avoit voulu y exprimer le nombre
des cinq termes de la progression élémentaire, dont
cette belle forme est l'expression harmonique. Les
fleurs à réverbères sphériques sont très-communes
dans nos climats tempérés; elles ne renvoient pas
toute la réflexion de leurs disques sur les anthères,
comme le convolvulus, mais seulement la cinquième
partie, parce que chacun de leurs pétales a son
foyer particulier. La fleur en rose est répandue sur
la plupart des arbres fruitiers, comme poiriers,
pommiers, pêchers, pruniers, abricotiers, &c. et
sur beaucoup d'arbrisseaux et d'herbes, comme les
épines noire et blanche, les ronces, les fraisiers,
les anémones, &c. dont la plupart donnent à

l'homme des fruits comestibles, et qui fleurissent au mois de mai. On peut aussi y rapporter les sphéroïdes, comme les muguets. Cette forme qui est l'expression harmonique des cinq formes élémentaires, convenoit très-bien à une température comme la nôtre, qui est elle-même moyenne proportionnelle entre celle de la zône glaciale et de la zône torride. Comme les réverbères sphériques rassemblent beaucoup de rayons à leurs foyers, leur action y est très-forte, mais aussi elle dure peu. On sait que rien ne passe plus vîte que les roses. Les fleurs en rose sont rares entre les tropiques, sur-tout celles dont les pétales sont blancs. Elles n'y réussissent qu'à l'ombre des arbres. J'ai vu à l'île de France plusieurs habitans s'efforcer en vain d'y faire venir des fraises ; mais l'un d'eux, qui demeuroit, à la vérité, dans une partie élevée de l'île, trouva le moyen de s'en procurer en abondance, en les plantant sous des arbres, dans des terreins à demi défrichés. En récompense, la nature a multiplié dans les pays chauds les fleurs papilionacées ou légumineuses. La fleur légumineuse est entièrement opposée à la fleur en rose : elle a pour l'ordinaire cinq pétales arrondis, comme celle-ci : mais au lieu d'être disposés autour du centre de la fleur, pour y réverbérer les rayons du soleil, ils sont au contraire reployés autour des anthères, pour les mettre à l'abri. On y distingue un pavillon, deux ailes, et une carène partagée pour l'ordinaire en deux ; qui recouvre les anthères et l'embryon du fruit. Ainsi, entre les tropiques, un grand nombre d'arbres, d'arbrisseaux, de lianes et d'herbes, ont des fleurs papilionacées. Tous nos pois et nos haricots y réussissent à merveille, et ces pays en produisent des variétés infinies. Il est même remarquable que les nôtres se plaisent dans les plages sablonneuses et chaudes, et donnent leurs fleurs au milieu de l'été. Je regarde donc les fleurs légumineuses, comme des fleurs à parasol. On peut aussi rapporter à ces mêmes effets négatifs du soleil, la forme des fleurs en gueule qui cachent leurs anthères, comme le muffle de veau qui se plaît sur les flancs des murailles.

Les fleurs à réverbères elliptiques sont celles qui présentent des formes de coupes ovales, plus étroites du haut que du milieu. On sent que cette forme de coupe dont les pétales perpendiculaires se rapprochent du sommet, abrite en partie le fond de la fleur, et que les courbes de ces mêmes pétales, qui ont plusieurs foyers, ne réunissent pas les rayons du soleil vers un seul centre : telle est la tulipe. Il est remarquable que cette forme de fleur alongée est plus commune dans les pays chauds que la fleur en rose. La tulipe croît d'elle-même aux environs de Constantinople. On peut rapporter aussi à cette forme celle des liliacées, qui y sont aussi plus fréquentes qu'ailleurs. Cependant, quand

Pl. V.   Fleurs en Parasols.

J. G. Pretre del.   Marchand Sculp.

1. *Convolvulus de nuit.*   2. *Fleur de Pois.*
3. *Fleur de Bluet.*   4. *Impériale*

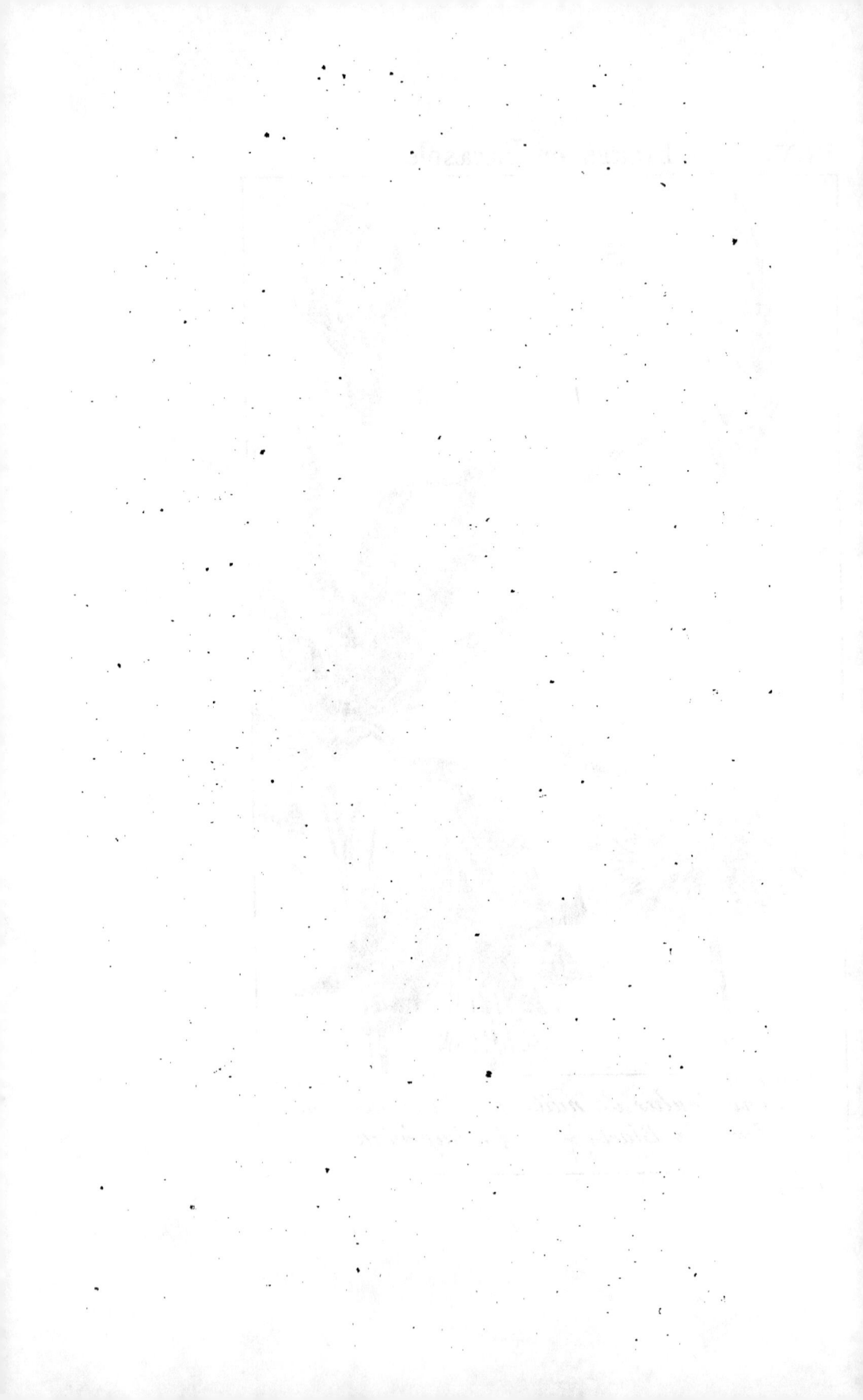

la nature les emploie dans des pays encore plus méridionaux, où dans le milieu de l'été, c'est presque toujours avec des caractères négatifs; ainsi elle a renversé les fleurs tulipées de l'impériale originaire de Perse, et les a ombragées d'un panache de feuilles. Ainsi elle renverse en dehors, dans nos climats, les pétales du lis; mais les espèces de lis blancs qui croissent entre les tropiques, ont de plus leurs pétales découpés en lanières.

Les fleurs à miroirs paraboliques ou plans, sont celles qui renvoient les rayons du soleil parallèlement. La configuration des premières donne beaucoup d'éclat à la corolle de ces fleurs, qui jettent pour ainsi dire de leur sein un faisceau de lumière, car elles la rassemblent vers le fond de leur corolle, et non sur les anthères. C'est peut-être pour en affoiblir l'action, que la nature a terminé ces sortes de fleurs par une espèce de capuchon que les botanistes appellent éperon. C'est probablement dans ce tuyau que se rend le foyer de leur parabole, qui est peut-être situé comme dans plusieurs courbes de ce genre, au-delà de son sommet. Ces sortes de fleurs sont fréquentes entre les tropiques; telle est la fleur de poincillade des Antilles, autrement appelée fleur de paon, à cause de sa beauté; telle est aussi la capucine du Pérou. On prétend même que l'espèce vivace est phosphorique la nuit. Les fleurs à miroirs plans produisent les mêmes effets, et la

nature en a multiplié les modèles dans nos fleurs
d'été, ou qui se plaisent dans les plages chaudes et
sablonneuses, comme les radiées, telles que les
fleurs du pissenlit; on les retrouve dans les fleurs
de doronic, de laitue, de chicorée, dans les asters,
dans les marguerites de nos prairies, &c.... Mais
elle en a mis le premier patron sous la ligne, en
Amérique, dans le large tournesol qui nous est venu
du Brésil. Comme ce sont les fleurs dont les pétales
ont le moins d'action, ce sont aussi celles qui durent
le plus long-temps. Leurs attitudes sont variées à
l'infini; celles qui sont horizontales, comme celles
des pissenlits, se referment, dit-on, vers le milieu
du jour; ce sont aussi celles qui sont le plus exposées à l'action du soleil, car elles reçoivent ses
rayons depuis son lever jusqu'à son coucher. Il y en
a d'autres qui, au lieu de clore leurs pétales, les
renversent, ce qui produit à-peu-près le même effet,
telle est la fleur de camomille. D'autres sont perpendiculaires à l'horizon, comme la fleur de laitue. La
couleur bleue dont elle est teinte, contribue encore
à affoiblir les rayons du soleil, qui, dans cet aspect,
agiroit avec trop d'action sur elle. D'autres n'ont
que quatre pétales horizontaux, comme les crucées,
dont les espèces sont fort communes dans les pays
chauds. D'autres portent autour de leur disque, des
fleurons qui l'ombragent : tel est le bluet des blés,
qui est représenté dans la planche en opposition

avec la marguerite. Celle-ci fleurit au commencement du printemps, et l'autre au milieu de l'été.

Nous avons parlé des formes générales des fleurs, mais nous ne finirions pas si nous voulions parler de leurs diverses agrégations. Je crois cependant qu'on peut les rapporter au plan même des fleurs. Ainsi les ombellifères se présentent au soleil sous les mêmes aspects que les fleurs radiées. Nous récapitulerons seulement ce que nous avons dit sur leurs miroirs. Le réverbère perpendiculaire de cône ou d'épi, rassemble sur les anthères des fleurs un arc de lumière de quatre-vingt-dix degrés depuis le zénith jusqu'à l'horizon. Il présente encore dans les inégalités de ses pans, des faces réfléchissantes. Le réverbère conique rassemble un cône de lumière de soixante degrés. Le réverbère sphérique réunit dans chacun de ses cinq pétales, un arc de lumière de trente-six degrés du cours du soleil, en supposant cet astre à l'équateur. Le réverbère elliptique en rassemble moins par la position perpendiculaire de ses pétales, et le réverbère parabolique, ainsi que celui à plans, renvoie les rayons du soleil divergens ou parallèles. La première forme paroît fort commune dans les fleurs des zônes glaciales ; la seconde, dans celles qui viennent à l'ombre ; la troisième, dans les latitudes tempérées ; la quatrième, dans les pays chauds ; et la cinquième, dans la zône torride. Il semble aussi que la nature

multiplie les divisions de leurs pétales, pour en
affoiblir l'action. Les cônes et les épis n'ont point
de pétales. Les convolvulus n'en ont qu'un ; les
fleurs en rose en ont cinq; les fleurs elliptiques,
comme les tulipes et les liliacées, en ont six ; les
fleurs à réverbère plan, comme les radiées, en ont
une multitude.

Les fleurs sont encore des parties ordonnées aux
autres élémens. Il y en a qui sont garnies en dehors
de poils pour les abriter du froid. D'autres sont formées pour éclore à la surface de l'eau ; telles sont
les roses jaunes des nymphæas, qui flottent sur les
lacs et qui se prêtent aux divers mouvemens des
vagues sans en être mouillées, au moyen des tiges
longues et souples auxquelles elles sont attachées.
Celles de la valisniera sont encore plus artistement
disposées : elles croissent dans le Rhône, et elles
y auroient été exposées à être inondées par les crues
subites de ce fleuve, si la nature ne leur avoit donné
des tiges formées en tire-bouchon, qui s'alongent
tout-à-coup de trois à quatre pieds. Il y a d'autres
fleurs coordonnées aux vents et aux pluies, comme
celles des pois, qui ont des nacelles qui abritent
les étamines et les embryons de leurs fruits (1). De

---

(1) Je suis persuadé que le port de la plupart des fleurs
est coordonné aux pluies, et que c'est pour cette raison que
plusieurs d'entre elles ont des formes de mufles ou de nacelles

plus, elles ont de grands pavillons et sont posées
sur des queues courbées et élastiques, comme un
nerf; de sorte que, quand le vent souffle sur un
champ de pois, vous voyez toutes les fleurs tourner
le dos au vent, comme autant de girouettes. Cette
classe paroît fort répandue dans les lieux battus des
vents. Dampier rapporte qu'il trouva les rivages
déserts de la Nouvelle-Guinée couverts de pois à
fleurs rouges et bleues. Dans nos climats, la fougère
qui couronne les sommets des collines, toujours
battus des vents et des pluies, porte les siennes tournées vers la terre sur le dos de ses feuilles. Il y a
même des espèces de plantes dont la floraison est
réglée sur l'irrégularité des vents. Telles sont celles
dont les individus mâles et femelles naissent sur des
tiges séparées. Jetées çà et là sur la terre, souvent
à de grandes distances les unes des autres, les poussières des fleurs mâles ne pourroient féconder que
bien peu de fleurs femelles, si dans le temps de leur

---

qui abritent les parties de la fécondation. J'ai remarqué que
plusieurs espèces de fleurs ont, si j'ose dire, l'instinct de se
refermer quand l'air est humide; telles sont, entre autres,
les pavots, les anémones, et la plupart des fleurs en rose,
et que les pluies font avorter plus de fruits que les gelées.
Cette observation est essentielle pour les jardiniers, qui font
souvent couler les fleurs des fraisiers en les arrosant. Il me
semble qu'il vaudroit mieux arroser les plantes en fleur par
rigole, à la manière des Indiens, que par aspersion.

floraison, le vent ne souffloit de plusieurs côtés. Chose étrange! il y a des générations constantes fondées sur l'inconstance des vents. Je présume de-là, que dans les pays où les vents soufflent toujours du même côté, comme entre les tropiques, ce genre de floraison doit être rare; et si on l'y rencontre, il doit être précisément réglé sur la saison où ces vents réguliers varient.

On ne peut douter de ces relations admirables, quelque éloignées qu'elles paroissent, en observant l'attention avec laquelle la nature a préservé les fleurs des chocs que les vents même pouvoient leur faire éprouver sur leurs tiges. Elle les enveloppe, pour la plupart, d'une partie que les botanistes appellent calice. Plus la plante est rameuse, plus le calice de sa fleur est épais. Elle le garnit quelquefois de coussinets et de barbes, comme on le peut voir aux boutons de rose. C'est ainsi qu'une mère met des bourrelets à la tête de ses enfans lorsqu'ils sont petits, pour les garantir des accidens de quelque chute. La nature a si bien marqué son intention à cet égard dans les fleurs des plantes rameuses, qu'elle a privé de ce fourreau celles qui croissent sur des tiges, qui ne le sont pas, et où elles n'ont rien à craindre de l'agitation des vents. C'est ce qu'on peut remarquer aux fleurs du sceau de Salomon, du muguet, de la hyacinthe, du narcisse, de la plupart des liliacées et des plantes qui

portent leurs fleurs isolées sur des tiges perpendiculaires.

Les fleurs ont encore des relations très-curieuses
avec les animaux et avec l'homme, par la diversité
de leurs configurations et de leurs odeurs. Celle
d'une espèce d'orchis représente des punaises et
exhale la même puanteur. Celle d'une espèce d'arum
ressemble à la chair pourrie, et elle en a l'infection
à un tel point, que la mouche à viande y vient déposer ses œufs. Mais ces rapports, peu approfondis,
sont étrangers à cet article; il suffit que j'aie démontré ici qu'elles en ont de bien marqués avec les élémens, et sur-tout avec le soleil. Quand les botanistes auront répandu sur cette partie toutes les
lumières dont ils sont capables, en examinant leurs
foyers, les élévations où elles se trouvent sur le sol,
les abris ou les réflexions des corps qui les avoisinent, la variété de leurs couleurs, enfin tous les
moyens dont la nature compense les différences de
leurs expositions, ils ne douteront point de ces
harmonies élémentaires; ils reconnoîtront que la
fleur, loin de présenter un caractère constant dans
les plantes, en offre au contraire un perpétuel de
variété. C'est par elle que la nature varie principalement les espèces dans le même genre de plante,
pour la rendre susceptible de fécondation sur différens sites. Voilà pourquoi les fleurs du marronier
d'Inde, originaire de l'Asie, ne sont point les

mêmes que celles du châtaignier de l'Europe ; et que celles du chardon de bonnetier, qui vient sur le bord des rivières, sont différentes de celles des chardons qui croissent dans les lieux élevés et arides.

Une observation fort extraordinaire achèvera de confirmer tout ce que nous venons de dire ; c'est qu'une plante change quelquefois totalement la forme de ses fleurs dans la génération qui la reproduit. Ce phénomène étonna beaucoup le célèbre Linnæus la première fois qu'on le lui fit observer. Un de ses élèves lui apporta un jour une plante parfaitement semblable à la linaire, à l'exception de la fleur : la couleur, la saveur, les feuilles, la tige, la racine, le calice, le péricarpe, la semence, enfin l'odeur, qui en est remarquable, étoient exactement les mêmes, excepté que ses fleurs étoient en entonnoir, tandis que la linaire les porte en gueule. Linnæus crut d'abord que son élève avoit voulu éprouver sa science, en adaptant sur la tige de cette plante une fleur étrangère ; mais il s'assura que c'étoit une vraie linaire, dont la nature avoit totalement changé la fleur. On l'avoit trouvée parmi d'autres linaires dans une île à sept milles d'Upsal, près du rivage de la mer, sur un fond de sable et de gravier. Il éprouva lui-même qu'elle se reperpétuoit dans ce nouvel état par ses semences. Il en trouva depuis en d'autres lieux ; et, ce qu'il y a de

plus extraordinaire, il y en avoit parmi celles-là qui
portoient sur le même pied des fleurs en entonnoir
et des fleurs en gueule. Il donna à ce nouveau végétal le nom de *pélore*, du mot grec πέλω, qui signifie
prodige. Il observa depuis les mêmes variations dans
d'autres espèces de plantes, entre autres, dans le
chardon ériocéphale, dont les semences produisent
chaque année, dans le jardin d'Upsal, le chardon
bourru des Pyrénées (1). Ce fameux botaniste explique ces transformations comme les effets d'une
génération métive, altérée par les poussières fécon-
dantes de quelque autre fleur du voisinage. Cela
peut être ; cependant on peut opposer à son opinion les fleurs de la pélore et de la linaire, qu'il a
trouvées réunies sur le même individu. Si c'étoit la
fécondation qui transformât cette plante, elle devroit
donner des fleurs semblables dans l'individu entier.
D'ailleurs, il a observé lui-même qu'il n'y avoit aucune
altération dans les autres parties de la pélore, ainsi
que dans ses vertus; et il doit y en avoir comme
dans sa fleur, si elle est produite par le mélange de
quelque race étrangère. Enfin, elle se reproduit en
pélore par ses semences, ce qui n'arrive à aucune
espèce mulâtre dans les animaux. Cette stérilité dans
les branches métives est un effet de la sage cons-

(1) *In Dissertatione Upsaliæ 1744, mense decembri,*
page 59, note 6.

tance de la nature, qui intercepte les générations divergentes, pour empêcher les espèces primordiales de se confondre et de disparoître à la longue. Au reste, je n'examine ni les causes ni les moyens qu'elle me cache, parce qu'ils sont au-dessus de ma portée. Je m'arrête aux fins qu'elle me montre; je me confirme, par la variété des fleurs dans les mêmes espèces, et quelquefois dans le même individu, qu'elles servent tantôt de réverbères aux végétaux, pour rassembler, suivant leur position, les rayons du soleil sur les parties de leur fécondation, tantôt de parasol, pour les mettre à couvert de leur chaleur. La nature agit envers elles à-peu-près comme envers les animaux exposés aux mêmes variations de latitude. Elle dépouille en Afrique le mouton de sa laine, et lui donne un poil ras comme celui d'un cheval; et au nord, au contraire, elle couvre le cheval de la fourrure frisée du mouton. J'ai vu cette double métamorphose au Cap de Bonne-Espérance et en Russie. J'ai vu à Pétersbourg des chevaux normands et napolitains, dont le poil naturellement court étoit si long et si frisé, au milieu de l'hiver, qu'on les auroit crus couverts de laine comme les moutons. Ce n'est donc pas sans raison qu'est fondé ce vieux proverbe : « Dieu mesure le vent à la brebis » tondue »; et lorsque je vois sa main paternelle varier la fourrure des animaux suivant le froid, je peux bien croire qu'elle varie de même les miroirs

des fleurs suivant le soleil. Ainsi on peut diviser les
fleurs, par rapport au soleil, en deux classes : en
fleurs à réverbères et en fleurs à parasol.

S'il y a quelque caractère constant dans les plantes,
il faut le chercher dans le fruit. C'est-là que la nature
a ordonné toutes les parties de la végétation, comme
à l'objet principal. Ce mot de la sagesse même :
« Vous les connoîtrez à leurs fruits », appartient au
moins autant aux plantes qu'aux hommes.

Nous examinerons donc les caractères généraux
des plantes, par rapport aux lieux où leurs semences
ont coutume de naître. Comme le règne animal est
divisé en trois grandes classes, de quadrupèdes, de
volatiles et d'aquatiques, qui se rapportent aux trois
élémens du globe, nous diviserons de même le règne
végétal en plantes aériennes ou de montagnes, en
aquatiques ou de rivages, en terrestres ou de plaines.

Mais comme cette dernière participe des deux
autres, nous ne nous y arrêterons point; car quoique
je sois persuadé que chaque espèce, et même chaque
variété, peut être rapportée à quelque site particulier
de la terre, et y croître de la plus grande beauté,
il suffit d'en dire ici autant qu'il en faut pour la pros-
périté d'un petit jardin. Quand nous aurons reconnu
des caractères constans dans les deux extrémités du
règne végétal, il sera aisé de rapporter aux classes
intermédiaires ceux qui leur conviennent. Nous com-
mencerons par les plantes de montagnes.

Harmonies élémentaires des plantes avec l'eau
et l'air, par leurs feuilles et leurs fruits.

Lorsque l'Auteur de la nature voulut couronner
de végétaux jusqu'aux sommets des terres les plus
escarpés, il ordonna d'abord les chaînes des montagnes aux bassins des mers qui devoient leur fournir des vapeurs, au cours des vents qui devoient
les y porter, et aux divers aspects du soleil qui
devoient les échauffer. Dès que ces harmonies furent
établies entre les élémens, les nuages s'élevèrent
de l'Océan, et se dispersèrent dans les parties les
plus reculées des continens. Ils s'y répandirent sous
mille formes diverses, en brouillards, en rosées,
en pluies, en neiges, et en frimas. Ils s'écoulèrent
du haut des airs avec autant de variété; les uns
dans un air calme, comme les pluies de nos printemps, filèrent comme si on les eût versés par un
crible; d'autres, chassés par des vents violens,
furent lancés horizontalement sur les flancs des
collines; d'autres tombèrent en torrens, comme ceux
qui inondent neuf mois de l'année l'île de Gorgone,
placée au milieu de la zône torride, dans le golfe
brûlant de Panama. Il y en eut qui s'entassèrent en
montagnes de neige sur les sommets inaccessibles
des Andes, pour rafraîchir par leurs eaux le continent de l'Amérique méridionale, et par leur atmosphère glaciale, la vaste mer du Sud. Enfin, de

grands fleuves coulèrent sur des terres où il ne pleut
jamais, et le Nil arrosa l'Égypte.

Dieu dit alors (1) : « Que la terre produise de
» l'herbe verte qui porte de la graine, et des arbres
» fruitiers qui portent du fruit chacun selon son
» espèce ». À la voix du Tout-Puissant les végétaux
parurent, avec les organes propres à recueillir les
bénédictions du ciel. L'orme s'éleva sur les montagnes qui bordent le Tanaïs, chargé de feuilles en
forme de langues ; le buis touffu sortit de la croupe
des Alpes, et le caprier épineux des rochers de
l'Afrique, avec leurs feuilles creusées en cuillers.
Les pins des monts sablonneux de la Norwège re-
cueillirent les vapeurs qui flottoient dans l'air, avec
leurs folioles disposées en pinceaux ; les verbas-
cums étalèrent leurs larges feuilles sur les sables
arides, et la fougère présenta sur les collines son
feuillage en éventail aux vents pluvieux et horizontaux. Une multitude d'autres plantes, du sein des
rochers, des caillous et de la croûte même des
marbres, reçurent les eaux des pluies dans des cornets, des sabots et des burettes. Depuis le cèdre
du Liban jusqu'à la violette qui borde les bocages,
il n'y en eut aucune qui ne tendît sa large coupe
ou sa petite tasse, suivant ses besoins ou son
poste.

_____

(1) Genèse, chap. 1, v. 11.

Cette aptitude des feuilles des plantes des lieux élevés pour recevoir les eaux des pluies, est variée à l'infini; mais on en reconnoît le caractère dans la plupart, non-seulement à leurs formes concaves, mais encore à un petit canal creusé sur le pédicule qui les attache à leurs rameaux. Il ressemble en quelque sorte à celui que la nature a tracé sur la lèvre supérieure de l'homme, pour recevoir les humeurs qui tombent du cerveau. On peut l'observer sur-tout sur les feuilles des chardons, qui se plaisent dans des lieux secs et sablonneux. Celles-ci ont de plus des tendelets collatéraux pour ne rien perdre des eaux qui tombent du ciel. Des plantes qui croissent dans les lieux fort chauds et fort arides, ont quelquefois leurs tiges ou leurs feuilles entières transformées en canal. Tels sont les aloès de l'île de Zocotora, à l'entrée de la mer Rouge, ou les cierges épineux de la zône torride. L'aqueduc de l'aloès est horizontal, et celui du cierge est perpendiculaire.

Ce qui a empêché les botanistes de remarquer les rapports que les feuilles des plantes ont avec les eaux qui les arrosent, c'est qu'ils les voient par-tout à-peu-près de la même forme, dans les vallées comme sur les hauteurs; mais quoique les plantes des montagnes présentent des feuillages de toutes sortes de configurations, on reconnoît aisément, à leur agrégation en forme de pinceaux ou d'éventail, au froncement des feuilles ou à d'autres marques

équivalentes, qu'elles sont destinées à recevoir les
eaux des pluies, mais principalement à l'aqueduc
dont je parle. Cet aqueduc est tracé sur le pédicule
des plus petits feuillages des plantes de montagnes;
c'est par son moyen que la nature a rendu les formes
même des plantes aquatiques susceptibles de végéter dans les lieux les plus arides. Par exemple, le
jonc, qui n'est qu'un chalumeau rond et plein qui
croît sur le bord de l'eau, ne paroissoit pas susceptible de ramasser aucune humidité dans l'air, quoiqu'il convînt très-bien aux lieux élevés par sa forme
capillacée, qui, comme celle des graminées, ne
donne point de prise au vent. En effet, si vous considérez les diverses espèces de jonc qui tapissent
les montagnes dans plusieurs parties du monde,
tel que celui appelé icho des hautes montagnes du
Pérou, qui est le seul végétal qui y croisse en quelques
endroits, et ceux qui viennent chez nous dans des
sables arides ou sur des hauteurs, au premier coup-
d'œil vous les croirez semblables à des joncs de marais; mais avec un peu d'attention vous remarquerez,
non sans étonnement, qu'ils sont creusés en échoppe
dans toute leur longueur. Ils sont, comme les autres
joncs, convexes d'un côté; mais ils en diffèrent
essentiellement, en ce qu'ils sont tous concaves de
l'autre. J'ai reconnu à ce même caractère le spart,
qui est un jonc des montagnes d'Espagne, dont on
fait aujourd'hui à Paris des cordages pour les puits.

Beaucoup de feuilles de plantes, même dans les plaines, prennent en naissant cette forme d'échoppe ou de cuiller, comme celles de la violette et de la plupart des graminées. On voit au printemps les jeunes touffes de celles-ci se dresser vers le ciel comme des griffes, pour en recevoir les eaux, surtout lorsqu'il commence à pleuvoir ; mais la plupart des plantes de plaines perdent leur gouttière en se développant. Elle ne leur a été donnée que pour le temps nécessaire à leur accroissement. Elle n'est permanente que dans les plantes de montagnes. Elle est tracée, comme je l'ai dit, sur le pédicule des feuilles, et conduit l'eau des pluies dans les arbres, de la feuille à la branche ; la branche, par l'obliquité de sa position, la porte au tronc, d'où elle descend à la racine par une suite de dispositions conséquentes. Si on verse doucement de l'eau sur les feuilles d'un arbrisseau de montagne les plus éloignées de sa tige, on la verra couler par la route que je viens d'indiquer, sans qu'il en tombe une seule goutte à terre. J'ai eu la curiosité de mesurer dans quelques plantes montagnardes l'inclinaison que forment leurs branches avec leurs tiges, et j'ai trouvé dans une douzaine d'espèces différentes, comme dans les fougères, les thuïa, &c. qu'elle formoit un angle d'environ trente degrés. Il est très-remarquable que ce degré d'incidence est le même que celui que forme, en terrein horizontal, le cours

de beaucoup de rivières et de ruisseaux avec les
fleuves où ils se jettent, comme on peut le vérifier sur les cartes de géographie. Ce degré d'incidence paroît le plus favorable à l'écoulement de
plusieurs fluides qui se dirigent vers une seule ligne.
La même sagesse a réglé le niveau des branches
dans les arbres et le cours des ruisseaux dans les
plaines.

Cette inclinaison éprouve quelques variétés dans
quelques arbres de montagnes. Le cèdre du Liban,
par exemple, pousse la partie inférieure de ses
rameaux vers le ciel, et il en abaisse l'extrémité vers
la terre. Ils ont l'attitude du commandement qui
convient au roi des végétaux, celle d'un bras levé
en l'air, dont la main seroit inclinée. Au moyen de
la première disposition, les eaux des pluies coulent
vers son tronc; et par la seconde, les neiges dans
la région desquelles il se plaît, glissent de dessus
son feuillage. Ses cônes ont également deux ports
différens; car il les incline d'abord vers la terre
pour les abriter dans le temps de leur floraison;
mais quand ils sont fécondés, il les dresse vers le
ciel. On peut vérifier ces observations sur un jeune
et beau cèdre qui est au Jardin des Plantes, et qui,
quoique étranger, a conservé au milieu de notre
climat, l'attitude d'un roi et le costume du Liban.

L'écorce de la plupart des arbres de montagnes
est disposée également pour conduire les eaux des

pluies, depuis les branches jusqu'aux racines. Celle des pins est en grosses côtes perpendiculaires; celle de l'orme est fendue et crevassée dans sa longueur; celle du cyprès est spongieuse comme de l'étoupe.

Les plantes de montagnes ou de lieux arides, ont encore un caractère qui leur est propre en général : c'est d'attirer l'eau qui nage dans l'air en vapeurs insensibles. La pariétaire, ainsi appelée *à pariete*, parce qu'elle croît sur les parois des murailles, a ses feuilles presque toujours humides. Cette attraction est commune à la plupart des arbres de montagnes. Les voyageurs rapportent unanimement qu'il y a dans les montagnes de l'île de Fer, un arbre qui fournit chaque jour à cette île une quantité prodigieuse d'eau. Les insulaires l'appellent garoé, et les Espagnols santo, à cause de son utilité. Ils disent qu'il est toujours environné d'une nuée qui coule en abondance le long de ses feuilles, et remplit d'eau de grands réservoirs qu'on a construits au pied de cet arbre, qui suffisent à la provision de l'île. Cet effet est peut-être un peu exagéré, quoique rapporté par des hommes de différentes nations, mais je le crois vrai au fond. Je pense seulement que c'est la montagne qui attire de loin les vapeurs de l'atmosphère, et que l'arbre situé au foyer de son attraction les rassemble autour de lui.

Comme j'ai parlé plusieurs fois dans cet ouvrage de l'attraction des sommets de beaucoup de mon-

tagnes, le lecteur ne trouvera pas mauvais que je
lui donne ici une idée de cette partie de l'architecture hydraulique de la nature. Entre un grand nombre d'exemples curieux que je pourrois en rapporter,
et que j'ai rassemblés dans mes matériaux sur la
géographie, en voici un que j'ai extrait, non d'un
philosophe à systêmes, mais d'un voyageur simple
et naïf du siècle passé, qui raconte les choses telles
qu'il les a vues et sans en tirer aucune conséquence.
C'est une description des sommets de l'île de Bourbon, située dans l'Océan indien par le 21e degré de
latitude sud. Elle a été faite d'après les écrits de
M. de Villers, qui gouvernoit alors cette île pour
la Compagnie des Indes orientales ; elle est imprimée
dans le voyage que nos vaisseaux français firent pour
la première fois, dans l'Arabie heureuse, qui fut
vers l'an 1709, et qui a été mis au jour par M. de
la Roque. *Voyez* page 201.

« Entre ces plaines, dit M. de Villers, qui sont
» sur les montagnes (de Bourbon), la plus remar-
» quable et dont personne n'a rien écrit, est celle
» qu'on a nommée la plaine des Cafres, à cause
» qu'une troupe de Cafres, esclaves des habitans
» de l'île, s'y étoient allés cacher, après avoir
» quitté leurs maîtres. Du bord de la mer on monte
» assez doucement pendant sept lieues, pour arriver
» à cette plaine par une seule route, le long de la
» rivière de Saint-Etienne : on peut même faire ce

» chemin à cheval. Le terrein est bon et uni jusqu'à
» une lieue et demie en deçà de la plaine, garni de
» beaux et grands arbres, dont les feuilles qui en
» tombent servent de nourriture aux tortues que
» l'on y trouve en grand nombre. On peut estimer
» la hauteur de cette plaine à deux lieues au-dessus
» de l'horizon; aussi paroît-elle d'en-bas toute perdue
» dans les nues. Elle peut avoir quatre ou cinq lieues
» de circonférence : le froid y est insupportable,
» et un brouillard continuel, qui mouille autant
» que la pluie, empêche qu'on ne s'y voie de dix
» pas de loin; comme il tombe la nuit, on y voit plus
» clair que pendant le jour : mais alors il y gèle
» terriblement, et le matin, avant le lever du soleil,
» on découvre la plaine toute glacée.

» Mais ce qui s'y voit de bien extraordinaire, ce
» sont certaines élévations de terre, taillées pres-
» que comme des colonnes rondes, et prodigieuse-
» ment hautes; car elles n'en doivent guère aux
» tours de Notre-Dame de Paris. Elles sont plantées
» comme un jeu de quilles, et si semblables, qu'on
» se trompe facilement à les compter : on les appelle
» des pitons. Si on veut s'arrêter auprès de quel-
» qu'un de ces pitons pour se reposer, il ne faut
» pas que ceux qui ne s'y reposent pas et qui veu-
» lent aller ailleurs, s'écartent seulement de deux
» cents pas : ils courroient risque de ne plus trouver
» le lieu qu'ils auroient quitté, tant ces pitons sont

» en grand nombre, tous pareils, et tellement dis-
» posés de même manière, que les créoles, gens
» nés dans le pays, s'y trompent eux-mêmes. C'est
» pour cela que pour éviter cet inconvénient, quand
» une troupe de voyageurs s'arrête au pied d'un de
» ces pitons, et que quelques personnes veulent s'é-
» carter, on y laisse quelqu'un qui fait du feu ou de
» la fumée, qui sert à redresser et à ramener les
» autres; et si la brume étoit si épaisse, comme il
» arrive souvent, qu'elle empêchât de voir le feu
» ou la fumée, on se munit de certains gros coquilla-
» ges, dont on laisse un à celui qui reste auprès du
» piton : ceux qui veulent s'écarter emportent l'au-
» tre; et quand on veut revenir, on souffle avec
» violence dans cette coquille comme dans une trom-
» pette, qui rend un son très-aigu et s'entend de
» loin; de manière que se répondant les uns les
» autres, on ne se perd point, et on se retrouve
» facilement. Sans cette précaution, on y seroit
» attrapé.

» Il y a beaucoup de trembles dans cette plaine,
» qui sont toujours verts : les autres arbres ont une
» mousse de plus d'une brasse de long, qui couvre
» leur tronc et leurs grosses branches. Ils sont secs,
» sans feuillages et si moites d'eau, qu'on n'en peut
» faire de feu. Si, après bien de la peine, on en a
» allumé quelques branchages, ce n'est qu'un feu
» noir sans flamme, avec une fumée rougeâtre qui

» enfume la viande au lieu de la cuire. On a peine
» à trouver un lieu dans cette plaine pour y faire
» du feu, à moins que de chercher une élévation
» autour de ces pitons ; car la terre de la plaine est
» si humide, que l'eau en sort par-tout ; et on y est
» toujours dans la boue et mouillé jusqu'à mi-jambe.
» On y voit grand nombre d'oiseaux bleus, qui se
» nichent dans des herbes et dans des fougères
» aquatiques. Cette plaine étoit inconnue avant la
» fuite des Cafres : pour en descendre, il faut
» reprendre le chemin par où on y est monté, à
» moins qu'on ne veuille se risquer par un autre qui
» est trop rude et trop dangereux.

» On voit de la plaine des Cafres la montagne des
» trois Salases, ainsi nommée à cause des trois
» pointes de ce rocher, le plus haut de l'île Bourbon.
» Toutes ses rivières en sortent, et il est si escarpé
» de tous côtés, que l'on n'y peut monter.

» Il y a encore dans cette île une autre plaine
» appelée de Silaos, plus haute que celle des Cafres,
» et qui ne vaut pas mieux : on ne peut y monter
» que très-difficilement ».

Il faut excuser, dans la description naïve de
notre voyageur, quelques erreurs de physique,
telle que celle où il suppose à la plaine des Cafres
deux lieues d'élévation au-dessus de l'horizon. Le
baromètre et le thermomètre ne lui avoient pas appris
qu'il n'y a point de pareille élévation sur le globe,

et qu'à une lieue seulement de hauteur perpendiculaire le terme de la glace est constant. Mais à la
brume épaisse qui environne ces pitons, à leur
brouillard continuel qui mouille autant que la pluie
et qui tombe pendant la nuit, on reconnoît évidemment qu'ils attirent à eux les vapeurs que le soleil
élève pendant le jour de dessus la mer, et qui disparoissent pendant la nuit. C'est de là que se forme
la nappe d'eau qui inonde la plaine des Cafres, et
d'où sortent la plupart des ruisseaux et des rivières
qui arrosent l'île. On y reconnoît également une
attraction végétale dans cette espèce de trembles
toujours verts et dans ces arbres toujours moites
dont on ne peut faire du feu. L'île de Bourbon est
à-peu-près ronde, et s'élève de dessus la mer comme
la moitié d'une orange. C'est sur la partie la plus
élevée de cet hémisphère que sont situées la plaine
de Silaos et celle des Cafres, où la nature a placé
ce labyrinthe de pitons toujours environnés de bru-
mes, plantés comme des quilles, et élevés comme
des tours.

Si le temps et le lieu me le permettoient, je ferois
voir qu'il y a une multitude de pitons semblables
sur les chaînes des hautes montagnes, des Cordilières, du Taurus, &c. et au centre de la plupart
des îles, sans qu'on puisse supposer, comme on le
fait ordinairement, qu'ils soient des restes d'une
terre primitive qui s'élevoit à cette hauteur ; car que

seroient devenus, comme nous l'avons déjà dit, les débris de cette terre, dont les prétendus témoins s'élèvent de toutes parts sur la surface du globe ? Je ferois voir qu'ils y sont placés dans des agrégations et des lieux convenables aux besoins des terres dont ils sont en quelque sorte les châteaux d'eau, les uns en labyrinthe, comme ceux de l'île Bourbon, quand ils sont sur les sommets d'un hémisphère, d'où ils doivent distribuer les eaux du ciel de tous côtés ; les autres en peigne, quand ils sont placés sur la crête prolongée d'une chaîne de montagnes, comme sont les pics de la chaîne du Taurus et des Cordilières ; d'autres groupés deux à deux, trois à trois, suivant la configuration des terreins qu'ils arrosent. Il y en a de plusieurs formes et de différentes constructions ; il y en a d'enduits de terre, comme ceux de la plaine des Cafres et quelques-uns des îles Antilles, et qui sont avec cela si escarpés, qu'ils sont inaccessibles : ces enduits de terre prouvent qu'ils ont à la fois des attractions fossiles et hydrauliques.

Il y en a d'autres qui sont de longues aiguilles de roc vif et tout nu ; d'autres sont en forme de cône ; d'autres, de table, comme celui de la montagne de la Table au Cap de Bonne-Espérance, où l'on voit fréquemment les nuages s'amasser et s'épandre en forme de nappe. D'autres ne sont point apparens, mais sont entièrement engagés dans le flanc des montagnes, ou dans le sein des plaines. On les reconnoît tous aux brouillards qu'ils attirent autour d'eux, et aux sources qui coulent dans leur voisinage. On peut assurer même, qu'il n'y a pas de source dans le voisinage de laquelle il n'y ait quelque carrière de pierre hydro-attractive, et pour l'ordinaire, métallique. J'attribue l'attraction de ces pitons aux corps vitreux et métalliques dont ils sont composés. Je suis persuadé qu'on pourroit imiter cette architecture de la nature, et former, au moyen de l'attraction de ces pierres, des fontaines dans les lieux les plus arides. En général, les corps vitreux et les pierres susceptibles de polissure y sont fort propres, car nous voyons que, lorsque l'eau est répandue en grande quantité dans l'air, comme dans les temps de dégel, elle se porte et s'attache d'abord aux vitres et aux pierres polies de nos maisons.

J'ai vu fréquemment au sommet des montagnes de l'île de France, des effets semblables à ceux des pitons de la plaine des Cafres de l'île de Bourbon. Les nuées s'y rassemblent sans cesse autour de leurs pitons, qui sont escarpés et pointus comme des pyramides. Il y a de ces pitons qui sont surmontés d'un rocher de forme cubique, qui les couronne comme un chapiteau. Tel est celui qu'on y appelle Piter-booth, du nom d'un amiral hollandais : il est un des plus élevés de l'île.

Ces pitons sont formés d'un roc vif, vitrifiable et mélangé de cuivre : ce sont de véritables aiguilles électriques par leur forme et leur matière. Les nuages se détournent sensiblement de leur cours pour s'y réunir, et s'y accumulent quelquefois en si grande quantité qu'ils les font disparoître à la vue. De là ils descendent jusqu'au fond des vallées, le long des lisières de forêts qui les attirent aussi, et où ils se résolvent en pluie, en formant fréquemment des arcs-en-ciel sur la verdure des arbres. Cette attraction végétale des forêts de cette île est si bien d'accord avec l'attraction métallique des pitons de ses montagnes, qu'un champ situé en lieu découvert, dans leur voisinage, manque souvent de pluie, tandis qu'il pleut presque toute l'année dans les bois qui n'en sont pas à une portée de fusil. C'est pour avoir détruit une partie des arbres qui couronnoient les hauteurs de cette île, qu'on a fait tarir la plupart des ruisseaux qui l'arrosoient : il n'en reste plus aujourd'hui que le canal desséché. Je rapporte à la même imprudence la diminution sensible des rivières et des fleuves dans une grande partie de l'Europe, comme on le peut voir à leur ancien lit qui est beaucoup plus large et plus profond que le volume d'eau qu'ils contiennent aujourd'hui. Je suis persuadé même que c'est à cette cause qu'il faut rapporter la sécheresse des provinces élevées de l'Asie, entre autres, de celles

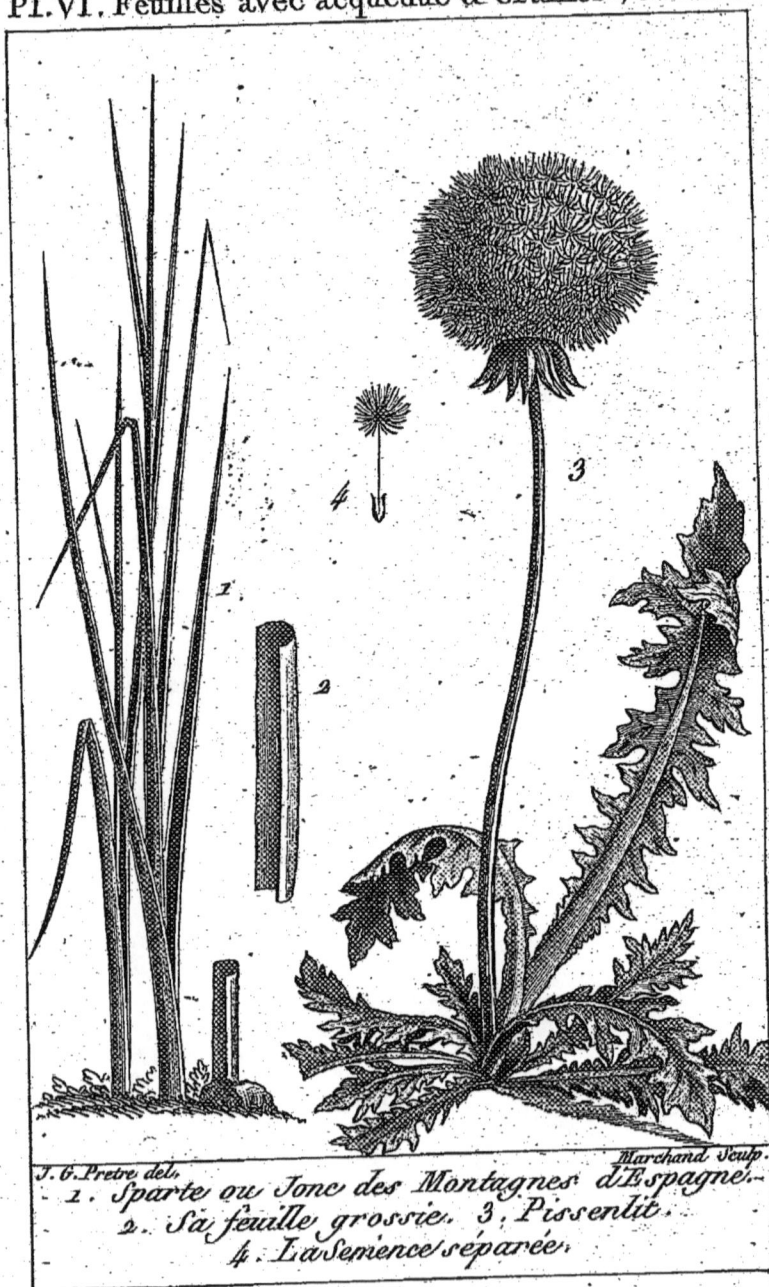

J.G.Pretre del.   Marchand Sculp.

1. Sparte ou Jonc des Montagnes d'Espagne.
2. Sa feuille grossie. 3. Pissenlit.
4. La Semence séparée.

de la Perse, dont les montagnes ont été sans doute
imprudemment dépouillées d'arbres par les premiers
peuples qui les ont habitées. Je pense que si on
plantoit en France des arbres de montagne sur les
hauteurs et à la source de nos rivières, on leur
rendroit leur ancien volume d'eau, et on feroit reparoître dans nos campagnes beaucoup de ruisseaux
qui n'y coulent plus du tout. Ce n'est point dans
les roseaux ni au fond des vallées que les naïades
cachent leurs urnes éternelles, comme les représentent les peintres; mais au sommet des rochers
couronnés de bocages et voisins des cieux.

Il n'y a pas un seul végétal dont la feuille soit
disposée pour recevoir les eaux des pluies dans les
montagnes, dont la graine ne soit formée de la manière la plus propre à s'y élever. Les semences de
toutes les plantes de montagne sont volatiles. En
voyant leurs feuilles on peut affirmer le caractère
de leurs graines, et en voyant leurs graines, celui
de leurs feuilles, et en conclure le caractère élémentaire de la plante. J'entends ici par plantes de
montagne, toutes celles qui croissent dans les lieux
sablonneux et secs, sur les terres, dans les rochers,
sur les bords escarpés des chemins, dans les murailles, enfin loin des eaux.

Les semences des chardons, des bluets, des
pissenlits, des chicorées, &c., ont des volans, des
aigrettes, des panaches, et plusieurs autres moyens

de s'élever, qui les portent à des distances prodigieuses. Celles des graminées, qui vont aussi fort loin, ont des balles et des panicules. D'autres ; comme celle de la giroflée jaune, sont taillées comme des écailles légères, et vont au moindre vent s'implanter dans la plus petite fente d'un mur. Les graines des plus grands arbres de montagne ne sont pas moins volatiles. Celle de l'érable a deux ailerons membraneux, semblables aux ailes d'une mouche. Celle de l'orme est enchâssée au milieu d'une foliole ovale. Celles du cyprès sont presque imperceptibles. Celles du cèdre sont terminées par de larges et minces feuillets qui forment un cône par leur agrégation. Les graines sont au centre du cône ; et dans le temps de leur maturité, les feuillets où elles sont attachées se détachent les uns des autres comme les cartes d'un jeu, et chacun d'eux emporte au loin son pignon (*Voyez la planche IV*). Les semences des plantes de montagne qui paroissent trop lourdes pour voler, ont d'autres ressources. Les pois de la balsamine ont des cosses dont les ressorts les élancent fort loin. Il y a aux Indes un arbre, dont je ne me rappelle plus le nom, qui lance de même les siennes avec un bruit semblable à un coup de mousquet. Celles qui n'ont ni panaches, ni ailes, ni ressorts, et qui, par leur pesanteur, semblent condamnées à rester au pied du végétal qui les a produites, sont souvent celles

Pl. VIII. Feuilles avec acqueduc & Graines volatiles.

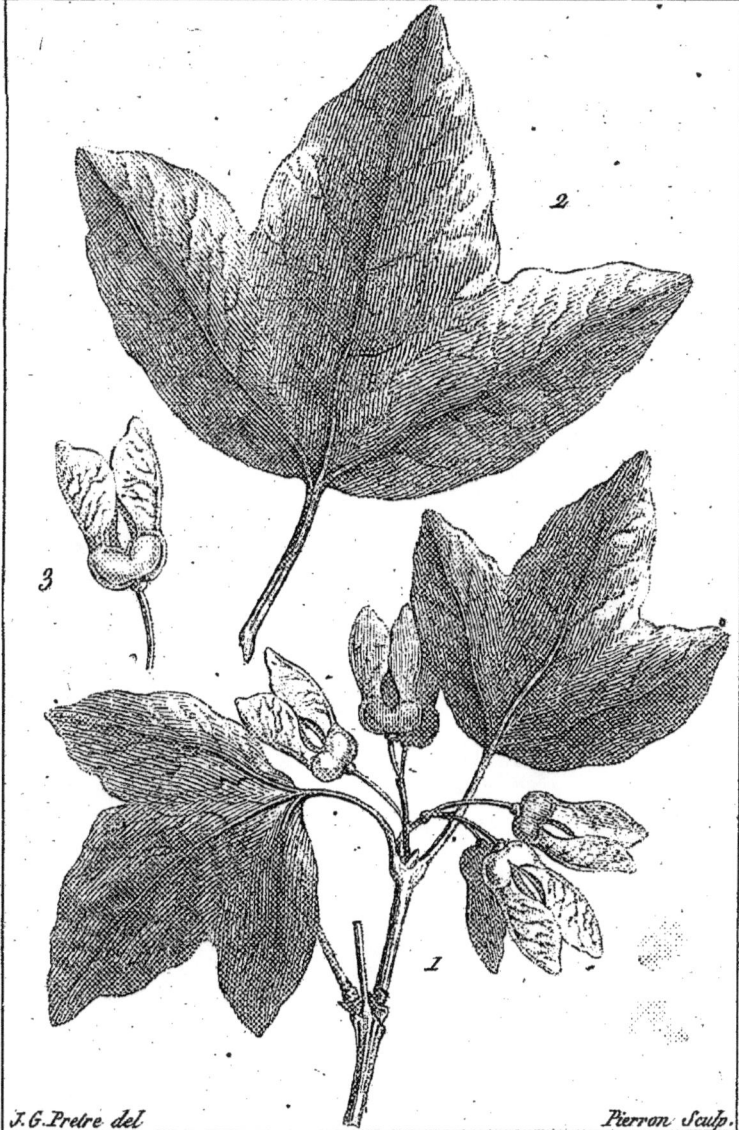

J.G.Pretre del   Pierron Sculp.

1. Un rameau de l'Erable de Montagne.
2. Sa feuille de grandeur naturelle.
3. Son fruit de grandeur naturelle.

Tom. 2. pag. 412.

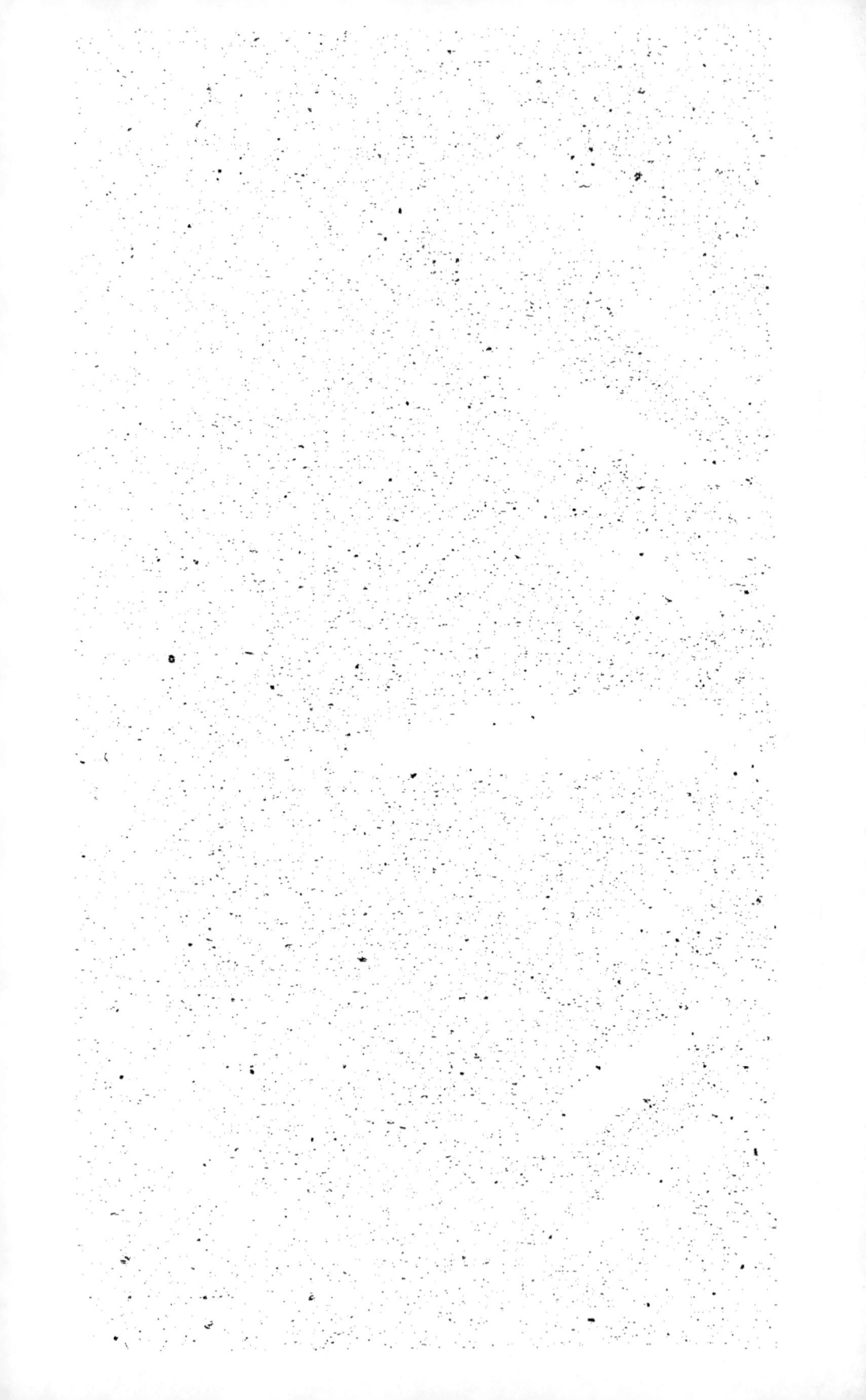

qui vont le plus loin. Elles volent avec les ailes des oiseaux. C'est ainsi que se ressèment une multitude de baies et de fruits à noyaux. Leurs semences sont renfermées dans des croûtes pierreuses qui sont indigestibles. Les oiseaux les avalent, et vont les planter sur les corniches des tours, dans les fentes des-rochers, sur les troncs des arbres, au-delà des fleuves et même des mers. C'est par ce moyen qu'un oiseau des Moluques repeuple de muscadiers les îles désertes de cet archipel, malgré les efforts des Hollandais qui détruisent ces arbres dans tous les lieux où ils ne servent pas à leur commerce. Ce n'est pas ici le moment de parler des rapports des végétaux avec les animaux. Il suffit d'observer en passant, que la plupart des oiseaux ressèment le végétal qui les nourrit. On voit même chez nous des quadrupèdes transporter fort loin les graines des graminées ; tels sont, entre autres, ceux qui ne ruminent pas, comme les chevaux, dont les fumiers gâtent les prairies, par cette raison, en y introduisant quantité d'herbes étrangères, comme la bruyère et le petit genêt dont ils ne digèrent pas les semences. Ils en ressèment encore d'autres qui s'attachent à leurs poils, par le simple mouvement de leurs queues. Il y a de petits quadrupèdes, comme les loirs, les hérissons et les marmottes, qui transportent dans les parties les plus élevées des montagnes, les glands, les faines et les châtaignes.

Il est très-digne de remarque, que les semences
volatiles sont en beaucoup plus grand nombre que
les autres espèces; et en cela on doit admirer les
soins d'une providence qui a tout prévu. Les lieux
élevés pour lesquels elles sont destinées, étoient
exposés à être bientôt dépouillés de leurs végétaux
par la pente de leur sol, et par les pluies qui
tendent sans cesse à les dégrader. Au moyen de la
volatilité des graines, ils sont devenus les lieux de
la terre les plus abondans en plantes : c'est sur les
montagnes que sont les trésors des botanistes.

Nous ne saurions trop le répéter, les remèdes
de la nature sont toujours supérieurs aux obstacles,
et ses compensations au-dessus de ses dons. En
effet, si vous en exceptez les inconvéniens de la
pente, une montagne présente aux plantes la plus
grande variété d'expositions. Dans une plaine elles
ont le même soleil, la même humidité, le même
terrein, le même vent; mais si vous vous élevez
dans une montagne située dans notre latitude,
seulement de vingt-cinq toises de hauteur perpendiculaire, vous changez de climat comme si vous
aviez fait vingt-cinq lieues vers le nord; en sorte
qu'une montagne de douze cents toises perpendiculaires, nous présenteroit une échelle de végétation aussi étendue que celle des douze cents lieues
horizontales qu'il y a à-peu-près d'ici au pôle; l'une
et l'autre se termineroit à une glace perpétuelle.

Chaque pas que l'on fait dans une montagne, en
s'élevant ou en descendant, change notre latitude;
et si on en fait le tour, chaque pas change notre
longitude. On y trouve des points où le soleil se
lève à huit heures du matin; d'autres, à dix heures;
d'autres, à midi. On y rencontre une variété infinie d'expositions, de froides au nord, de chaudes
au midi, de pluvieuses à l'ouest, de sèches à l'est,
sans compter les diverses réflexions de la chaleur,
dans les sables, les rochers, les fonds de vallées
et les lacs, qui les modifient de mille manières.

On doit encore observer, non sans admiration,
que le temps de la maturité de la plupart des semences volatiles arrive vers le commencement de
l'automne; et que, par une suite de cette sagesse
universelle qui fait agir de concert toutes les parties
de la nature, c'est alors que soufflent les grands
vents de la fin de septembre ou du commencement
d'octobre, appelés vents de l'équinoxe. Ces vents
soufflent dans toutes les parties des continens, du
sein des mers aux montagnes qui y sont coordonnées. Non-seulement ils y transportent les graines volatiles qui sont mûres alors; mais ils y joignent d'épais tourbillons de poussière, qu'ils en-
lèvent des terres desséchées par les ardeurs de l'été,
et sur-tout des rivages de la mer, où le mouvement
perpétuel des flots qui s'y brisent et y roulent sans
cesse des caillous, réduit en poudre impalpable

les corps les plus durs. Ces émanations de poussière sont si abondantes en différens lieux ; que je pourrois citer plusieurs vaisseaux qui en ont été couverts à plus de six lieues de la terre, en traversant des golfes. Elles sont si incommodes dans les parties les plus élevées de l'Asie, que tous les voyageurs qui ont été à Pékin, affirment qu'il est impossible de sortir dans les rues de cette ville une partie de l'année, sans avoir un voile sur le visage. Il y a des pluies de poussière qui réparent les sommets des montagnes ; comme il y a des pluies d'eau qui entretiennent leurs sources. Les unes et les autres viennent de la mer, et y retournent par le cours des fleuves qui y portent des tributs perpétuels d'eaux et de sables. Les vents maritimes réunissent leurs efforts vers l'équinoxe de septembre, transportent de la circonférence des continens aux montagnes qui en sont les plus éloignées les semences et les engrais qui s'en sont écoulés, et sèment de prairies, de bosquets et de forêts, les flancs des précipices et les pics les plus élevés. Ainsi, les feuilles, les tiges, les graines, les oiseaux, les saisons, les mers et les vents concourent d'une manière admirable à entretenir la végétation des montagnes.

Je viens de parler des rapports des plantes avec les montagnes ; je suis fâché de ne pouvoir insérer ici les rapports que les montagnes même ont avec

les plantes , comme c'étoit mon intention. Tout ce
que j'en puis dire , c'est que , bien loin que les
montagnes soient des productions ou de la force
centrifuge , ou du feu , ou des tremblemens de
terre , ou du cours des eaux , j'en connois au
moins dix espèces différentes , dont chacune est
configurée de la manière la plus propre à entretenir dans chaque latitude l'harmonie des élémens
par rapport à la végétation. Chacune d'elles a de
plus des végétaux et des quadrupèdes qui lui sont
particuliers , et qu'on ne trouve point ailleurs ; ce
qui prouve évidemment qu'elles ne sont point l'ouvrage du hasard. Enfin , parmi ce grand nombre
de montagnes qui couvrent la plus grande partie
des cinq zônes , et sur-tout de la zône torride et
des zônes glaciales, il n'y en a qu'une seule espèce ,
la moins considérable de toutes , qui présente au
cours des eaux des angles saillans et rentrans en
correspondance. Cependant elle n'est pas plus leur
ouvrage, que le bassin des mers n'est lui-même
un ouvrage de l'Océan. Mais cet intéressant sujet ,
d'une étendue trop considérable pour ce volume ,
appartient d'ailleurs à la géographie.

Passons maintenant aux harmonies des plantes
aquatiques.

Celles-ci ont des dispositions tout-à-fait différentes dans leurs feuilles, dans le port de leurs
branches, et sur-tout dans la configuration de leurs

II.   Dd

semences. La nature, comme je l'ai dit, n'emploie
souvent, pour varier ses harmonies, que des caractères positifs et négatifs. Elle a donné un aqueduc
au pédicule des feuilles des plantes montagnardes;
elle l'ôte à celles qui naissent sur le bord des eaux,
et elle en fait des plantes aquatiques. Celles-ci, au
lieu d'avoir leurs feuilles creusées en gouttières, les
ont unies et lisses, comme les glaïeuls qui les portent
en lames de poignard; ou renflées dans le milieu
en lames d'épée, comme celles du roseau appelé
typha, qui est cette espèce commune dont les Juifs
mirent une tige entre les mains de Jésus-Christ.
Celles des nymphæas sont planes et contournées
en cœur. Quelques-unes de ces espèces affectent
d'autres formes; mais leurs longues queues sont
toujours sans canal. Celles des joncs sont rondes
comme des chalumeaux. Il y a une grande variété
de joncs sur les bords des marais, des ruisseaux et
des fontaines. On en trouve de toutes les tailles,
depuis ceux qui ont la finesse d'un cheveu, jusqu'à
ceux qui croissent dans la rivière de Gênes, qui sont
gros comme des cannes. Quelque différence qu'il
y ait dans l'articulation de leurs brins et de leurs
panicules, ils ont tous dans leur plan une forme
arrondie ou elliptique. Vous ne trouverez que les
espèces qui croissent dans les lieux arides, qui soient
cannelées et creusées à leur surface. Quand la nature
veut rendre les plantes aquatiques susceptibles de

végéter sur les montagnes, elle donne des aqueducs
à leurs feuilles ; mais quand, au contraire, elle veut
placer des plantes de montagne sur le bord des eaux,
elle les leur ôte. L'aloès de rocher a ses feuilles
creusées en échoppe, l'aloès d'eau les a pleines. Je
connois une douzaine d'espèces de fougères de montagne, qui ont toutes une petite cannelure le long
de leurs branches ; et la seule espèce de marais que
je connoisse, en est privée. Le port de ses branches
est aussi fort différent de celui des autres : les premières les dressent vers le ciel, et celle-ci les porte
presque horizontalement.

Si les feuilles des plantes montagnardes sont
agencées de la manière la plus propre à rassembler
à leurs racines les eaux du ciel qu'elles n'ont pas à
discrétion, celles des plantes aquatiques sont disposées souvent pour l'en écarter, parce qu'elles
devoient naître au sein des eaux ou dans leur voisinage. Les feuilles des arbres de rivage, comme celles
des bouleaux, des trembles et des peupliers, sont
attachées à des queues longues et pendantes. Il y en
a d'autres qui portent leurs feuilles disposées en
tuiles, comme les marroniers d'Inde et les noyers.
Celles des plantes qui croissent à l'ombre autour du
tronc des arbres, et qui tirent par leurs racines l'humidité que l'arbre recueille par son feuillage, comme
les haricots et les convolvulus, ont un port semblable. Mais celles qui viennent tout-à-fait à l'ombre

des arbres, et qui n'ont presque point de racines, comme les champignons, ont des feuilles qui, loin de regarder le ciel, sont tournées vers la terre. La plupart sont faits en dessus en parasol épais, pour empêcher le soleil de dessécher le terrein où ils croissent, et ils sont divisés en dessous en feuillets minces, pour recevoir les vapeurs qui s'en exhalent, à-peu-près comme ceux de la roue horizontale d'une pompe à feu reçoivent les émanations de l'eau bouillante qui la font tourner. Ils ont encore plusieurs autres moyens de s'abreuver de ces exhalaisons. Il y en a des espèces nombreuses qui sont doublées de tuyaux, d'autres sont rembourrées d'éponges. Il y en a dont le pédicule est creux en dedans, et qui, portant un chapiteau au-dessus, y rassemblent les émanations de leur sol, comme dans un alambic. Ainsi il n'y a pas une vapeur de perdue dans l'univers.

Ce que je viens de dire des formes renversées des champignons, de leurs feuillets, des tuyaux et des éponges dont ils sont doublés pour recevoir les vapeurs qui s'exhalent de la terre, confirme ce que j'ai avancé sur l'usage des feuilles des plantes de montagne creusées en gouttières, ou agencées en pinceau ou en éventail, pour recevoir les eaux du ciel. Mais les plantes aquatiques qui n'avoient pas besoin de ces récipiens, parce qu'elles viennent dans l'eau, ont pour ainsi dire des feuilles répul-

sives. Je présenterai ici un objet de comparaison
bien propre à convaincre de la vérité de ces principes : par exemple, le buis des montagnes et le
caprier des rochers, ont leurs feuilles creusées en
cuilleron ; mais la canneberge des marais, ou *vac-
cinia palustris*, qui en a pareillement de concaves, les
porte renversées, la concavité tournée vers la terre.
J'ai reconnu à ce caractère négatif, pour une plante
de marais, une plante rare du Jardin des Plantes,
que je voyois pour la première fois. C'est le *lætum
palustre* qui croît dans les marais du pays de Labra-
dor. Ses feuilles, faites comme de petites cuillers à
café, sont toutes renversées ; leur convexité regarde
le ciel. La lentille d'eau de nos marais a, ainsi que
le typha de nos rivières, le milieu de sa feuille
renflé.

Les botanistes, en voyant des feuilles à-peu-près
semblables dans les plaines, sur le bord des eaux
et au haut des montagnes, n'ont pas soupçonné
qu'elles pussent servir à des usages si différens. Plusieurs d'entre eux ont sans doute de grandes lumières, mais elles leur deviennent inutiles, parce
que leur méthode les force de marcher par un seul
chemin, et que leur système ne leur indique qu'un
seul genre d'observation. Voilà pourquoi leurs collections les plus nombreuses ne présentent souvent
qu'une simple nomenclature. L'étude de la nature
n'est qu'esprit et intelligence. Son ordre végétal est

un livre immense dont les plantes forment les pensées, et les feuilles de ces mêmes plantes, les lettres.
Il n'y a pas même un grand nombre de formes primitives dans les caractères de cet alphabet; mais de
leurs divers assemblages elle forme, ainsi que nous
avec les nôtres, une infinité de pensées différentes.
Ainsi qu'à nous, pour changer totalement le sens
d'une expression, il ne lui faut souvent changer
qu'un accent. Elle met des joncs, des roseaux, des
arums à feuillage lisse et à pédicule plein, sur les
bords des rivières; elle ajoute à la feuille un aqueduc, elle en fait des joncs, des roseaux et des arums
de montagne.

Il faut cependant bien se garder de généraliser
ces moyens; autrement, ils ne tarderoient pas à
nous faire méconnoître sa marche. Par exemple,
quelques botanistes ayant soupçonné que les feuilles
de quelques plantes pouvoient bien servir à recueillir
l'eau des pluies, ont cru en apercevoir l'usage dans
celle du dipsacus, ou chardon de bonnetier. Il étoit
aisé de s'y tromper, car elles sont opposées et réunies à leurs bases; en sorte que quand il a plu, elles
présentent des réservoirs qui contiennent bien chacun un demi-verre d'eau, et qui sont disposés par
étages le long de sa tige. Mais ils devoient considérer premièrement, que le dipsacus croît naturellement sur les bords des eaux, et que la nature
ne donne point de réservoirs d'eau à une plante

aquatique. Ce seroit, comme dit le proverbe, porter
de l'eau à la rivière. Secondement, ils pouvoient
observer que les étages formés par les feuilles opposées du dipsacus, loin d'être des réservoirs, sont
au contraire des dégorgeoirs qui écartent l'eau des
pluies de ses racines à neuf ou dix pouces de chaque
côté, par l'extrémité de ses feuilles. Elles ressemblent à quelques égards aux gouttières que nous
mettons en saillie au-dessus de nos maisons, ou à
celles qui sont formées par les cornes de nos chapeaux, qui servent à écarter de nous les eaux des
pluies, et non pas à les rapprocher. D'ailleurs, l'eau
qui reste dans les ailerons des feuilles du dipsacus,
ne peut jamais descendre à la racine de la plante,
puisqu'elle y est retenue comme dans le fond d'un
vase. Elle ne seroit pas même propre à l'arroser,
car Pline prétend qu'elle est salée. La sarrasine,
qui croît dans les marais tremblans et mousseux du
Canada, porte à sa base deux feuilles faites comme
les moitiés d'un buccin scié dans sa longueur. Elles
sont toutes deux concaves; mais elles ont à leur
extrémité la plus éloignée de la plante, une espèce
de bec fait en dégorgeoir. L'eau qui reste dans les
vases de ces plantes aquatiques, est peut-être destinée à abreuver les petits oiseaux, qui se trouvent
quelquefois bien embarrassés pour boire dans les
débordemens des eaux. Il faut bien distinguer les
caractères élémentaires des plantes, de leurs carac-

tères relatifs. La nature oblige l'homme qui l'étudie
de ne pas s'en tenir aux apparences extérieures, et
pour former son intelligence, de remonter des
moyens qu'elle emploie aux fins qu'elle se propose.
Si quelques plantes aquatiques semblent offrir dans
leurs feuillages quelques caractères de plantes de
montagne, il y en a dans les montagnes qui semblent
en présenter de pareilles à celles des eaux; tel est,
par exemple, le genêt. Il porte des feuilles si petites
et en si petit nombre, qu'elles paroissent insuffi-
santes pour recueillir les eaux nécessaires à son
accroissement, d'autant plus qu'il naît dans les sols
les plus arides. La nature l'a dédommagé d'une autre
manière. Si ses feuilles sont petites, ses racines sont
fort longues. Elles vont chercher la fraîcheur à une
grande distance. J'en ai vu tirer de terre qui avoient
plus de vingt pieds de longueur; encore fut-on
obligé de les rompre sans en pouvoir trouver le
bout. Cela n'empêche pas que ses feuilles rares
n'aient le caractère montagnard; car elles sont concaves, se dirigent vers le ciel, et sont alongées
comme les becs inférieurs des oiseaux.

La plupart des végétaux aquatiques rejettent l'eau
loin d'eux, les uns par leur port: tels sont les bouleaux, dont les branches, loin de se dresser vers le
ciel, se jettent en arcade. Autant en font le marronier et le noyer, à moins que ces arbres n'aient altéré
leur attitude naturelle en croissant sur des sols

arides. Pour l'ordinaire, leur écorce est lisse comme aux bouleaux, ou écailleuse comme aux marroniers; mais elle n'est pas sillonnée en gouttière comme celle de l'orme ou du pin des montagnes. D'autres ont en eux une qualité répulsive : telles sont les feuilles des nymphæas et de plusieurs espèces de choux, où les gouttes d'eau se rassemblent comme des gouttes de vif-argent. Il y en a même qu'on a bien de la peine à mouiller : telles sont les tiges de plusieurs espèces de capillaires. Le laurier porte sa qualité répulsive jusqu'à écarter, dit-on, la foudre. Si cette qualité, fort vantée par les anciens, est bien constatée, il la doit sans doute à sa nature d'arbre fluviatile. Cet arbre croît en abondance sur les rivages des fleuves de la Thessalie. Un voyageur, appelé le sieur de la Guilletière (1), dit, dans une relation fort agréablement écrite, qu'il n'a vu nulle part d'aussi beaux lauriers que le long du fleuve Pénée. C'est peut-être ce qui a fait imaginer la métamorphose de Daphné, fille de ce fleuve, qu'Apollon changea en laurier. Cette propriété répulsive de quelques arbres et de quelques plantes aquatiques, me fait présumer qu'on pourroit les employer autour des maisons pour en écarter les orages, d'une manière plus sûre et plus agréable que les conducteurs

---

(1) *Voyez* le Voyage de Lacédémone, par le sieur de la Guilletière.

électriques, qui ne les dissipent qu'en les attirant dans leur voisinage. On pourroit encore s'en servir utilement pour dessécher les marais, comme on pourroit se servir des qualités attractives de plusieurs végétaux de montagne, pour former des sources sur les hauteurs, et pour y rassembler les vapeurs qui nagent dans l'air. Peut-être n'y a-t-il de marais infects sur le globe que dans les lieux où les hommes ont détruit les plantes dont les racines absorboient les eaux de la terre, et dont les feuillages repoussoient celles du ciel.

Je ne veux pas dire toutefois que les feuilles des plantes aquatiques n'aient d'autres usages ; car qui est-ce qui connoît les vues innombrables de la nature ? A qui la source de la sagesse a-t-elle été révélée, et qui est-ce qui a épuisé ses ruses ? *Radix sapientiæ cui revelata est, et astutias illius quis agnovit* (1) ? En général, les feuilles des plantes aquatiques paroissent propres, par leur extrême mobilité, à renouveler l'air des lieux humides, et à produire par leurs mouvemens les dessèchemens dont nous venons de parler. Telles sont celles des roseaux, des peupliers, des trembles, des bouleaux, et même des saules, qui se remuent quelquefois sans qu'on s'aperçoive du moindre vent. Il est encore remarquable que la plupart de ces végétaux, entre autres

(1) Ecclésiastique, chap. 1, v. 6.

les peupliers et les bouleaux, sentent fort bon, sur-tout au printemps, et que beaucoup de plantes aromatiques croissent sur le bord de l'eau, comme la menthe, la marjolaine, le souchet, le jonc odorant, l'iris, le calamus aromaticus; et aux Indes, les arbres à épices, tels que le cannelier, le muscadier et le giroflier. Leurs parfums doivent contribuer puissamment à affoiblir le méphitisme naturel aux lieux marécageux et humides. Elles ont aussi bien des usages relatifs aux animaux, comme de donner des ombrages aux poissons, qui viennent y chercher des abris dans les ardeurs du soleil.

Mais voici ce que nous pouvons conclure, pour l'utilité de nos cultures, de ces diverses observations. C'est que lorsqu'on cultive des plantes dont le pédicule des feuilles ne porte point l'empreinte d'un canal, il faut leur donner beaucoup d'eau; car alors elles sont aquatiques de leur nature. La capucine, la menthe et la marjolaine, qui viennent sur les bords des ruisseaux, en consomment une quantité prodigieuse. Mais lorsque les plantes ont un canal, il faut leur en donner peu, parce que ce sont des plantes de montagnes. Plus ce canal est profond, moins il faut leur en donner. Tous les jardiniers savent que si on arrose fréquemment l'aloès ou le cierge du Pérou, on le fait mourir.

Les graines des plantes aquatiques ont des formes

qui ne sont pas moins assorties que celle de leurs
feuilles, aux lieux où elles doivent naître : elles sont
toutes construites de la manière la plus propre à
voguer. Il y en a de façonnées en coquilles, d'autres
en bateaux, en balses, en bacs, en pirogues simples,
en doubles pirogues, semblables à celles de la mer
du Sud. Je ne doute pas qu'en étudiant cette seule
partie, on ne fît une multitude de découvertes très-
curieuses sur l'art de traverser toutes sortes de courans; et je suis persuadé que les premiers hommes,
qui observoient mieux que nous, ont pris leurs différentes manières de voguer d'après ces modèles de
la nature, dont nous ne sommes, dans nos prétendues inventions, que de foibles imitateurs. Le
pin aquatique ou maritime a ses pignons renfermés dans des espèces de petits sabots osseux, cré-
nelés en dessous, et recouverts en dessus d'une
pièce semblable à une écoutille. Le noyer, qui se
plaît tant sur les rivages des fleuves, a son fruit entre
deux esquifs posés l'un sur l'autre. Le coudrier,
qui devient si touffu sur le bord des ruisseaux,
l'olivier, qui aime tant les rivages de la mer qu'il
dégénère à mesure qu'il s'en éloigne, portent leur
semence enclose dans des espèces de tonneaux susceptibles des plus longs trajets. La baie rouge de
l'if, qui se plaît dans les montagnes froides et humides, sur le bord des lacs, est creusée en grelot.
Cette baie en tombant de l'arbre est entraînée

d'abord par sa chute au fond de l'eau; mais elle
revient aussi-tôt au-dessus au moyen d'un trou
que la nature a ménagé en forme de nombril au-
dessus de sa graine. Il s'y loge une bulle d'air qui
la ramène à la surface de l'eau par un mécanisme
plus ingénieux que celui de la cloche du plongeur,
en ce que dans celle-ci le vide est en dessous,
et dans la baie de l'if il est en dessus. Les formes
des graines des herbes aquatiques sont encore plus
curieuses ; car par-tout la nature redouble d'industrie pour les petits et les foïbles. Celle des
joncs ressemble à des œufs d'écrevisse ; celle du
fenouil est un véritable canot en miniature, creusé
en cale avec deux proues relevées. Il y en a d'autres
encastrées dans des brins qui ressemblent à des
pièces de bois flotté et vermoulu : telles sont celles
du pavot cornu. Celles qui sont destinées à germer
sur le bord des eaux qui n'ont point de courans,
vont à la voile : telle est la semence d'une scabieuse
de ce pays, qui croît sur les bords des marais. A la
différence de celles des autres espèces de scabieuses,
qui sont couronnées de poils crochus, pour s'accrocher à ceux des animaux qui les transplantent,
celle-ci est surmontée d'une demi-vessie ouverte et
posée à son sommet comme une gondole. Cette
demi-vessie lui sert à-la-fois de voile et de véhicule.
Ces moyens de natation, quoique très-variés, sont
communs, dans tous les climats, aux graines des

plantes aquatiques. L'amande de l'Amazone, appelée totocque, est renfermée dans deux coques tout-à-fait semblables à deux écailles d'huître. Un autre fruit du même rivage, rempli d'amandes, ressemble parfaitement, par la couleur et la forme, à un pot de terre avec son couvercle (1). On l'appelle marmite de singe. Il y en a d'autres façonnées en grosses bouteilles, comme les fruits du calebassier. D'autres graines sont enduites d'une cire qui les fait surnager ; telles sont les baies de l'arbre de cire, ou piment royal des rivages de la Louisiane. La pomme si redoutée de mancenille, qui croît sur les grèves maritimes des îles situées entre les tropiques, et les fruits du manglier, qui y naît immédiatement dans l'eau salée, sont presque ligneux. Il y en a d'autres dont les coques sont semblables à des oursins de mer, sans pointes. Plusieurs sont accouplés, et voguent comme les doubles pirogues ou les balses de la mer du Sud. Tel est le double coco des îles Séchelles.

Si on examine les feuilles, les tiges, les attitudes et les semences des plantes aquatiques, on y remarquera toujours des caractères relatifs aux lieux où elles doivent naître, et concordans entre eux ; en sorte que si la graine a une forme nautique, ses feuilles sont sans aqueduc : tout comme dans les

---

(1) *Voyez* les gravures de la plupart de ces graines, dans Jean de Laet, Histoire des Indes occidentales.

Pl. IX. Feuilles sans acqueduc & Graines Nautiques.

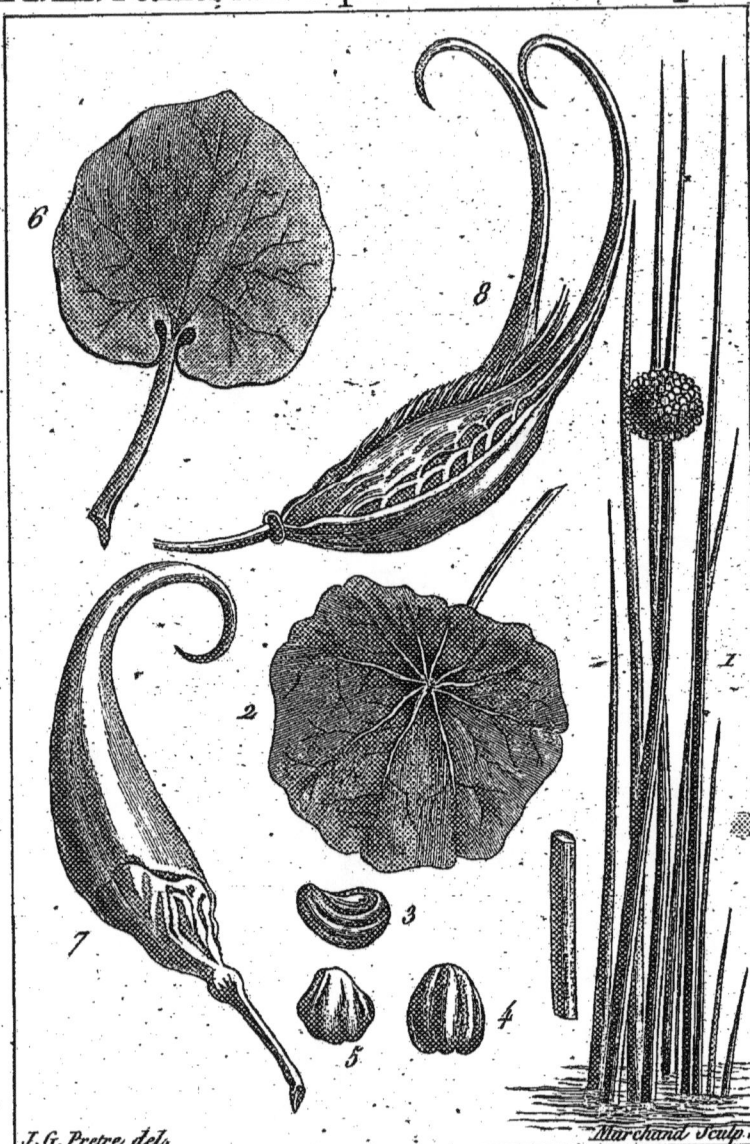

J.G.Pretre del.

Marchand Sculp.

1. Jonc des Marais. 2. Feuille de Capucine. 3.4.5. Graines
de Capucine vues sous trois faces. 6. Feuille de Martinia
7. Fruit du Martinia avant sa maturité et dont on a enlevé
une partie de l'écorce. 8. Le même après sa maturité,
c'est-à-dire ouvert et privé de toute son écorce.

plantes de montagne, si la graine est volatile, le
pédicule de la feuille ou la feuille entière présente
une gouttière. Je prendrai pour exemple des con-
cordances nautiques des plantes, la capucine, qui
est entre les mains de tout le monde. Cette plante,
qui porte des fleurs si agréables, est un cresson des
ruisseaux du Pérou. Il faut d'abord observer que les
queues de ses feuilles sont sans aqueduc, comme
celles de toutes les plantes aquatiques ; elles sont
implantées au milieu des feuilles qu'elles portent en
forme de parapluies, pour écarter d'elles les eaux
du ciel. Sa graine fraîche a précisément la forme
d'un bateau. La partie supérieure en est relevée en
talus, comme un pont pour l'écoulement des eaux ;
et on distingue parfaitement, dans la partie inférieure, une poupe et une proue, une carène et une
quille (*Voyez les planches*). Les sillons de la graine
de capucine sont des caractères communs à la plupart des graines nautiques, ainsi que les formes
triangulaires et celles de rein ou carénées. Ces
sillons, sans doute, les empêchent de rouler en
tous sens, les obligent de flotter suivant leur longueur, et leur donnent la direction la plus propre à
prendre le fil de l'eau et à passer par les plus petits
détroits. Mais elles ont un caractère encore plus
général, c'est qu'elles surnagent dans leur maturité :
ce qui n'arrive pas aux graines destinées à naître
dans les plaines, comme aux pois et aux lentilles,

qui coulent à fond. Cependant quelques espèces,
comme les haricots, coulent d'abord au fond de
l'eau, et surnagent quand elles en sont pénétrées.
Il y en a d'autres, au contraire, qui flottent d'abord,
et qui ensuite vont à fond. Telle est la fève d'Egypte
ou la semence de la colocasie, qui croît dans les
eaux du Nil. On est obligé, pour semer celle-ci, de
l'enfoncer dans un petit morceau de terre : après
quoi, on la jette à l'eau. Sans cette précaution, il
n'en resteroit pas une sur les rivages où on veut la
faire croître. La natabilité des semences aquatiques
est sans doute proportionnée à la longueur des
voyages qu'elles doivent faire, et à la différente
pesanteur des eaux où elles doivent surnager. Il y
en a qui flottent dans l'eau de mer, et qui coulent à
fond dans l'eau douce, plus légère que l'eau de mer
d'un trente-deuxième : tant les balances de la nature
ont de précision ! Je crois que les fruits du marronier d'Inde, qui vient sur les bords des criques
salées de l'Asie, sont dans ce cas. Enfin, je suis si
convaincu de toutes les relations que la nature a
établies entre ses ouvrages, que je ne doute pas que
le temps où les semences des plantes aquatiques
tombent, ne soit réglé, dans la plupart, sur celui
où les fleuves où elles croissent se débordent.

C'est une spéculation bien digne de la philosophie, de se représenter ces flottes végétales voguer
nuit et jour le long des ruisseaux, et aborder sans

pilotes sur des plages inconnues. Il y en a qui, par
les débordemens des eaux, s'égarent quelquefois
dans les campagnes. J'en ai vu accumulées les unes
sur les autres dans le lit des torrens, offrir autour de
leurs cailloux où elles avoient germé, des flots de
verdure du plus beau vert de mer. On eût dit que
Flore, poursuivie par quelque Fleuve, avoit laissé
tomber son panier dans l'urne de ce dieu. D'autres,
plus heureuses, parties des sources de quelque fontaine, s'engagent dans le cours des grands fleuves,
et viennent embellir leurs bords d'une verdure qui
leur est étrangère. Il y en a qui traversent le vaste
Océan, et après de longues navigations, sont pous-
sées par les tempêtes même sur des plages qu'elles
enrichissent. Tels sont les doubles cocos des îles
Séchelles ou Mahé, que la mer porte régulièrement
chaque année à quatre cents lieues de là, sur la
côte Malabare. Les Indiens qui l'habitent ont cru
long-temps que ces présens de la mer étoient les
fruits d'un palmier qui croissoit sous ses flots. Ils
leur ont donné le nom de cocos marins. Ils leur
attribuoient des vertus merveilleuses; ils les esti-
moient autant que l'ambre gris, et ils y mettoient
un prix si considérable, que plusieurs de ces fruits
y ont été vendus jusqu'à mille écus la pièce. Mais
les Français ayant découvert, il y a quelques années,
l'île Mahé qui les produit, qui est située par le cinquième degré de latitude sud, en ont porté une si

grande quantité aux Indes , qu'ils leur ont ôté à la
fois leur prix et leur réputation ; car les hommes par
tout pays , n'estiment que ce qui est rare et mystérieux.

Dans toutes les îles où l'œil du voyageur a pu
voir les dispositions primordiales de la nature , il a
trouvé leurs rivages couverts de végétaux , dont les
fruits ont tous des caractères nautiques. Jacques
Cartier et Champlain représentent les grèves des lacs
de l'Amérique septentrionale , ombragées de magnifiques noyers. Homère , qui a si bien étudié la nature
dans un temps et dans des lieux où elle avoit encore
sa beauté virginale , met des oliviers sauvages sur les
bords de l'île où Ulysse , flottant sur un radeau , est
jeté par la tempête. Les marins qui ont fait les premières découvertes dans les mers des Indes orientales , y ont trouvé souvent des écueils plantés de
cocotiers. La mer jette tant de semences de fenouil
sur les rivages de Madère , qu'une de ses baies en a
pris le nom de baie de Funchal ou de Fenouil. C'est
par le cours de ces semences nautiques , trop peu
observé par nos marins modernes , que les Sauvages
découvrirent autrefois les îles qui étoient au vent
des terres qu'ils habitoient. Ils soupçonnèrent un
arbre au loin , en voyant son fruit échoué sur leurs
rivages. Ce fut par de pareils indices que Christophe
Colomb s'assura qu'il existoit un autre monde ; mais
les vents et les courans de l'ouest dans la mer du

Pl. X . Feuilles sans acqueduc & Graines Nautiques.

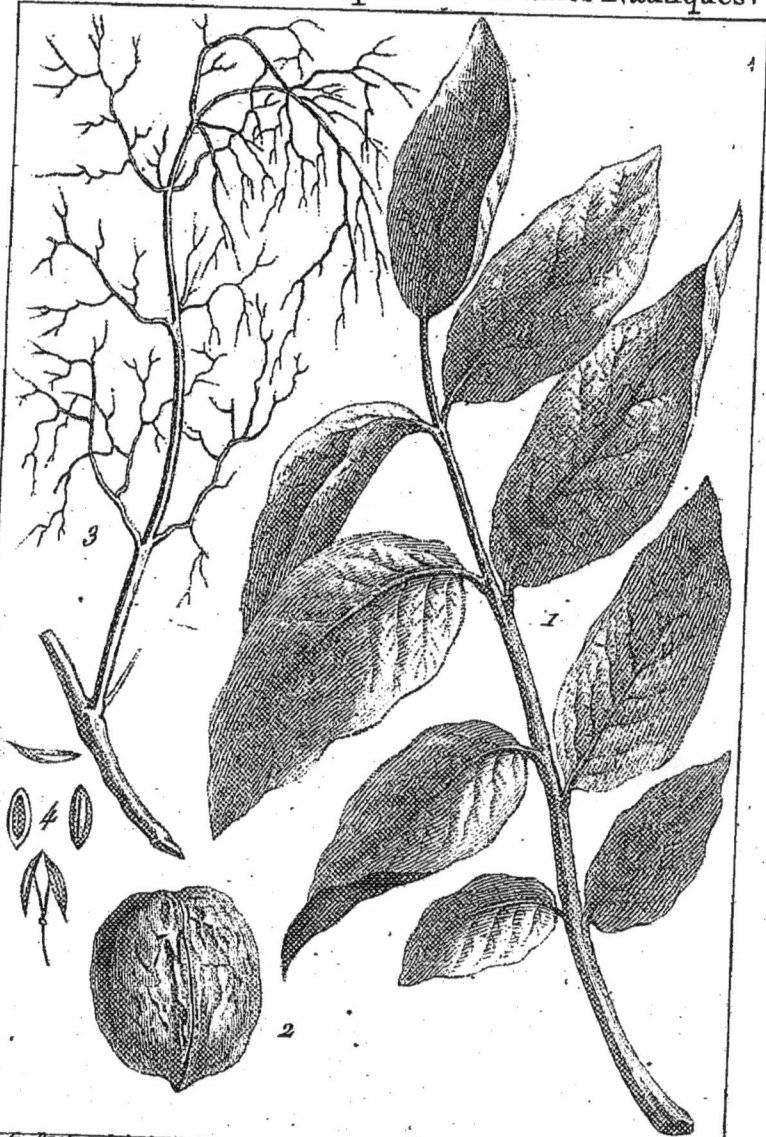

1 . Feuille du Noyer. 2 . Fruit du Noyer .
3 . Feuille de Fenouil. 4 . Graines de Fenouil.
sous quatre aspects.

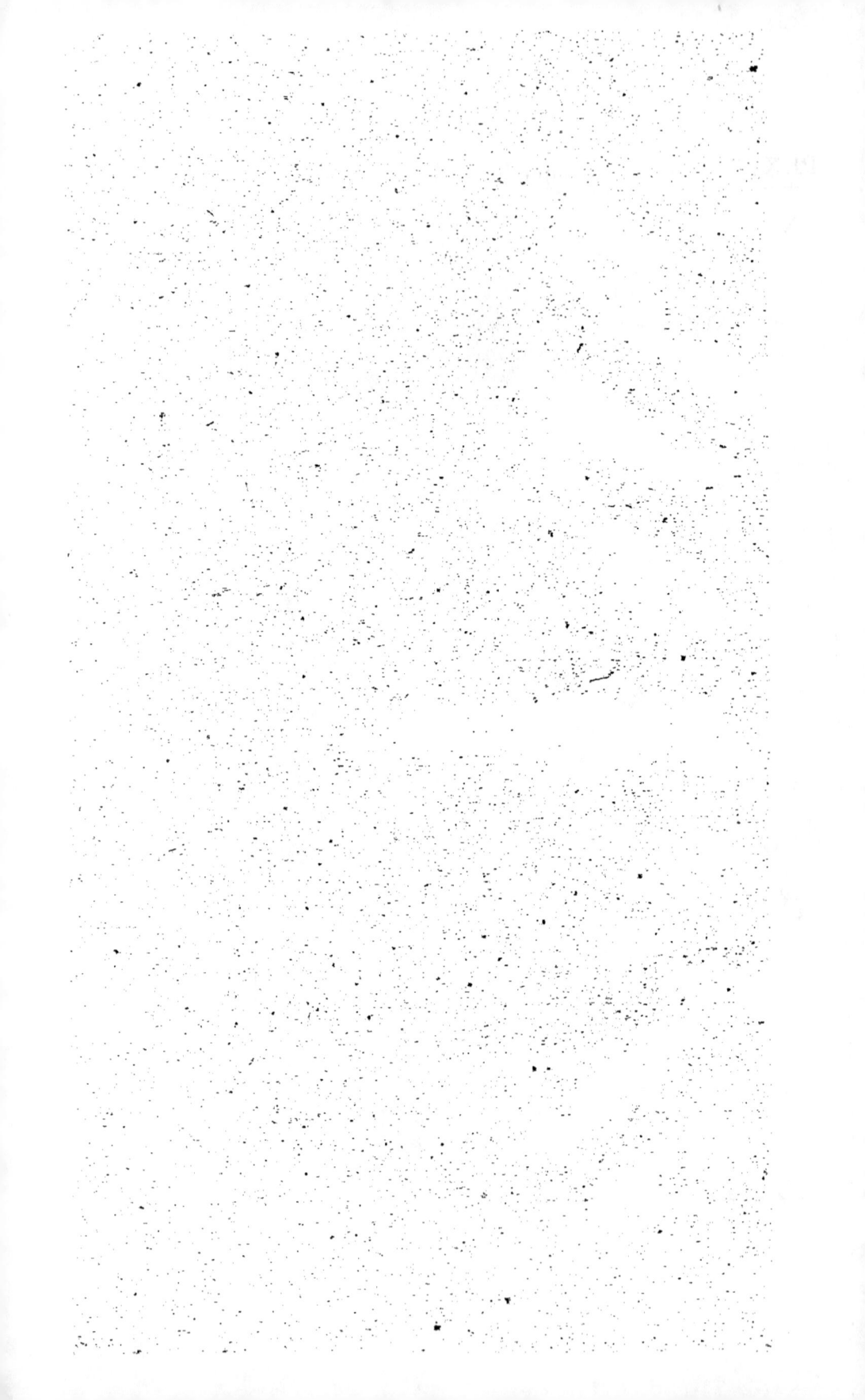

Sud, les avoient portés long-temps auparavant aux peuples de l'Asie, comme j'en pourrai dire quelque chose à la fin de cette Etude.

Il y a encore des végétaux amphibies; la nature les a disposés de manière qu'une partie de leur feuillage se dresse vers le ciel, et l'autre forme l'arcade et se penche vers la terre. Elle a aussi donné à leurs graines de pouvoir voler et nager à la fois. Tel est le saule, dont la semence est enveloppée d'une bourre araigneuse, que les vents transportent au loin, et qui surnage dans l'eau sans se mouiller, comme le duvet des canards. Cette bourre est composée de petites capsules en cul-de-lampe et à deux becs, remplies de semences surmontées d'aigrettes : de sorte que le vent transporte ces capsules en l'air et les fait voguer aussi sur la surface de l'eau. Cette configuration étoit très-convenable aux véhicules des semences des plantes qui croissent sur le bord des eaux stagnantes et des lacs. Elle est la même dans les semences du peuplier ; mais celles de l'aulne, qui croît sur le bord des fleuves, n'ont point d'aigrettes, parce que les fleuves ont des courans qui les charrient. Celles du sapin et du bouleau ont à la fois des caractères volatils et nautiques ; car le sapin a son pignon attaché à une aile membraneuse, et le bouleau a sa graine accolée à deux ailes qui lui donnent l'apparence d'une petite coquille. Ces arbres croissent à la fois dans les montagnes hyémales et sur les bords des lacs du nord ; leurs semences avoient besoin, non-seulement de voguer sur des eaux stagnantes, mais d'être transportées en l'air sur les neiges, au milieu desquelles ils se plaisent. Je ne doute pas qu'il n'y ait des espèces de ces arbres dont les semences sont tout-à-fait nautiques. Le tilleul porte les siennes dans un corps sphérique, semblable à un petit boulet : ce boulet est attaché à une longue queue, de l'extrémité de laquelle descend obliquement une foliole fort alongée, avec laquelle le vent l'emporte au loin en pirouettant. Quand il tombe dans l'eau, il y plonge de la longueur d'un pouce, et sert en quelque sorte de lest à sa queue et à la foliole qui y est attachée, qui, se trouvant dans une situation verticale, font alors la fonction d'un mât et d'une voile. Mais l'examen de tant de variétés curieuses nous meneroit trop loin.

Ce seroit ici le lieu de parler des racines des végétaux ; mais je connois peu ce qui se passe sous la terre. D'ailleurs, dans toutes les latitudes, sur les hauteurs comme sur le bord des eaux, on trouve à-peu-près les mêmes matières ; des vases, des sables, des terres franches, des rochers, ce qui doit entraîner beaucoup plus de ressemblance dans les racines des plantes, qu'il n'y en a dans le reste de leur végétation. Je ne doute pas cependant que la nature n'ait établi à ce sujet des relations très-utiles à connoître, et qu'un cultivateur un peu exercé ne puisse, en voyant la racine d'un végétal, déterminer l'espèce de terroir qui lui est propre. Celles qui sont fort chevelues paroissent convenir aux sables. Le cocotier, qui est un très-grand arbre des rivages de la zône torride, vient dans des sables tout purs, qu'il entrelace d'une quantité si prodigieuse de chevelu, qu'il en forme autour de lui une masse solide. C'est sur cette base qu'il résiste aux plus violentes tempêtes, au milieu d'un terrein mouvant. Ce qu'il y a de remarquable à ce sujet, c'est qu'il ne réussit bien que dans le sable du bord de la mer, et qu'il languit ordinairement dans l'intérieur des terres. Les îles Maldives, qui ne sont pour la plupart que des écueils sablonneux, sont les lieux de l'Asie les plus renommés par l'abondance et la beauté de leurs cocotiers. Il y a d'autres végétaux de rivage dont les racines tracent comme des cordes. Cette configuration les rend très-propres à en lier les terres, et à les défendre contre les eaux. Tels sont, chez nous, les aulnes, les roseaux, mais surtout une espèce de chiendent que j'ai vu entretenir avec grand soin en Hollande, le long des digues. Les plantes bulbeuses paroissent se plaire pareillement dans les vases molles, où elles ne peuvent enfoncer par la rondeur de leurs bulbes. Mais l'orme étend ses racines sur les pentes des montagnes, où il se plaît, et le chêne y enfonce ses gros pivots pour en retenir les couches. D'autres plantes con-

servent sur les hauteurs, par leur feuillage rampant
et leurs racines superficielles, les émanations de
poussière que les vents y déposent. Telle est l'*anemona-nemorosa*. Si vous en trouvez un pied sur une
colline, dans un bois qui ne soit pas trop fréquenté,
vous pouvez être sûr qu'elle se répand comme un
réseau dans toute l'étendue de ce bois.

Il y a des arbres dont les troncs et les racines sont
admirablement contrastés avec des obstacles qui
nous paroissent accidentels, mais que la nature a
prévus. Par exemple, le cyprès de la Louisiane croît
le pied dans l'eau, principalement sur les bords du
Méchassipi, dont il borde magnifiquement les vastes
rivages. Il s'y élève à une hauteur qui surpasse celle
de presque tous les arbres de l'Europe (1). La nature
a donné au tronc de ce grand arbre jusqu'à trente
pieds de circonférence, afin qu'il fût en état de
résister aux glaces des lacs du nord, qui se déchargent
dans ce fleuve, et aux trains de bois prodigieux qui
y sont entraînés, et qui en ont tellement obstrué la
plupart des embouchures, qu'on n'y peut naviguer
avec des vaisseaux d'un port un peu considérable.
Et pour qu'on ne puisse douter qu'elle n'ait destiné l'épaisseur de son tronc à résister au choc des
corps flottans, c'est qu'à six pieds de hauteur elle

_____

(1) Voyez le Père Charlevoix, Histoire de la Nouvelle-
France, tome 4.

en diminue tout-à-coup la proportion d'un tiers,
comme étant superflue à cette élévation ; et pour la
garantir d'une autre manière plus avantageuse, elle
fait sortir de la racine de l'arbre, à quatre ou cinq
pieds de distance tout autour, plusieurs gros chi-
cots, qui ont depuis un pied de hauteur jusqu'à
quatre : ce ne sont point des rejetons, car leur tête
est lisse, et ne porte ni feuilles ni branches ; ce sont
de véritables brise-glaces. Le tupelo, autre grand
arbre de la Caroline, qui croît aussi sur le bord de
l'eau, mais dans des criques, a à-peu-près les mêmes
proportions dans sa base, à l'exception des brise-
glaces ou estacades. Les graines de ces arbres sont
cannelées, comme j'ai dit qu'étoient en général les
graines aquatiques ; et celle du cyprès de la Louisiane diffère considérablement, par sa forme nautique, de celle du cyprès des montagnes d'Europe,
qui est volatile. Ces observations sont d'autant plus
dignes de foi, que le Père Charlevoix, qui les rapporte en partie, n'en tire aucune conséquence,
quoiqu'il fût bien capable d'en interpréter l'usage.

On doit sentir combien il est important de lier
l'étude des plantes avec celle des autres ouvrages
de la nature. On peut connoître par leurs fleurs,
l'exposition du soleil qui leur convient ; par leurs
feuilles, la quantité d'eau qui leur est nécessaire ;
par leurs racines, le sol qui leur est propre ; et par
leurs fruits, les lieux où elles doivent naître, et de

nouveaux rapports avec les animaux qui s'en nourrissent. J'entends par fruit, ainsi que les botanistes,
toute espèce de semence.

Le fruit est le caractère principal de la plante.
On en peut juger d'abord par les soins que la nature
prend pour le former et pour le conserver. Il est le
dernier terme de ses productions. Si vous examinez
dans un végétal les enveloppes qui renferment ses
feuilles, ses fleurs et ses fruits, vous trouverez une
progression merveilleuse de soins et de précautions.
Les simples bourgeons à feuilles sont aisés à reconnoître à la simplicité de leurs étuis : il y a même
des plantes qui n'en ont pas, comme les pousses
des graminées qui sortent immédiatement de terre,
et n'ont besoin d'aucune protection étrangère. Mais
les bourgeons qui contiennent des fleurs ont des
graines rembourrées de duvet, comme ceux du
pommier ; ou enduites de glu à l'extérieur, comme
ceux des marroniers d'Inde ; ou sont renfermés
dans des sachets, comme les fleurs du narcisse ; ou
garantis de manière qu'ils sont très-reconnoissables,
même avant leur développement. Vous voyez ensuite
que l'appareil de la fleur est entièrement destiné à
la fécondation du fruit ; et quand celui-ci est une
fois formé, la nature redouble de précautions au-
dedans et au-dehors pour sa conservation. Elle lui
donne un placenta ; elle l'enveloppe de pellicules,
de coques, de pulpes, de gousses, de capsules,

de brou, de cuirs, et quelquefois d'épines; une
mère n'a pas plus d'attentions pour le berceau de
son enfant. Ensuite, afin qu'il aille chercher à s'établir dans le monde, elle le couronne d'aigrettes ou
l'enferme dans une coquille : elle lui donne des
ailes pour s'envoler, ou un bateau pour voguer.

Il y a quelque chose encore de plus marqué en
faveur du fruit; c'est que la nature varie souvent les
feuilles, les fleurs, les tiges et les racines d'une
plante; mais le fruit reste constamment le même,
sinon quant à sa forme, du moins quant à sa substance essentielle. Je suis persuadé que quand il lui a
plu de créer un fruit, elle a voulu qu'il pût se
reproduire sur les montagnes, dans les plaines, au
milieu des rochers, dans les sables, sur les bords
des eaux et sous différentes latitudes; et pour l'y
rendre propre, elle a varié les arrosoirs, les miroirs,
les ados, les supports, l'attitude et la fourrure du
végétal, suivant le soleil, les pluies, les vents et
le territoire. Je crois que c'est à cette intention qu'il
faut attribuer la variété prodigieuse d'espèces dans
chaque genre, et le degré de beauté où chacune
d'elles parvient quand elle est dans son site naturel. Ainsi, quand elle a formé la châtaigne pour
venir dans les montagnes pierreuses du midi de
l'Europe, et y suppléer au froment qui n'y réussit
guère, elle l'a placée sur un arbre qui y devient
magnifique par ses convenances. J'ai mangé des

fruits des châtaigniers de l'île de Corse : ils sont gros
comme de petits œufs de poule, et excellens. J'ai
lu dans un voyageur moderne la description d'un
châtaignier qui a crû en Sicile sur une croupe du
mont Etna ; il a un feuillage si étendu, que cent
cavaliers peuvent se reposer à l'aise sous son ombre.
On l'appelle, pour cette raison, *centum cavallo*. Le
Père Kircher assure avoir vu sur la même montagne, dans un lieu appelé *Trécastagne*, trois châtaigniers si prodigieusement gros, que lorsqu'on les
eut abattus, on pouvoit mettre un troupeau entier
à l'abri sous leur écorce. Les bergers s'en servoient
la nuit, dans le mauvais temps, au lieu d'étable. La
nature a donné à ce grand végétal de recueillir sur
les montagnes escarpées les eaux de l'atmosphère
avec ses feuilles en forme de langues, et de péné-
trer de ses fortes racines jusque dans le lit des sources, malgré l'épaisseur des laves et des rochers. Il
lui a plu ensuite de faire croître son fruit avec de
l'amertume, pour l'usage de quelque animal, sur
les bords des criques salées et des bras de mer de
l'Asie. Elle a donné à l'arbre qui le porte, des feuilles
disposées en tuile, une écorce écailleuse, des fleurs
différentes de celles du châtaignier, mais convenables, sans doute, aux exhalaisons humides et aux
aspects du soleil auxquels il est exposé. Elle en a
fait le marronier d'Inde. Il vient dans son pays
natal bien plus beau qu'en Europe. Celui de l'Asie

est le marronier maritime, et le châtaignier de
l'Europe est le marronier de montagne. Peut-être,
par une autre combinaison, a-t-elle placé ce fruit
sur le hêtre de nos collines, dont la faîne est évidemment une espèce de châtaigne. Enfin, par une
de ces attentions maternelles qui la portent à sus-
pendre sur des herbes même les productions des
arbres, et à servir les mêmes mets jusque sur les
plus petites tables, elle l'a, peut-être, mis dans le
grain du blé noir, qui, par sa couleur et sa forme
triangulaire, ressemble à la semence du hêtre appelé
en latin *fagus*, d'où est venu à ce blé le nom de
fagopirum. Ce qu'il y a de certain, c'est qu'indépendamment de la substance farineuse, on trouve
dans le blé noir, la faîne du hêtre et la châtaigne,
des propriétés semblables, telles que celle de calmer
les ardeurs d'urine (1).

La nature a voulu pareillement faire croître le
gland dans une multitude d'expositions. Pline en
comptoit de son temps treize espèces différentes en
Europe, dont une qui est bonne à manger, est
celle du chêne vert. C'est de celui-là que parlent
les poètes quand ils vantent l'âge d'or, parce que son
fruit servoit alors de nourriture à l'homme. Il est
remarquable qu'il n'y a pas un seul genre de végétal
qui ne donne, dans quelques-unes de ses espèces,
une substance propre à sa nourriture. Le gland du

(1) Voyez Chomel, Traité des Plantes usuelles.

chêne vert est dans les fruits des chênes la portion
qui nous est réservée. Il a plu ensuite à la nature
d'en distribuer sur les différens sols de l'Amérique,
pour les besoins de ses autres créatures. Elle a conservé le fruit, et a varié les autres parties du végétal.
Elle en a mis avec des feuilles de saule, sur le
chêne-saule qui y vient sur les bords de l'eau (1).
Elle en a suspendu, avec des feuilles petites et
pendantes à des queues souples, comme celles des
trembles, sur le chêne d'eau qui y croît dans les
marais. Mais lorsqu'elle en a voulu placer dans des
terreins secs et arides, elle y a joint des feuilles
de dix pouces de largeur, propres à recueillir les
eaux des pluies; telles sont celles de celui qu'on
y appelle le chêne noir. Il faut encore observer que
le lieu où une espèce de plante donne le plus beau
fruit, détermine son genre principal. Ainsi, quoique le chêne ait des espèces répandues par-tout,
on doit le regarder comme du genre des arbres de
montagnes ; car celui qui croît sur les montagnes de
l'Amérique, et qu'on y appelle chêne à feuilles de
châtaignier, donne les plus gros glands, et est un des
plus grands arbres de cette partie du monde; tandis
que le chêne d'eau et le chêne-saule s'élèvent peu,
et donnent des glands fort petits.

Le fruit, comme on le voit, est le caractère

_____

(1) Voyez-en les figures dans le Père Charlevoix, Histoire
de la Nouvelle-France, tome 4.

constant de la plante : c'est aussi à lui que la nature attache les principales relations du règne animal au règne végétal. Elle a voulu qu'un animal des montagnes retrouvât le fruit dont il vit, dans les plaines, sur les sables, dans les rochers, quand il est obligé de s'expatrier, et sur-tout aux bords des fleuves, quand il y descend pour s'y désaltérer. Je ne connois pas une seule plante de montagne qui n'ait quelques-unes de ses espèces répandues avec les variétés convenables dans tous les sites, mais principalement sur le bord des eaux. Le pin des montagnes a ses pignons garnis d'ailerons, et celui qui est aquatique a les siens renfermés dans un esquif. Les semences du chardon qui croît sur des terres arides, ont des aigrettes pour s'y transporter : celles du chardon bonnetier, qui vient sur le bord de l'eau, n'en ont point, parce qu'elles n'en avoient pas besoin pour flotter. Leurs fleurs varient par des raisons semblables, et quoique les botanistes en aient fait des genres tout-à-fait différens, le chardonneret sait bien reconnoître celui-ci pour un véritable chardon. Il s'y repose quand il vient se rafraîchir sur quelque rivage. Il oublie, en voyant sa plante favorite, les dunes sablonneuses où il est né, et il embellit de son chant et de son plumage les bords de nos ruisseaux.

Il me semble impossible de connoître les plantes, si on n'étudie leur géographie et leurs éphémérides;

sans cette double lumière qui se reflète mutuellement, leurs formes nous seront toujours étrangères.
Cependant la plupart des botanistes n'y ont aucun
égard ; ils ne remarquent en les recueillant, ni la
saison, ni le lieu, ni l'exposition où elles croissent.
Ils font attention à toutes leurs parties intrinsèques,
et sur-tout à leurs fleurs ; et après cet examen mécanique, ils les enferment dans leur herbier, et croient
bien les connoître, sur-tout s'ils leur ont donné
quelque nom grec. Ils ressemblent à un certain
housard qui, ayant trouvé une inscription latine en
lettres de bronze, sur un monument antique, les
détacha l'une après l'autre, et les mit toutes ensemble dans un panier, qu'il envoya à un antiquaire de
ses amis, en le priant de lui mander ce que cela
signifioit. Ils ne nous font pas plus connoître la
nature, qu'un grammairien ne nous feroit connoître
le génie de Sophocle, en nous donnant un simple
catalogue de ses tragédies, de la division de leurs
actes et de leurs scènes, et du nombre de vers qui
les composent. Ainsi font ceux qui recueillent les
plantes, sans marquer leurs relations entre elles et
avec les élémens ; ils en conservent la lettre, et ils
en suppriment le sens. Ce n'est pas ainsi qu'ont
herborisé les Tournefort, les Vaillant, les Linnæus.
Si ces savans hommes n'ont tiré aucune conséquence
de ces relations, ils ont préparé au moins des pierres
d'attente à la science à venir.

Quoique les observations que je viens de présenter sur les harmonies élémentaires des plantes
soient en petit nombre, j'ose dire qu'elles sont très-
importantes au progrès de l'agriculture. Il ne s'agit
pas de déterminer géométriquement les genres de
fleurs dont les miroirs sont les plus propres à réfléchir les rayons du soleil dans chaque point de latitude ; la gloire d'en calculer les courbes est réservée aux futurs Newtons. La nature nous a servi
d'avance dans les lieux où on lui a laissé la liberté
de rétablir ses plans. Nous pouvons faire prospérer
les nôtres de la manière la plus avantageuse, en les
accordant avec les siens. Pour connoître les plantes
les plus propres à réussir dans un terrein, il n'y a
qu'à faire attention aux plantes sauvages qui y viennent d'elles-mêmes, et qui s'y distinguent par leur
force et leur multitude : on leur substituera alors
des plantes domestiques du même genre de fleurs
et de feuilles. Là où croissent des plantes à ombelle,
il faut mettre à leur place celles des nôtres qui ont
le plus d'analogie avec elles par les feuilles, les
fleurs, les racines et les graines, telles que les daucus : l'artichaut y remplacera utilement le fastueux
chardon ; le prunier domestique, greffé sur un prunier sauvage, dans le lieu même où celui-ci a
poussé, deviendra très-vigoureux. Je suis persuadé
que par ces rapprochemens naturels, on peut tirer
de l'utilité des sables et des rochers les plus arides ;

car il n'y a pas un seul genre de plantes sauvages qui n'ait une espèce comestible.

Mais il ne suffisoit pas à la nature d'avoir mis tant d'harmonies entre les plantes et les sites où elles dèvoient naître, si elle n'avoit encore pourvu au moyen de les rétablir lorsqu'elles sont détruites par les cultures intolérantes de l'homme. Pour peu qu'on laisse un terrein inculte, on le voit bientôt couvert de végétaux. Ils y croissent en si grand nombre et si vigoureusement, qu'il n'y a point de laboureur qui puisse en faire venir la même quantité sur le terrein dont il prend le plus grand soin. Cependant ces pousses si vigoureuses et si rapides, qui s'emparent souvent de nos chantiers de pierre, de nos murailles de maçonnerie et de nos cours pavées de grès, ne sont souvent que des cultures provisionnelles. La nature qui marche toujours d'harmonie en harmonie, jusqu'à ce qu'elle ait atteint le point de perfection qu'elle se propose, ensemence d'abord de graminées et d'herbes de différentes espèces, tous les sols abandonnés, en attendant qu'elle puisse y élever des végétaux d'un plus grand ordre. Dans les lieux agrestes où nous voyons des pelouses, nos descendans verront peut-être des forêts. Nous jetterons à notre ordinaire un coup d'œil superficiel sur les moyens très-ingénieux dont elle se sert pour préparer ces progressions végétales. Nous entreverrons dès-à-présent, non-

seulement les relations élémentaires des plantes,
mais celles qui règnent entre leurs diverses classes,
et qui s'étendent jusqu'aux animaux. Les végétaux
les plus méprisables aux yeux de l'homme, sont
souvent les plus nécessaires dans l'ordre de la
création.

Les principaux moyens que la nature emploie
pour faire croître des plantes de toute espèce, sont
les plantes épineuses. Il est très-remarquable que
ces sortes de plantes sont les premières qui paroissent dans les terres en friche ou dans les forêts
abattues. Elles sont très-propres, en effet, à favo-
riser des végétations étrangères, parce que leurs
feuilles profondément découpées comme celles des
chardons et des vipérines, ou leurs sarmens courbés
en arc comme ceux de la ronce, ou leurs branches
horizontales et entrelacées comme celles de l'épine
noire, ou leurs rameaux hérissés d'épines et dé-
garnis de feuilles comme ceux du jand ou jonc
marin, laissent autour d'elles beaucoup d'intervalles
à travers lesquels les autres végétaux peuvent s'é-
lever et être protégés contre la dent de la plupart
des quadrupèdes. Les pépinières des arbres se trouvent souvent dans leur sein. Rien n'est si commun
dans les taillis, que de voir un jeune chêne sortir
d'une nappe de ronces qui tapisse la terre autour
de lui, de ses grappes de fleurs épineuses ; ou un
jeune pin s'élever du milieu d'une touffe jaune de

II.   ɪ f joncs marins. Quand ces arbres ont pris une fois de l'accroissement, ils étouffent par leurs ombrages, les plantes épineuses, qui ne subsistent plus que sur la lisière des bois où elles ont un air suffisant pour végéter. Mais dans cette situation, ce sont encore elles qui les étendent d'année en année dans les campagnes. Ainsi les plantes épineuses sont les premiers berceaux des forêts ; et les fléaux de l'agriculture de l'homme sont les boucliers de celle de la nature.

Cependant l'homme a imité, à cet égard, les procédés de la nature ; car s'il veut protéger dans ses jardins quelque semence qui lève, il ne manque pas de la couvrir de quelque rameau d'épine. Il me paroît probable qu'il n'y a point de lande qui, avec le temps, ne devînt forêt, si ses riverains n'y menoient paître des moutons qui y mangent les jeunes pousses des arbres à mesure qu'elles sortent de leurs buissons. Voilà pourquoi, à mon avis, les croupes des hautes montagnes de l'Espagne, de la Perse, et de plusieurs autres parties du monde, sont dégarnies d'arbres, parce qu'on y mène, pendant l'été, de nombreux troupeaux qui en parcourent les différentes chaînes. Je suis persuadé que ces montagnes étoient couvertes, dans les premiers temps du monde, de forêts qui ont été dévastées par leurs premiers habitans, et qu'elles y renaîtroient aujourd'hui que ces lieux sont déserts,

si on n'y menoit pas des troupeaux. Il est très-remarquable que ces lieux élevés sont ensemencés
de plantes épineuses comme nos landes. Dom
Gracias de Figueroa , ambassadeur d'Espagne auprès de Cha-Abas , roi de Perse, rapporte , dans la
relation de son voyage , que les autres montagnes
de la Perse qu'il traversa , et où les Turcomans
errent sans cesse en faisant paître leurs troupeaux ,
étoient couvertes d'une espèce d'arbrisseau épineux , qui y croît dans les lieux les plus arides. Ces
mêmes arbrisseaux servoient de retraite à quantité
de perdrix. Sur quoi nous observerons que la nature emploie particulièrement les oiseaux pour
semer les plantes épineuses dans les lieux les plus
escarpés. Ils ont coutume de s'y retirer la nuit , et
ils y déposent , avec leurs fientes , les semences
pierreuses des mûres de ronce , des baies de l'é-
glantier , de l'épine-vinette , et de la plupart des
arbrisseaux épineux , qui , par des relations non
moins admirables , sont indigestibles dans leurs es-
tomacs. Les oiseaux ont encore des harmonies particulières avec ces végétaux , comme nous le verrons
en son lieu. Non-seulement ils y trouvent des nourritures abondantes et des abris , mais des bourres
pour tapisser leurs nids , comme dans les chardons
et dans l'arbre à coton de l'Amérique ; en sorte que
si plusieurs d'entre eux cherchent leur sûreté dans
l'élévation des grands arbres , d'autres la trouvent

dans les arbrisseaux épineux. Il n'y a pas de buisson qui n'ait son oiseau particulier.

Indépendamment des plantes propres à chaque site, et qui y sont sédentaires, il y en a qui voyagent et qui ne font que parcourir la terre. Ces pérégrinations se conçoivent aisément, si l'on suppose, comme c'est la vérité, que plusieurs d'entre elles ne donnent leurs semences que quand certains vents réguliers soufflent, ou à certaines révolutions des courans de l'Océan. Quoi qu'il en soit, je pense qu'il faut mettre dans ce nombre plusieurs plantes connues des anciens, et que nous ne trouvons plus aujourd'hui. Tel est entre autres le fameux lazerpitium des Romains, qui achetoient son jus, appelé lazer, au poids de l'argent. Cette plante, suivant Pline, croissoit aux environs de la ville de Corène en Afrique; mais elle étoit si rare de son temps, qu'on n'y en voyoit plus. Il dit qu'on en trouva encore une sous le règne de Néron, et qu'elle fut envoyée à ce prince comme une grande rareté. Nos botanistes modernes croient que le lazerpitium est la même plante que le silphium de nos jardins, mais il est évident qu'ils se trompent, d'après les descriptions que les anciens, entr'autres Pline, et Dioscoride, nous en ont laissées. Pour moi, je ne doute pas que le lazerpitium ne soit du nombre des végétaux destinés à parcourir la terre d'orient en occident, et d'occident en orient. Il est peut-être à présent sur le rivage occidental de l'Afrique , où les vents d'est auront porté ses semences ; peut-être aussi, par les révolutions du vent d'ouest , sera-t-il revenu au même lieu où il étoit du temps d'Auguste , ou qu'il aura été porté dans les campagnes de l'Ethiopie, chez les peuples qui n'en connoissent pas les propriétés prétendues admirables. Pline cite encore plusieurs autres végétaux qui nous sont également inconnus aujourd'hui. Nous observerons que ces apparitions végétales ont été contemporaines de plusieurs espèces d'oiseaux voyageurs , qui ont pareillement disparu, On sait qu'il y a plusieurs classes d'oiseaux et de poissons qui ne font que parcourir la terre et les mers ; les uns , dans une certaine révolution de jours , les autres , au bout d'une certaine période d'années. Plusieurs plantes peuvent être soumises aux mêmes destins. Cette loi s'étend même jusque dans les cieux, où il nous apparoît de temps en temps quelque astre nouveau. La nature, ce me semble , a disposé ses ouvrages de manière qu'elle a toujours en réserve quelque nouveauté pour tenir l'homme en haleine. Elle a établi dans la durée de l'existence des différens êtres de chaque règne , des concerts d'un moment, d'une heure , d'un jour , d'une lune, d'une année, de la vie d'un homme, de la durée d'un cèdre , et peut-être de celle d'un globe : mais celui-là n'est sans doute connu que de l'Être suprême.

Je ne doute pas cependant que la plupart des
plantes voyageuses n'aient un centre principal, tel
qu'un rocher escarpé ou une île au milieu de la
mer, d'où elles se répandent dans tout le reste du
monde. Ceci me mène à tirer un grand argument
pour la nouveauté de notre globe; c'est que, s'il
étoit un peu ancien, toutes les combinaisons de
l'ensemencement des plantes seroient faites dans
toutes ses parties. Ainsi, par exemple, il n'y auroit
pas une île et un rivage inhabité de la mer des Indes,
qui ne fût planté de cocotiers et semé de cocos,
que la mer y charrie tous les ans et qu'elle répand
alternativement sur leurs grèves, au moyen de la
variété de ses moussons et de ses courans. Or, il
est constant que les rayons de ces arbres, dont les
principaux foyers sont aux îles Maldives, ne se sont
pas encore répandus par toutes les îles de l'Océan
Indien. Le philosophe français Leguat, et ses infortunés compagnons, qui furent, en 1690, les premiers habitans de la petite île Rodrigue, située à
cent lieues dans l'est de l'île de France, n'y trou-
vèrent point de cocotiers. Mais, précisément pendant le séjour qu'ils y firent, la mer jeta sur la côte
plusieurs cocos germés : comme si la providence
avoit voulu les engager, par ce présent utile et
agréable, à rester dans cette île et à la cultiver.
François Leguat, qui ignoroit les relations que les
semences ont avec l'élément où elles doivent naître,

fut fort étonné de ce que ces fruits, qui pesoient
cinq à six livres, eussent pu faire un trajet de
soixante ou quatre-vingts lieues sans être corrompus.
Il présumoit, avec raison, qu'ils venoient de l'île
Saint-Brande, située dans le nord-est de Rodrigue.
Ces deux îles désertes depuis la création du monde,
ne s'étoient pas encore communiqué tous leurs végétaux, quoique situées dans un courant de mer
qui va alternativement, dans le cours d'une année,
six mois vers l'une et six mois vers l'autre.

Quoi qu'il en soit, ils plantèrent ces cocos, qui,
dans l'espace d'un an et demi, poussèrent des tiges
de quatre pieds de hauteur. Un bienfait si marqué
du ciel ne fut pas capable de les retenir dans cette
île heureuse. Un desir inconsidéré de se procurer
des femmes, les força de l'abandonner, malgré les
représentations de Leguat, et les précipita dans une
longue suite d'infortunes, auxquelles la plupart ne
purent survivre. Pour moi, je ne doute pas que s'ils
eussent eu dans la providence la confiance qu'ils lui
devoient, elle n'eût fait parvenir des femmes dans
leur île déserte, comme elle y avoit envoyé des
cocos.

Pour revenir aux voyages des végétaux, toutes
les combinaisons et les versatilités de leurs semailles
se seroient faites dans les îles situées entre les
mêmes parallèles et dans les mêmes moussons, si
le monde étoit éternel. Les doubles cocos, dont les

pépinières sont aux îles Séchelles, se seroient répandus et auroient eu le temps de germer sur la côte
Malabare, où la mer en jette de temps en temps.
Les Indiens auroient planté sur leurs rivages ces
fruits, auxquels ils attribuoient des vertus merveilleuses, et dont le palmier leur étoit tellement inconnu, qu'il n'y a pas douze ans ils les croyoient
originaires du fond de la mer, et les appeloient pour
cette raison cocos marins. Il y a de même une multitude d'autres fruits entre les tropiques, dont les
souches primordiales sont aux Moluques, aux Pilip-
pines, dans les îles de la mer du Sud, et qui sont
entièrement inconnus sur les côtes des deux continens, et même dans les îles de leur voisinage,
qui certainement y seroient devenus les objets de la
culture de leurs habitans, si la mer avoit eu le temps
d'en multiplier les projections sur leurs rivages.

Je ne pousserai pas cette réflexion plus loin;
mais il est évident qu'elle prouve la nouveauté du
monde. S'il étoit éternel et sans providence, ses
végétaux auroient subi il y a long-temps toutes les
combinaisons du hasard qui les ressème. On trouveroit leurs diverses espèces dans tous les sites où
elles peuvent naître. Je tire de cette observation
une autre conséquence; c'est que l'Auteur de la
nature a voulu lier les hommes par une communication réciproque de bienfaits, dont il s'en faut
bien que la chaîne ait encore été parcourue. Quel

est, par exemple, le bienfaiteur de l'humanité, qui
transportera chez les Ostiaques et les Samoïèdes
au détroit de Waigats, l'arbre de Winter du détroit
de Magellan, dont l'écorce réunit la saveur du
girofle, du poivre et de la cannelle? Et quel est celui
qui portera au détroit de Magellan l'arbre aux pois
de la Sibérie, pour les besoins des pauvres Patagons? Quelle riche collection peut faire la Russie,
non-seulement des arbres qui croissent dans les parties septentrionales et australes de l'Amérique, mais
de ceux qui couronnent dans toutes les parties du
monde les hautes montagnes à glaces, dont les croupes élevées ont des températures approchantes de
celle de ses plaines! Pourquoi ne voit-elle pas croître
dans ses forêts, les pins de la Virginie et les cèdres
du Liban? Les rivages déserts de l'Irtis pourroient
chaque année se couvrir de la même folle-avoine
qui nourrit tant de peuples sur les bords des rivières
du Canada. Non-seulement elle pourroit rassembler
dans ses campagnes les arbres et les plantes des
latitudes froides, mais un grand nombre de végétaux annuels qui croissent pendant le cours d'un
été dans les latitudes chaudes et tempérées. J'ai
éprouvé par mon expérience, que la chaleur de
l'été est aussi forte à Pétersbourg que sous la ligne.
Il y a de plus, dans le nord, des parties de la terre
qui ont des configurations propres à y donner des
abris contre les vents septentrionaux, et à multi-

plier la chaleur du soleil. Si le midi a des montagnes
à glace, le nord a des vallées à réverbère. J'ai vu
un de ces petits vallons, près de Pétersbourg, au
fond duquel coule un ruisseau qui ne gèle pas même
au cœur de l'hiver. Les roches de granit dont la
Finlande est hérissée, et qui couvrent, suivant le
rapport des voyageurs, la plupart des terres de la
Suède, des rivages de la mer Glaciale et tout le
Spitzberg, suffisent pour produire les mêmes températures en beaucoup d'endroits, et pour y affoiblir considérablement la rigueur du froid. J'ai vu
en Finlande, près de Vibourg, au-delà du soixante-
unième degré de latitude, des cerises en plein vent,
quoique ces arbres soient originaires du quarante-
deuxième degré, c'est-à-dire, du royaume de Pont,
d'où Lucullus les apporta à Rome après la défaite
de Mithridate. Les paysans de cette province y cultivent le tabac, qui est bien plus méridional, puisqu'il est originaire du Brésil. A la vérité, c'est une
plante annuelle, et qui n'y acquiert pas un grand
parfum ; car ils sont obligés de l'exposer à la chaleur de leurs poêles, pour achever de la mûrir. Mais
les rochers dont la Finlande est couverte, présenteroient sans doute à des yeux attentifs, des réverbères qui pourroient lui donner un degré de maturité suffisant. J'y ai trouvé moi-même, près de la
ville de Frédericsham, sur un fumier à l'abri d'une
roche, une touffe d'avoine très-haute, qui jetoit

d'une seule racine trente-sept épis chargés de grains mûrs, sans compter une multitude d'autres petits rejetons. Je la cueillis dans le dessein de la faire présenter à sa majesté impériale Catherine II, par mon général M. du Bosquet, sous les ordres duquel et avec qui je faisois la visite des places de cette province : c'étoit aussi son intention ; mais nos domestiques russes, négligens comme sont tous les esclaves, la laissèrent perdre. Il en fut bien fâché, ainsi que moi : je pense qu'une aussi belle touffe de grains, produite dans une province qu'on regarde à Pétersbourg comme frappée de stérilité à cause des roches dont elle est couverte, qui lui ont fait donner par les anciens géographes le surnom de *Lapidosa*, eût été aussi agréable à sa majesté, que le gros bloc de granit qu'elle en a fait tirer depuis, pour en faire à Pétersbourg la base de la statue de Pierre le Grand.

J'ai vu en Pologne quelques particuliers cultiver avec le plus grand succès des vignes et des abricotiers. M. de la Roche, agent du prince de Moldavie, me mena à Varsovie, dans un petit jardin des faubourgs, qui rapportoit à son cultivateur cent pistoles de revenu, quoiqu'il n'y eût pas une trentaine de ces arbres; ils étoient tout-à-fait inconnus dans ce pays il y a cent cinquante ans. Les premiers y furent apportés par un Français, valet-de-chambre d'une reine de Pologne : cet homme les cultivoit en cachette, et faisoit présent de leurs fruits aux grands du pays, comme s'il les eût reçus de France par les courriers de la cour. Les grands ne manquoient pas de les lui payer magnifiquement; et cette espèce de commerce est devenue pour lui le principe d'une fortune si considérable, que ses arrière-petits-enfans sont aujourd'hui les plus riches banquiers de ce pays.

Ce que je dis ici de la possibilité d'enrichir de végétaux utiles la Russie et la Pologne, est non-seulement dans l'intention de reconnoître de mon mieux le bon accueil que j'ai reçu des grands et du gouvernement de ces pays, lorsque j'y étois étranger; mais parce que ces indications tournent également à l'amélioration de la France, dont le climat est plus tempéré. Nous avons des montagnes à glace qui peuvent porter tous les végétaux du nord, et des vallées à réverbère qui peuvent produire la plupart de ceux du midi. Il ne faudroit pas à notre manière, rendre ces sortes de cultures générales dans un canton entier, mais les établir dans quelque petit abri ou détour de vallon. L'influence de ces positions ne s'étend pas fort loin. C'est ainsi que le fameux vignoble de Constance au Cap de Bonne-Espérance, ne réussit que sur une petite portion de terrein, située au bas d'une colline, et que les vignobles qui sont autour et aux environs ne produisent pas, à beaucoup près, des raisins muscats de la même qualité, quoique plantés des mêmes espèces de vignes. C'est ce que j'ai éprouvé moi-même. Il faudroit chercher en France ces sortes d'abris dans les lieux où il y a des pierres blanches, dont la couleur est la plus propre à réverbérer les rayons du soleil. Je crois même que la marne doit à sa couleur blanche une partie de la chaleur qu'elle communique aux terres où on la jette; car elle y réfléchit les rayons du soleil avec tant d'activité, qu'elle y brûle les premières pousses de beaucoup d'herbes. Voilà, selon moi, la raison pour laquelle la marne, qui a d'ailleurs en elle-même des principes de fécondation, fait mourir la plupart des herbes qui ont coutume de croître à l'ombre des blés, et dont les premières feuilles sont plus tendres que celles des blés, qui sont en général les plus robustes des graminées. Il faudroit encore chercher ces abris dans le voisinage de la mer et sous l'influence de ses vents, qui sont tellement nécessaires à la végétation de beaucoup de plantes, que plusieurs d'entre elles refusent de croître dans l'intérieur des terres. Tel est, entre autres, l'olivier, que l'on n'a jamais pu faire venir dans l'intérieur de l'Asie et de l'Amérique, quoique la latitude lui soit d'ailleurs favorable. J'ai remarqué même qu'il ne donne pas de fruits dans les îles et sur les rivages où il est à l'abri des vents de mer. J'attribue à cette cause la stérilité de ceux qu'on a plantés à l'île de

France, sur son rivage occidental, qui est abrité des vents d'est par une chaîne de montagnes. Pour le cocotier, il ne réussit point entre les tropiques s'il n'a, pour ainsi dire, sa racine dans l'eau de mer. C'est, je crois, faute de ces considérations géographiques et de quelques autres encore, qu'on a manqué quantité de cultures en France et dans nos colonies.

Quoi qu'il en soit, on pourroit trouver dans la France une montagne à glace, qui auroit peut-être une vallée à réverbère à son pied. Ce seroit une recherche très-agréable à faire; on en pourroit tirer un grand parti. On en feroit un jardin public qui nous donneroit le spectacle de la végétation d'une multitude de climats, sur une ligne qui n'auroit pas quinze cents toises d'élévation. On pourroit y braver les ardeurs de la canicule à l'ombre des cèdres, sur le bord mousseux d'un ruisseau de neige; et peut-être les rigueurs de l'hiver au fond d'un vallon tourné au midi, sous des palmiers, et au milieu d'un champ de cannes à sucre. On y naturaliseroit les animaux qui sont les compagnons de ces végétaux. On y entendroit bramer le renne de Laponie, de la même vallée où on verroit les paons de Java faire leurs nids. Ce paysage réuniroit à nos yeux une partie des tribus de la création, et nous donneroit une image du paradis terrestre, qui étoit situé, je pense, dans une position semblable. En vérité, je souhaiterois qu'on étendît nos jouissances aussi loin que l'étude de la nature a porté ses recherches.

Il me reste maintenant à examiner les harmonies que les plantes forment entre elles. Ce sont ces harmonies qui donnent des charmes aux sites ensemencés par la nature. Nous allons nous en occuper dans la section suivante.

HARMONIES VÉGÉTALES DES PLANTES.

Nous allons appliquer aux plantes les principes généraux que nous avons posés dans l'Etude précédente, en examinant successivement les harmonies de leurs couleurs et de leurs formes.

La verdure des plantes, qui flatte si agréablement notre vue, est une harmonie de deux couleurs opposées dans leur génération élémentaire, du jaune, qui est la couleur de la terre, et du bleu, qui est la couleur du ciel. Si la nature avoit coloré les plantes de jaune, elles se confondroient avec le sol; si elle les avoit teintes en bleu, elles se confondroient avec le ciel et les eaux. Dans le premier cas tout paroîtroit terre, dans le second tout paroîtroit mer; mais leur verdure leur donne des contrastes très-doux avec les fonds de ce grand tableau, et des consonnances fort agréables avec la couleur fauve de la terre et avec l'azur des cieux.

Cette couleur a encore cet avantage, qu'elle s'ac-

corde d'une manière admirable avec toutes les
autres; ce qui vient de ce qu'elle est l'harmonie de
deux couleurs extrêmes. Les peintres qui ont du
goût tendent d'étoffes vertes les murs de leurs cabinets de peintures, afin que les tableaux, de quelques
couleurs qu'ils soient, s'y détachent sans dureté, et
s'y harmonient sans confusion (1).

La nature, non contente de cette première teinte
générale, a employé, en l'étendant sur le fond de
sa scène, ce que les peintres appellent des passages; elle a affecté une nuance particulière de vert
bleuâtre, que nous appelons vert de mer, aux
plantes qui croissent dans le voisinage des eaux et
des cieux. C'est cette nuance qui colore en général
celles des rivages, comme les roseaux, les saules,
les peupliers; et celles des lieux élevés, comme les
chardons, les cyprès et les pins, et qui fait accorder l'azur des rivières avec la verdure des prairies,
et celui du ciel avec celle des hauteurs. Ainsi, au

---

(1) Sans doute, quand ils mettent sur un fond vert des
tableaux de plantes ou de paysage, ces tableaux s'en détachent mal. Il y a, à mon gré, une teinte plus favorable pour
le fond d'un salon de peintures, c'est le gris. Cette teinte,
formée du blanc et du noir, qui sont les extrêmes de la
chaîne des couleurs, s'harmonie avec toutes les autres sans
exception. La nature l'emploie souvent dans les cieux et
dans les horizons, au moyen des vapeurs et des nuages qui
sont généralement de cette couleur.

moyen de cette nuance légère et fuyarde, la nature
répand des harmonies délicieuses sur les limites
des eaux et sur les profils des paysages : et elle produit encore à l'œil une autre magie, c'est qu'elle
donne plus de profondeur aux vallées et plus d'élévation aux montagnes.

Ce qu'il y a encore de merveilleux en ceci, c'est
que, quoiqu'elle n'emploie qu'une seule couleur
pour en revêtir tant de plantes, elle en tire une
quantité de teintes si prodigieuse, que chacune de
ces plantes a la sienne qui lui est particulière, et
qui la détache assez de sa voisine pour l'en distinguer ; et chacune de ces teintes varie chaque jour
depuis le commencement du printemps, où elles se
montrent la plupart d'une verdure sanglante, jusqu'aux derniers jours de l'automne, où elles paroissent de différens jaunes.

La nature, après avoir ainsi mis d'accord le fond
de son tableau par une couleur générale, en a déta-
ché en particulier chaque végétal par des contrastes. Ceux qui devoient croître immédiatement
sur la terre, sur des grèves ou sur de sombres rochers,
sont entièrement verts, feuilles et tiges, comme la
plupart des roseaux, des graminées, des mousses,
des cierges et des aloès ; mais ceux qui devoient
sortir du milieu des herbes ont des tiges de couleurs
rembrunies, comme sont les troncs de la plupart des arbres et des arbrisseaux. Le sureau, par

II.   G g

exemple, qui vient au milieu des gazons, a ses tiges
d'un gris cendré; mais l'hyèble, qui lui ressemble
d'ailleurs en tout, et qui naît immédiatement sur la
terre, a les siennes toutes vertes. L'armoise, qui croît
le long des haies, a ses tiges rougeâtres par lesquelles
elle se distingue aisément des arbrisseaux voisins.
Il y a même dans chaque genre de plantes des
espèces qui, par leurs couleurs éclatantes, semblent
être faites pour terminer les limites de leurs classes.
Telle est dans les cormiers une espèce appelée cor-
mier du Canada, dont les branches sont d'un rouge
de corail. Il y a parmi les saules des osiers qui ont
leurs scions jaunes comme l'or; mais il n'y a pas
une seule plante qui ne se détache entièrement du
fond qui l'environne, par ses fleurs et par ses fruits.
On ne sauroit supposer que tant de variétés soient
des résultats mécaniques de la couleur qui avoisine
les corps; par exemple, que le vert bleuâtre de la
plupart des végétaux de montagne soit un effet de
l'azur des cieux. Il est digne de remarque que la
couleur bleue ne se trouve point, du moins que je
sache, dans les fleurs ou dans les fruits des arbres
élevés, car alors ils se seroient confondus avec le
ciel; mais elle est fort commune à terre dans les fleurs
des herbes, telles que les bluets, les scabieuses,
les violettes, les hépatiques, les iris, &c.... Au
contraire, la couleur de terre est fort commune
dans les fruits des arbres élevés, tels que ceux des

châtaigniers, des noyers, des cocotiers, des pins. On doit entrevoir par-là que le point de vue de ce magnifique tableau a été pris des yeux de l'homme.

La nature après avoir distingué la couleur harmonique de chaque végétal par la couleur contrastante de ses fleurs et de ses fruits, a suivi les mêmes loix dans les formes qu'elle leur a données. La plus belle des formes, comme nous l'avons vu, est la forme sphérique; et le contraste le plus agréable qu'elle puisse former, est lorsqu'elle se trouve opposée à la forme rayonnante. Vous trouverez fréquemment cette forme et son contraste dans l'agrégation des fleurs appelées radiées, comme la marguerite, qui a un cercle de petits pétales blancs divergens, qui environnent son disque jaune: on le retrouve avec d'autres combinaisons dans les bluets, les asters, et une multitude d'autres espèces. Quand les parties rayonnantes de la fleur sont en dehors, les parties sphériques sont en dedans, comme dans les espèces que je viens de nommer; mais quand les premières sont en dedans, les parties sphériques sont en dehors; c'est ce qu'on peut remarquer dans celles dont les étamines sont fort alongées et les pétales en portions sphériques, telles que les fleurs d'aubépine et de pommier, et la plupart des rosacées et des liliacées. Quelquefois le contraste de la fleur est aux parties environnantes de la plante. La rose est une de celles où il est le

plus fortement prononcé : son disque est formé de
belles portions sphériques, son calice hérissé de
barbes, et sa tige d'épines.

Lorsque la forme sphérique se trouve placée dans
une fleur, entre la forme rayonnante et la parabolique,
alors il y a une génération élémentaire complète,
dont l'effet est toujours très-agréable ; c'est aussi
celui que produisent la plupart des fleurs que nous
venons de nommer, par les profils de leurs calices,
qui terminent leurs tiges élancées. Les bouque-
tières en connoissent tellement le mérite, qu'elles
vendent une simple rose sur son rameau beaucoup
plus cher qu'un gros bouquet des mêmes fleurs,
sur-tout quand il y a quelques boutons qui présentent les progressions charmantes de la floraison.
Mais la nature est si vaste, et mon incapacité si
grande, que je m'en tiendrai à jeter un simple
coup d'œil sur le contraste qui vient de la simple
opposition des formes : il est si universel, que la
nature l'a donné aux plantes qui ne l'avoient pas en
elles-mêmes, en les opposant à d'autres qui avoient
une configuration toute différente.

Les espèces opposées en formes sont presque
toujours ensemble. Lorsqu'on rencontre un vieux
saule sur le bord d'une rivière qui n'est pas dégradé,
on y voit souvent un grand convolvulus en couvrir
le feuillage rayonnant de ses feuilles en cœur et de
ses fleurs en cloches blanches, au défaut des fleurs

apparentes que la nature a refusées à cet arbre. Diverses espèces de lizerons produisent les mêmes harmonies sur diverses espèces de hautes graminées.

Ces plantes, appelées grimpantes, sont répandues dans tout le règne végétal, et réparties, je pense, à chaque espèce verticale. Elles ont bien des moyens différens de s'y accrocher, qui mériteroient seuls un traité particulier. Il y en a qui tournent en spirale autour des troncs des arbres des forêts, comme les chèvrefeuilles; d'autres, comme les pois, ont des mains à trois et à cinq doigts, dont ils saisissent les arbrisseaux : il est très-remarquable que ces mains ne leur viennent que lorsqu'ils sont parvenus à la hauteur où ils commencent à en avoir besoin pour s'appuyer; d'autres s'attachent, comme la grenadille, avec des tire-bouchons; d'autres forment un simple crochet de la queue de leur feuille, comme la capucine : l'œillet en fait autant avec l'extrémité de la sienne: On soutient ces deux belles fleurs dans nos jardins avec des baguettes; mais ce seroit un problême digne des recherches des fleuristes de trouver quelles sont les plantes, si je puis dire auxiliaires, auxquelles celles-ci étoient destinées à se joindre dans les lieux d'où elles tirent leur origine : on formeroit par leur réunion des groupes charmans.

Je suis persuadé qu'il n'y a pas un végétal qui n'ait son opposé dans quelques parties de la terre :

leur harmonie mutuelle est la cause du plaisir secret
que nous éprouvons dans les lieux agrestes où la
nature a la liberté de les rassembler. Le sapin s'élève
dans les forêts du nord, comme une haute pyramide d'un vert sombre et d'un port immobile. On
trouve presque toujours dans son voisinage le bouleau, qui croît à sa hauteur, de la forme d'une
pyramide renversée, d'une verdure gaie, et dont le
feuillage mobile joue sans cesse au gré des vents.
Le trèfle aux feuilles rondes aime à croître au milieu
de l'herbe fine, et à la parer de ses bouquets de
fleurs. Je crois même que la nature n'a découpé
profondément les feuilles de beaucoup de végétaux,
que pour faciliter ces sortes d'alliances, et ménager
des passages aux graminées, dont la verdure et la
finesse des tiges forment avec elles une infinité de
contrastes. On en voit assez d'exemples dans les
champs incultes, où les touffes d'herbe percent à
travers les larges plantes des chardons et des vipérines. C'est aussi afin que les graminées, qui sont
les plus utiles de tous les végétaux, pussent recevoir
une portion des pluies du ciel à travers les larges
feuillages de ces enfans privilégiés de la nature,
qui étoufferoient tout ce qui les environne sans
leurs profondes découpures. La nature ne fait rien
pour le simple plaisir, qu'elle n'y joigne quelque
raison d'utilité; celle-ci me paroît d'autant plus
marquée, que les découpures des feuilles sont beau-

coup plus communes et plus grandes dans les
plantes et les sous-arbrisseaux qui s'élèvent peu de
terre, que dans les arbres.

Les harmonies qui résultent des contrastes, se
retrouvent jusque dans les eaux. Le roseau, sur le
bord des fleuves, dresse en l'air ses feuilles rayonnantes et sa quenouille rembrunie, tandis que le
nymphæa étend à ses pieds ses larges feuilles en
cœur et ses roses dorées; l'un présente sur les eaux
une palissade, et l'autre un plancher de verdure.
On retrouve des oppositions semblables jusque dans
les plus affreux climats. Martens de Hambourg, qui
nous a donné une fort bonne relation du Spitzberg,
dit que lorsque les matelots du vaisseau dans lequel
il naviguoit sur ses côtes, tiroient leur ancre du
fond de la mer, ils amenoient presque toujours
avec elle une feuille d'algue fort large, de six pieds
de long, et attachée à une queue de pareille longueur; cette feuille étoit lisse, de couleur brune,
tachetée de noir, rayée de deux raies blanches, et
faite en forme de langue : il l'appelle plante de
roche. Mais ce qu'il y a de singulier, c'est qu'elle
étoit ordinairement accompagnée d'une plante che-
velue, de six pieds de long, semblable à la queue
d'un cheval, et formée de poils si fins, qu'on pouvoit, dit-il, l'appeler soie de roche. Il trouva sur
ces tristes rivages, où l'empire de Flore est si dé-
solé, le cochléaria et l'oseille, qui croissoient en-

semble. La feuille du premier est arrondie en forme
de cuiller, et celle de l'autre alongée en fer de
flèche. Un médecin habile, appelé Bartholin (1),
a observé que les vertus de leurs sels sont aussi opposées que leurs configurations ; ceux du premier
sont alkalis, ceux de l'autre sont acides ; et de leur
réunion il résulte ce que les médecins appellent sel
neutre (qu'ils devroient plutôt appeler sel harmonique), le plus puissant remède qu'on puisse employer contre le scorbut, qui attaque ordinairement
les hommes dans ces terribles climats. Pour moi,
je soupçonne que les qualités des plantes sont harmoniques comme leurs formes ; et que toutes les
fois que nous en rencontrons de groupées agréablement et constamment, il doit résulter de la réunion
de leurs qualités, pour la nourriture, pour la santé,
ou pour le plaisir, une harmonie aussi agréable
que celle qui naît du contraste de leurs figures.
C'est une présomption que je pourrois appuyer de
l'instinct des animaux qui, en broutant les herbes,
varient le choix de leurs alimens ; mais cette considération me feroit sortir de mon sujet.

Je ne finirois pas si j'entrois dans quelque détail
sur les harmonies de tant de plantes que nous mé-
prisons, parce qu'elles sont foibles ou communes.
Si nous les supposions, par la pensée, de la gran-

(1) Voyez Chomel, Histoire des Plantes usuelles.

deur de nos arbres, la majesté des palmiers dispa-
roîtroit devant la magnificence de leurs attitudes et
de leurs proportions. Il y en a, telles que les vipérines, qui s'élèvent comme de superbes cande-
labres, en formant un vide autour de leur centre,
et en portant vers le ciel leurs bras épineux, chargés
dans toute leur longueur de girandoles de fleurs
violettes. Le verbascum, au contraire, étend autour
de lui ses larges feuilles drapées, et pousse de son
centre une longue quenouille de fleurs jaunes, aussi
douces à la poitrine qu'au toucher. Les violettes
au bleu foncé contrastent, au printemps, avec les
primevères aux coupes d'or et aux lèvres écarlates.
Sur des angles rembrunis de rocher, à l'ombre des
vieux hêtres, des champignons blancs et ronds
comme des dames d'ivoire, s'élèvent au milieu des
lits de mousse du plus beau vert.

Les champignons seuls présentent une multitude
de consonnances et de contrastes inconnus. Cette
classe est d'abord la plus variée de toutes celles des
végétaux de nos climats. Sébastien le Vaillant en
compte cent quatre espèces dans les environs de
Paris, sans compter les fongoïdes, qui en fournissent
au moins une douzaine d'autres. La nature les a
dispersés dans la plupart des lieux ombragés, où
ils forment souvent les contrastes les plus extraordinaires. Il y en a qui ne viennent que sur les rochers nus, où ils présentent une forêt de petits

filamens , dont chacun est surmonté de son chapiteau. Il y en a qui croissent sur les matières les plus abjectes, avec les formes les plus graves : tel est celui qui vient sur le crotin de cheval, et qui ressemble à un chapeau romain , dont il porte le nom. D'autres ont des convenances d'agrément : tel est celui qui croît au pied de l'aulne , sous la forme d'un pétoncle. Quelle est la nymphe qui a placé un coquillage au pied de l'arbre des fleuves ? Cette nombreuse tribu paroît avoir sa destinée attachée à celle des arbres, qui ont chacun leur champignon qui leur est affecté , et qu'on trouve rarement ailleurs : tels sont ceux qui ne croissent que sur les racines des pruniers et des pins. Le ciel a beau verser des pluies abondantes , les champignons , à couvert sous leurs parapluies , n'en reçoivent pas une goutte. Ils tirent toute leur vie de la terre , et du grand végétal auquel ils ont lié leur fortune : semblables à ces petits savoyards qui sont placés comme des bornes aux portes des hôtels, ils établissent leur subsistance sur la surabondance d'autrui ; ils naissent à l'ombre des puissances des forêts , et vivent du superflu de leurs magnifiques banquets.

D'autres végétaux présentent des oppositions de la force à la foiblesse dans un autre genre, et des convenances de protection plus distinguée. Ceux-là , comme de grands seigneurs , laissent leurs foibles amis à leurs pieds ; ceux-ci les portent dans leurs bras et sur leurs têtes. Ils reçoivent souvent la récompense de leur noble hospitalité. Les lianes qui, dans les îles Antilles, s'attachent aux arbres des forêts, les défendent de la fureur des ouragans. Le chéne des Gaules s'est vu plus d'une fois l'objet de la vénération des peuples, pour avoir porté le gui dans ses rameaux. Le lierre, ami des monumens et des tombeaux, le lierre, dont on couronnoit jadis les grands poètes qui donnent l'immortalité, couvre quelquefois de son feuillage les troncs des plus grands arbres. Il est une des fortes preuves des compensations végétales de la nature ; car je ne me rappelle pas en avoir jamais vu sur les troncs des pins, des sapins, ou des arbres dont le feuillage dure toute l'année. Il ne revêt que ceux que l'hiver dépouille. Symbole d'une amitié généreuse, il ne s'attache qu'aux malheureux ; et lorsque la mort même a frappé son protecteur, il le rend encore l'honneur des forêts où il ne vit plus : il le fait re-naître en décorant ses mânes de guirlandes de fleurs et de festons d'une verdure éternelle.

La plupart des plantes qui croissent à l'ombre, ont les couleurs les plus apparentes ; ainsi les mousses font briller leur vert d'émeraude sur les flancs sombres des rochers. Dans les forêts, les champignons et les agarics se distinguent par leurs couleurs, des racines des arbres sur lesquels ils croissent. Le lierre se détache de leurs écorces grises par son vert lustré ; le gui fait apparoître ses rameaux d'un vert jaune , et ses fruits semblables à des perles , dans l'épaisseur de leurs feuillages ; le convolvulus aquatique fait éclater ses grandes cloches blanches sur le tronc du saule ; la vigne vierge tapisse de verdure les anciennes tours , et, dans l'automne , son feuillage d'or et de pourpre semble fixer sur leurs flancs rembrunis les riches couleurs du soleil couchant. D'autres plantes , entièrement cachées , se découvrent par leurs parfums. C'est de cette manière que l'obscure violette appelle la main des amans au sein des buissons épineux. Ainsi se vérifie de toutes parts cette grande loi des contrastes qui gouverne le monde : aucune agrégation n'est dans les plantes l'effet du hasard.

La nature a établi dans les nombreuses tribus du règne végétal une multitude d'habitudes , dont la fin nous est inconnue. Il y a des plantes , par exemple, dont les sexes sont sur des individus différens, comme parmi les animaux ; il y en a d'autres qu'on trouve toujours réunies en plusieurs touffes, comme si elles aimoient à vivre en société ; d'autres, au contraire, se rencontrent presque toujours seules. Je présume que plusieurs de ces rapports sont liés avec les mœurs des oiseaux qui vivent de leurs fruits , et qui les ressèment. Souvent les herbes représentent dans les prairies le port des arbres des forêts ; il y en a qui, par leurs feuillages et leurs proportions, ressemblent au pin, au sapin et au chêne : je crois même que chaque arbre a une consonnance dans les herbes. C'est par cette magie que de petits espaces nous offrent l'étendue d'un grand terrein. Si vous êtes sous un bosquet de chênes, et que vous aperceviez sur un tertre voisin des touffes de germandrées, dont le feuillage leur ressemble en petit, vous éprouverez les effets d'une perspective. Ces dégradations de proportions s'étendent même des arbres jusqu'aux mousses, et sont les causes, en partie, du plaisir que nous éprouvons dans les lieux agrestes, quand la nature a eu le loisir d'y disposer ses plans. L'effet de ces illusions végétales y est si certain, que si on les fait défricher, le terrein dépouillé de ses végétaux naturels paroît beaucoup plus petit qu'auparavant.

La nature emploie encore des dégradations de verdure qui, étant plus légère au sommet des arbres qu'à leur base, les fait paroître plus élevés qu'ils ne le sont. Elle affecte encore la forme pyramidale à plusieurs arbres de montagnes, afin d'augmenter à la vue l'élévation de leur site ; c'est ce qu'on peut reconnoître dans les mélèzes, les sapins, les cyprès, et dans plusieurs plantes qui croissent sur les hauteurs. Quelquefois elle réunit dans le même lieu les effets des saisons ou des climats les plus opposés. Elle tapisse, dans les pays chauds, des flancs entiers de montagnes de cette plante qu'on appelle glaciale, parce qu'elle semble toute couverte de glaçons : on croiroit, au milieu de l'été, que Borée y a soufflé tous les frimas du Nord. D'un autre côté, on trouve en Russie des mousses au milieu de l'hiver, qui par la couleur rousse et enfumée de leurs fleurs, paroissent avoir été incendiées. Dans nos climats pluvieux, elle couronne les sommets des coteaux de genêts et de romarins, et le haut des vieilles tours, de giroflées jaunes : au milieu du jour le plus sombre, on croit y voir luire les rayons du soleil. Dans un autre lieu, elle produit les effets du vent au milieu du plus grand calme. Il ne faut en Amérique qu'un oiseau qui vienne se poser sur une touffe de sensitives, pour en faire mouvoir toute la lisière, qui s'étend quelquefois à un demi-quart de lieue. Le voyageur Européen s'arrête, et s'étonne de voir l'air tranquille et l'herbe en mouvement. Quelquefois moi-même j'ai pris, dans nos bois, le murmure des peupliers et des trembles, pour celui des ruisseaux : plus d'une fois, assis sous leurs ombrages au bord des prairies, dont les vents faisoient ondoyer les herbes, ce double frémissement a fait passer dans mon sang la fraîcheur imaginaire des eaux. Souvent la nature emploie les vapeurs de l'air, pour donner plus d'étendue à nos paysages. Elle les répand au fond des vallées, et les arrête aux coudes des fleuves, en laissant entrevoir par intervalles leurs longs canaux éclairés du soleil. Elle en multiplie ainsi les plans et en prolonge l'étendue. Quelquefois elle enlève ce voile magique du fond des vallées ; et le roulant sur les montagnes voisines où elle le teint de vermillon et d'azur, elle confond la circonférence de la terre avec la voûte des cieux. C'est ainsi qu'elle emploie les nuages aussi légers que les illusions de la vie , à nous élever vers le ciel ; qu'elle répand au milieu de ses mystères les sensations ineffables de l'infini, et qu'elle ôte à nos sens la vue de ses ouvrages , pour en donner à notre ame un plus profond sentiment.

FIN DU TOME SECOND.

TABLE DES ETUDES

contenues dans ce volume.

FIN DE LA TABLE DU TOME SECOND.

www.ingramcontent.com/pod-product-compliance
Lightning Source LLC
Chambersburg PA
CBHW031610210326
41599CB00021B/3126